薄膜生长技术

金克新　编著

科学出版社

北京

内 容 简 介

本书以作者在西北工业大学物理科学与技术学院的“薄膜物理学”课程讲义为蓝本，参考国内外薄膜物理学经典教材，主要论述薄膜物理与薄膜生长技术的基本内容，系统介绍薄膜的形成与生长、物理化学制备薄膜的原理与方法，包括真空蒸发镀膜、溅射镀膜、离子束镀膜、化学气相沉积、脉冲激光分子束外延法等，注重激发学生的学习兴趣，提升学生的学习能力。

本书适用于物理学与材料学专业的高年级本科生，也可供材料物理与化学、凝聚态物理等专业的硕士研究生使用，还可供相关领域科研工作者参考阅读。

图书在版编目(CIP)数据

薄膜生长技术/金克新编著. —北京：科学出版社，2024.1
ISBN 978-7-03-076633-5

Ⅰ. ①薄…　Ⅱ. ①金…　Ⅲ. ①薄膜生长　Ⅳ. ①O484.1

中国国家版本馆 CIP 数据核字(2023)第 187177 号

责任编辑：宋无汗　郑小羽／责任校对：崔向琳
责任印制：赵　博／封面设计：陈　敬

科学出版社出版
北京东黄城根北街 16 号
邮政编码：100717
http://www.sciencep.com
北京科印技术咨询服务有限公司数码印刷分部印刷
科学出版社发行　各地新华书店经销
*
2024 年 1 月第　一　版　开本: 720 × 1000　1/16
2024 年 6 月第二次印刷　印张: 15　1/4
字数：307 000

定价: 118.00 元

(如有印装质量问题，我社负责调换)

前 言

第三次科技革命以来，半导体电子器件研究取得了一系列重大突破。随着工艺技术不断提高，芯片最小尺寸达到了几纳米的级别，从而进入量子物理与介观物理的范畴，引起了如电容/电阻寄生、量子隧穿、费米钉扎、库仑阻塞、杂质涨落和自旋输运等传统晶体管不存在的物理效应。随着集成密度的提高，单位面积内器件运行的热效应越来越明显，极大影响了集成电路的高频性能和稳定性，因此无法继续单纯地依靠尺度的缩小来实现量子尺寸效应、功耗与散热等一系列物理障碍和设计瓶颈的突破，标志着延续了半个多世纪的摩尔定律即将终结，所以要从新原理、新材料、新结构、新感知和新器件等方面对集成电路进行重大变革。这种变革式发展预示着后摩尔时代的开启。

2019 年 4 月，国家自然科学基金委员会在北京召开了双清论坛，主题为“超越摩尔定律的微电子发展路径”。对于后摩尔时代微电子的发展，与会代表认为后摩尔时代的新器件技术决定了 2025 年以后集成电路的格局，并提出在未来 5~10 年，神经形态器件、超互补金属氧化物半导体 (beyond CMOS) 器件、量子器件、自旋器件等多功能、微型化的新型信息器件将逐渐发展，对微电子领域未来产业的发展产生深远的影响。实际上，新型信息器件最核心的单元就是异质界面结构，这正如诺贝尔物理学奖得主 Herbert Kroemer 所说“界面即器件”。从物理学角度讲，其原因主要归结于界面处不同材料之间存在对称性破缺、能带补偿和晶格畸变等，从而展现出不同于体材料的新奇界面效应。例如，半导体硅基电子器件的广泛应用，就归因于硅/二氧化硅 (Si/SiO_2) 优异的界面效应。砷化镓/砷化铝镓 (GaAs/AlGaAs) 半导体异质结得益于界面处的能带弯曲效应，从而诱导产生高迁移率的二维电子气。此外，类似的还有 PN 结和肖特基异质结等。这些独特的界面效应被广泛地应用在发光组件、激光二极管、场效应晶体管、双极晶体管和光敏元件等器件上，为当代传统半导体器件的发展奠定了基础，成为微电子产业的支柱。在此背景下，薄膜起了至关重要的作用。此外，薄膜也是典型的二维材料体系。与石墨烯、黑磷等二维材料不同，它有附着基底，这样界面效应就会对薄膜产生影响，从而诱导出一些新奇的物理性能。尤其是随着薄膜制备技术的发展，人们可以原子尺度精准控制薄膜生长，由此出现了二维电子气、界面超导等物理现象。

本书以西北工业大学物理科学与技术学院的“薄膜物理学”课程讲义为蓝本，

作者在多年教学的基础上，参考了多部相关教材，认真梳理了薄膜生长机制和制备方法技术，结合在相关领域研究成果编撰了本书。全书主要介绍了薄膜的生长原理、物理和化学制备方法，面向材料科学与工程、物理学等专业的高年级本科生和研究生，可作为教学用书和参考书使用。本书由金克新编写并统稿，在编写过程中研究生王定邦、孔波、李慧迪等给予很大帮助。本书图表主要由孙琪杰、吕嘉信、陈云海、王一飞、李思澜、肖楚楚绘制，在此表示衷心的感谢。同时，感谢西北工业大学物理科学与技术学院的大力支持与帮助。

由于作者的知识水平和能力有限，书中难免有不足之处，衷心希望读者提出宝贵意见，以待改进。

目　录

第 1 章　薄膜的形成与生长

1.1　概　　述

美国著名科学家、作家兼政治家本杰明·富兰克林 (Benjamin Franklin) 曾在 1774 年这样描述：不超过一茶匙的油倒入水池，会迅速展开至数平方米大小，然后慢慢扩展，直到抵达下风处的水池边缘，布满水池的整个区域，可能有半英亩 (1 英亩约为 4046.86 平方米) 之广，水池表面平滑得像一面镜子。该“镜子”形成的薄膜属于液体薄膜，是膜厚约为 1nm 的单分子层。与液体薄膜相比，固体薄膜的发展历史较短。如果从人类开始制作陶瓷器皿的彩釉算起，薄膜的制备与应用已经有一千多年的发展历史。实际上，最早的固体薄膜是 1852 年由德国化学家 Bunsen 和 Grove 发现的，分别经化学反应和辉光放电 (glow discharge) 实验确认是固体薄膜。一般固体薄膜是把原子或分子的粒子蒸发沉积 (蒸镀) 到光滑的基板表面上获得的。20 世纪 50 年代开始，人们从制备技术、分析方法、形成机理等方面系统地研究薄膜材料，到 20 世纪 80 年代，薄膜科学发展成为一门相对独立的学科。促使薄膜科学迅速发展的重要因素是薄膜材料强大的应用背景、低维凝聚态理论的发展和现代分析技术的提高。

通常情况下，某个方向的尺度远小于其他两个方向尺度的体系 (固体或液体) 称为膜。这一体系可以有附着材料 (衬底或基底)，英文为 film，也可以没有附着材料，英文为 foil 或者 membrane。有时，为了与厚膜相区别，称厚度小于 1μm 的膜为薄膜，称厚度大于 1μm 的膜为厚膜，本书的研究对象以有附着材料的薄膜为主。

薄膜的生长过程是影响薄膜结构和物理性能的重要因素。薄膜沉积过程的粒子运动过程如图 1.1.1 所示，射向基板的粒子与薄膜表面的原子、分子相碰撞，一部分被反射，另一部分则在表面上停留下来。停留在表面的粒子仍具有部分能量，在高温基板的能量作用下，发生表面扩散 (surface diffusion) 和表面迁移 (surface migration)，其中一部分获得了足够的能量再蒸发并脱离表面，其余部分落到位能谷底，被表面吸附，发生了凝结过程。凝结一般伴随着晶体形核 (又称成核) 与生长过程，以及岛的形成、合并与生长过程，最终形成连续的膜层。

热力学因素也决定了薄膜的生长过程。平常人们所接触的热力学过程，都可以认为是温度缓慢变化的准静态过程，即每时每刻都处于平衡态。在真空中沉积薄膜时，材料通常会在数百摄氏度的环境下进行加热蒸发。溅射镀膜时，在荷能粒子的轰击作用下，从靶表面溅射飞出的粒子携带的能量比蒸发粒子的更高。这些气化的原子或分子，一旦到达基底表面，在很短的时间内就会凝结为固体，是一种非平衡的热力学过程。薄膜沉积伴随着从气相到固相的急冷过程，从结构上看，薄膜中必然存在大量的缺陷。

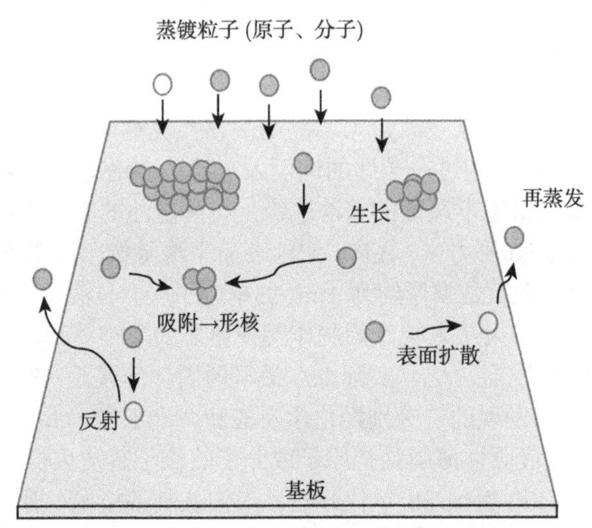

图 1.1.1　薄膜沉积过程的粒子运动过程

此外，薄膜的形态尺寸与块体材料相差甚远，可近似为二维结构。薄膜结构和性能的不同与薄膜形成过程中的诸多因素密切相关。虽然薄膜的制备方法多种多样、形成机制也各不相同，但是在许多方面有相似之处。

1.2　凝结与表面扩散

1.2.1　吸附

当用真空蒸发镀膜法或溅射镀膜法制备薄膜时，入射到基底表面上的粒子大概率会被基底表面吸附，同时伴随着能量交换。入射粒子的种类、入射粒子的能量、基底材料、基底表面结构和状态等一系列因素决定了一个入射粒子到达基底表面后能否被吸附及吸附的类型。

1. 吸附现象

具有一定能量的粒子入射到基底表面后可能发生以下三种现象：

(1) 与基底表面进行能量交换而后被吸附；

(2) 由于吸附后气相原子仍有比较大的解吸能，粒子在基底表面短暂停留 (或扩散) 后，再解吸蒸发 (再蒸发或二次蒸发)；

(3) 不与基底表面进行能量交换，立即被反射回去。

固体表面会出现原子或分子间化学键的断裂，在固体表面形成的这种断裂键能够吸引外来原子或分子，称为不饱和键或悬挂键。入射到基底表面的气体粒子被不饱和键吸引住的现象称为吸附。与固体内部不同，固体表面的特殊状态使其具有一种过量的能量，称之为表面自由能。基底表面上原子会同时受气体原子的作用力和基片原子的作用力，基片原子密度大于气体，所以会对基底表面上的原子有更强的作用力。为了降低表面自由能，表面原子有向内移动的倾向。表面吸附气体原子后，自由能减小，表面变得更加稳定。吸附过程释放的能量称为吸附能。将吸附在固体表面上的气相原子去除的过程称为脱附 (又称解吸)，这一过程所需的能量称为脱附活化能 (又称解吸能)。

2. 化学吸附和物理吸附

通常，吸附可以分为物理吸附和化学吸附 [1]，如果吸附只有原子电偶极子之间的范德华力 (弥散力) 起作用，则称为物理吸附，吸附粒子与基底表面原子间的距离可能达到 0.4nm；若吸附是由化学键起作用，则称为化学吸附，吸附粒子与基底表面原子间的距离仅为 0.1~0.3nm，物理吸附和化学吸附的吸附能差异较大。

从吸附粒子和基底结合状态的角度来看，发生化学吸附时表面的原子键处于不饱和状态，因而它是靠键 (金属键、共价键、原子键、离子键等) 的方式进行吸附；发生物理吸附时，表面的原子键处于饱和状态，因为范德华力 (弥散力)、电偶极子和电四极子等的静电相互作用等将原子或分子吸附在表面上，所以表面是非活性的。从广义上说，这些吸附作用力都是基本粒子之间的电磁相互作用力。由于原子之间的范德华力是普遍存在的，所以各种固体和液体材料的表面都会发生物理吸附。同时，因为范德华力普遍较小，所以物理吸附能和解吸能也较小，物理吸附一般是在低温下发生，高温下发生解吸。

可以用位能曲线来表示物理吸附和化学吸附这两种吸附方式，如图 1.2.1 所示，H_{p} 为脱附表面的活化能 (从表面脱附所必要的能量) 或者吸附热 (物理吸附)，H_{c} 为化学吸附的吸附热，E_{a} 为化学吸附活化能，E_{d} 为化学吸附的脱附活化能或解吸能，$E_{\mathrm{d}} = H_{\mathrm{c}} + E_{\mathrm{a}}$。在上述表面结合引力作用下，分子会靠近表面，又由于斥力的存在，分子会停留在一个位能最小的位置上。一般情况下，自由分子与表面的距离 r 较小时存在斥力，且随着 r 的减小，斥力将急剧增大。引力随着 r 的变化相对于斥力而言改变较小，且在较大范围内 (数埃 (Å) 左右) 连续起作用。因此，吸附的物质会动态稳定在表面引力和斥力平衡的位置。

在物理吸附状态下，如图 1.2.1 所示，斥力和引力合成物理吸附的曲线，被吸附的分子会落在位能最低点，并在其附近做热振动，其能量为 H_{p}。H_{p} 的数据 (表 1.2.1) 一般可以用在数值上基本一致的液化热 H_{l} 来代替 (表 1.2.2)。在

表 1.2.1 中，第一列指吸附剂，即吸附气体的固体；吸附质指被固体吸附的气体。对于气体吸附在金属表面上的情况，第一层气体与金属的吸附热一般要比 H_1 大得多。当金属表面上吸附了多层气体，在附着的气体上再吸附时，就相当于相同气体的液化凝结，则吸附热接近 H_1 的值。

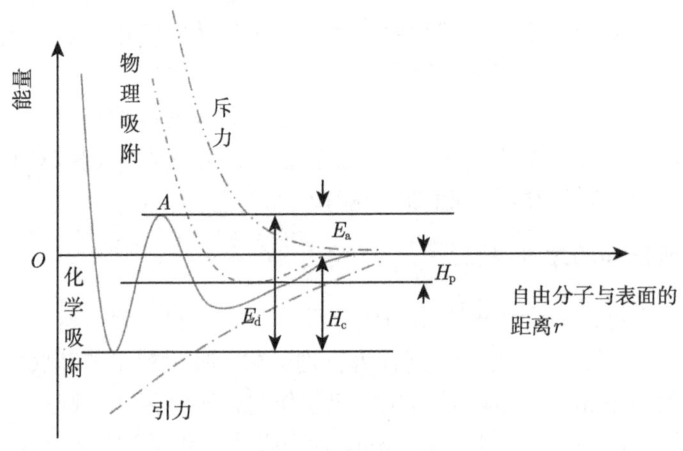

图 1.2.1　吸附的位能曲线

表 1.2.1　物理吸附的吸附热 H_p　　(单位：kcal/mol)

吸附剂	吸附质								
	氦	氢	氖	氮	氩	氪	氙	甲烷	氧
多孔玻璃	0.68	1.97	1.54	4.26	3.78	—	—	—	4.09
萨冉活性炭	0.63	1.87	1.28	3.70	3.66	—	—	4.64	—
炭黑	0.60	—	1.36	—	4.34	—	—	—	—
氧化铝	—	—	—	—	2.80	3.46	—	—	—
石墨化炭黑	—	—	—	—	2.46	3.30	4.23	—	—
钨	—	—	—	—	1.90	4.50	8.00 ~ 9.00	—	—
钼	—	—	—	—	—	—	约 8.00	—	—
钽	—	—	—	—	—	—	5.40	—	—
H_1	0.020	0.215	0.431	1.340	1.558	2.158	3.021	—	—

注：cal 为非法定计量单位，1kcal/mol ≈ 4.18kJ/mol。

在化学吸附状态下，由于化学反应，表面的分子会发生化学变化从而改变形态，如双原子的分子分解成两个原子。靠近表面的分子首先被物理吸附 (图 1.2.1)，如果它获得的能量大于或等于化学吸附活化能 E_a，则可能越过势垒 A 点发生化学吸附，并放出大量的能量 (表 1.2.3)。吸附热的数值接近于化合物的生成热，本质上都是形成化学键的放热，故可以用生成热作为其估计值 (表 1.2.4)。

表 1.2.2　液化热 H_l 和生成热

物质	液化热 H_l/(kcal/mol)	氧化物的生成热/(kcal/mol)	生成物
铜	72.8	39.8	Cu_2O
银	60.7	7.3	Ag_2O
金	74.2	—	—
铝	67.9	384.8	γ-Al_2O_3
铟	53.8	222.5	In_2O_3
钛	101.0	218.0	TiO_2
锆	100.0	258.2	ZrO_2
铌	—	463.2	Nb_2O_3
钽	—	499.9	Ta_2O_5
硅	71.0	205.4	SiO_2(g)
锡	55.0	138.8	SnO_2
铬	72.9	269.7	Cr_2O_3
钼	—	180.3	MoO_3
钨	—	337.9	W_2O_3
镍	90.4	58.4	NiO
钯	89.0	20.4	—
铂	122.0	—	PdO
水	9.7	68.3	H_2O(l)
In_2O_3	85.0	—	—
α-SiO_2	2.0	—	—

表 1.2.3　τ_0[①] 和脱附活化能 E_d

物质	τ_0/s	E_d/(kcal/mol)
Ar-玻璃	9.1×10^{-12}	2.43
DOP-玻璃	1.1×10^{-16}	22.4
C_2H_6-Pt	5×10^{-9}	2.85
C_2H_4-Pt	7.1×10^{-10}	3.4
H_2-Ni	2.2×10^{-12}	11.5
O-W	2×10^{-16}	162
Cu-W	3×10^{-11}	54
Cr-W	3×10^{-14}	95
Be-W	1×10^{-15}	95
Ni-W	6×10^{-15}	100
Ni-W (氧化)	2×10^{-18}	83

续表

物质	τ_0/s	E_d/(kcal/mol)
Fe-W	3×10^{-18}	120
Ti-W[③]	3×10^{-12}	130
Ti-W[④]	1×10^{-12}	91

① τ_0 为吸附时间常数，$\tau_0 = \dfrac{1}{\nu}$，ν 为表面原子的振动频率；

② Cu-W～Ti-W 的数据为根据 Shelton 数据的推算值；

③ 覆盖度 $\theta = 0$；

④ 覆盖度 $\theta = 1$。

表 1.2.4　化学吸附的吸附热和化合物的生成热

物质	吸附热 H_c/(kcal/mol)	固相	生成热/(kcal/mol)
$W\text{-}O_2$	194	WO_2	134
$W\text{-}N_2$	85	W_2N	34.3
$W\text{-}H_2$	46	—	—
$Mo\text{-}O_2$	172	MoO_2	140
$Mo\text{-}H_2$	40	—	—
$Pt\text{-}O_2$	67	Pt_3O_4	20.4
$Rh\text{-}O_2$	76	RhO	48
$Rh\text{-}H_2$	26	—	—
$Ni\text{-}O_2$	115	NiO	115
$Ni\text{-}N_2$	10	Ni_3N	−0.4
$Ge\text{-}O_2$	132	GeO_2	129
$Si\text{-}O_2$	230	SiO_2	210

3. 吸附概率和吸附时间

与表面碰撞的分子，可能被反射回空间，也可能将动能传递给表面原子，从而被吸附于如图 1.2.1 所示的位能最低点。吸附分子与固体之间或者自身内部重新分配能量，最终稳定在某一能级上。如果吸附分子获得了脱附活化能，将会脱离表面。利用热适应系数 α，可以表征入射气相原子 (或分子) 与基体 (又称为基片、基板、基底或衬底) 表面碰撞时相互交换能量程度，这在 1.2.3 小节将详细介绍。

吸附概率可以按物理吸附和化学吸附来考虑。与表面碰撞的气体分子被物理吸附的概率称为物理吸附系数，被化学吸附的概率称为化学吸附系数。物理吸附分子中的一部分，越过位能曲线的峰就会被化学吸附。但是，如图 1.2.1 所示，如果 $E_a > 0$ (也存在 $E_a \leqslant 0$ 的情况)，要进入化学吸附，则需要有一定的激活能，且化学吸附的速率受到限制。

作为物理吸附系数的一个例子，如表 1.2.5 所示，对于较高温度气体的物理吸附系数，其值在 0.1 和 1 之间。对于化学吸附系数，一般可以在超高真空中用高温加热方法得到清洁金属表面的测试数据。一般来说，化学吸附对表面结构情况很敏感，因此测试结果呈现出如表 1.2.6 所示的情况。清洁的金属表面上化学吸附系数为 0.1~1。温度越高，化学吸附系数越小。

表 1.2.5 300K 气体物理吸附系数

气体	表面温度/K	物理吸附系数	气体	表面温度/K	物理吸附系数
Ar	10	0.68	O_2	20	0.86
Ar	20	0.66	CO_2	10	0.75
N_2	10	0.65	CO_2	20.77	0.63
N_2	20	0.60	H_2O	77	0.92
CO	10	0.90	SO_2	77	0.74
CO	20	0.85	NH_3	77	0.45

注：热力学温度又叫开尔文温度，单位为 K。摄氏温度 (℃) = 热力学温度 (K)−273.15。

表 1.2.6 钨表面对氮气的初始化学吸附系数

测定者	样品形状	初始化学吸附系数	测定者	样品形状	初始化学吸附系数
Backer 和 Hartma	丝状	0.55	Nasini 和 Ricca	板状	—
Ehrlich	丝状	0.11	小栗	丝状	—
Eisinger	条带状	0.30	Ustino 和 Jonov	丝状	—
Schlier	条带状	0.42	Ricca 和 Saini	蒸镀膜	—
Kisliuk	条带状	0.30	Hill 等	条带状	—
Ehrlich	丝状	0.33	Hayward、King 和 Tompkins	蒸镀膜	—
Jones 和 Pethica	条带状	0.035	—	—	—

吸附分子在表面停留的时间，可以采用平均吸附时间 τ_{a} 来表示，它指的是从吸附于表面开始，到脱附表面为止的平均时间。如果用 E_{d} 表示脱附活化能，则平均吸附时间 τ_{a} 可以表示为

$$\tau_{\mathrm{a}} = \tau_0 \exp(E_{\mathrm{d}}/(kT)) \tag{1.2.1}$$

式中，$\tau_0 = \dfrac{1}{\nu}$，ν 为表面原子的振动频率；k 为玻尔兹曼常量；T 为热力学温度。

从实用的角度来看，可以假定 τ_0 为 $10^{-13} \sim 10^{-12}$s，对于大多数物质，通常 E_{d} 较大，因而 τ_{a} 对于 E_{d} 更为敏感。当 τ_0 为 1×10^{-13}s 时，把 E_{d} 作为参变量，可以得到 τ_{a} 与 T 的关系，如图 1.2.2 所示。例如，在表 1.2.2 中，对于沉积薄膜

所用的物质，与脱附表面的活化能 (物理吸附的吸附热) H_p 相接近的 H_l 的值较大，τ_a 接近于 ∞。因此，从吸附的角度来看，可以称沉积薄膜所用的物质为表面物质。在表 1.2.3 示出的 Ar-玻璃等情况下，τ_a 极小，可以称沉积薄膜所用的物质为气体。

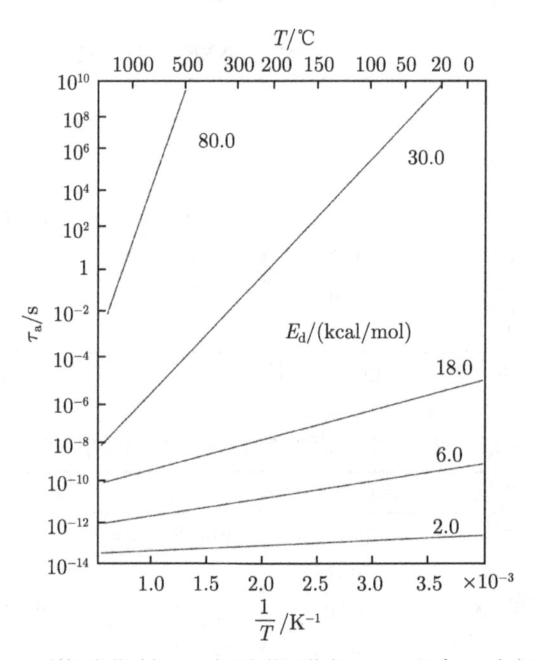

图 1.2.2　平均吸附时间 τ_a 与脱附活化能 E_d、温度 T 之间的关系

在实际情况下，无论使用何种材料、进行何种处理，都很难简单地说清楚真空下的吸附情况和效果。特别是表面状态往往不能保持一定，使得理论预测更加困难。在真空技术中，许多因素对容器表面放气起决定性作用。关于气体放出的速度，有许多测定结果，但是偏差很大。同时，利用这些测定结果做出的真空装置也出现了许多与预期相反的结果，这是由于测定时的表面状况几乎不可能与实用时的表面状况完全相同。

在薄膜制备过程中，既有利用薄膜与气体进行反应而获得新材料的情况，又有在得到纯膜时残余气体和薄膜发生反应而引起复杂变化的情况。在这些情况下，确定体系化学吸附是否发生是个关键问题。表 1.2.7 展示了气体在金属表面上发生化学吸附的一些例子。在沉积薄膜时还有膜与基底间附着强度的问题，在尽可能充分产生化学键的条件下，所沉积的薄膜可以得到高的附着强度。然而实际情况中，仍然需要通过多次实验摸索工艺，以便获得最高的附着强度。

表 1.2.7　气体在金属表面上的化学吸附

气体	快速吸附的金属	缓慢吸附的金属	0℃ 以下不吸附的金属
H_2	Ti, Zr, Nb, Ta, Cr, Mo, W, Fe, Co, Ni, Rh, Pd, Pt, Ba	Mn, Ga, Ge	K, Cu, Ag, Au, Zn, Cd, Al, In, Pb, Sn
O_2	除 Au 以外的全部金属	—	Au
N_2	La, Ti, Zr, Nb, Ta, Mo, W	Fe, Ga, Ba	与 H_2 相同，再加上 Ni, Rh, Pd, Pt
CO	与 H_2 相同，再加上 La, Mn (Cu, Ag, Au)	Al	K, Zn, Cd, In, Pb, Sn
CO_2	除 Rh, Pd, Pt 外，与 H_2 相同	Al	Rh, Pd, Pt, Cu, Zn, Cd
CH_4	Ti, Ta, Cr, Mo, W, Rh	Fe, Co, Ni, Pd	—
C_2H_6	与 CH_4 相同，再加上 Ni, Pd	Fe, Co	—
C_2H_4	与 H_2 相同，再加上 Cu, Au	Al	与 CO 相同
C_2H_2	与 H_2 相同，再加上 Cu, Au, K	Al	除 K 外，与 CO 相同
NH_3	W, Ni, Fe	—	—
H_2S	W, Ni	—	—

1.2.2　表面扩散

入射到基板表面上的气相原子被表面吸附后，便失去了在表面法线方向的动能，只存在平行于表面方向的动能 [2]。依靠平行于表面方向的动能，被吸附原子沿着表面上不同方向做表面扩散运动。在这一过程中，单个被吸附原子间相互碰撞形成原子对，从而产生凝结。薄膜形成过程中的凝结指的是吸附原子结合成原子对及原子对的运动过程。因此，吸附原子的表面扩散是形成凝结的必要条件。

一般情况下，表面扩散激活能 E_D 比脱附活化能 E_d 小，是脱附活化能 E_d 的 1/6~1/2。图 1.2.3 是吸附原子在表面扩散时有关能量示意图。表 1.2.8 给出了一些典型体系中脱附活化能 E_d 和表面扩散激活能 E_D 的实验值。

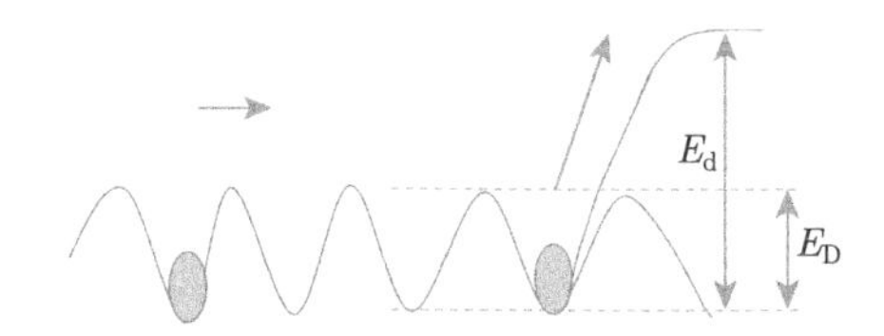

图 1.2.3　吸附原子在表面扩散时有关能量示意图

吸附原子在一个吸附位置上的停留时间称为平均表面扩散时间，用 τ_D 表示。它与表面扩散激活能 E_D 之间有如下关系：

$$\tau_D = \tau_D' \exp\left(E_D/(kT)\right) \tag{1.2.2}$$

式中，τ'_D 为表面原子沿表面水平方向振动的周期，为 $10^{-13} \sim 10^{-12}$s；k 为玻尔兹曼常量；T 为热力学温度。一般认为 $\tau'_D = \tau_D$。

表 1.2.8　一些典型体系中脱附活化能 E_d 和表面扩散激活能 E_D 的实验值

凝结物	基片	E_d/eV	E_D/eV
Ag	NaCl	—	0.20
Ag	NaCl	—	0.15 (蒸镀)，0.10 (溅射)
Al	NaCl	0.60	—
	云母	0.90	—
Ba	W	380.00	0.65
Cd	Ag (新膜)	60.00	—
	Ag，玻璃	0.24	—
Cu	玻璃	0.14	—
Cs	W	2.80	0.61
Hg	Ag	0.11	—
Pt	NaCl	—	0.18
W	W	3.80	0.65

在表面停留时间内，吸附原子经过扩散所移动的从起始点到终点的间隔距离称为平均表面扩散距离，用 $\bar{x}$ 表示，其数学表达式为

$$\bar{x} = (D_S\tau_a)^{\frac{1}{2}} \tag{1.2.3}$$

式中，D_S 为表面扩散系数；τ_a 为平均吸附时间。

若用 a_0 来表示相邻吸附位置的间隔，则表面扩散系数 $D_S = a_0^2/\tau_D$，这样平均表面扩散距离 $\bar{x}$ 可表示为

$$\bar{x} = a_0 \exp\left[(E_d - E_D)/(2kT)\right] \tag{1.2.4}$$

从式 (1.2.4) 可看出，凝结过程与 E_d、E_D 的值有较大的关系。表面扩散激活能 E_D 越大，则平均表面扩散距离 $\bar{x}$ 越短，扩散越困难；脱附活化能 E_d 越大，则平均表面扩散距离 $\bar{x}$ 越长，吸附原子在表面上平均吸附时间 τ_a 就越长。因此，表面扩散激活能 E_D 和脱附活化能 E_d 对凝结的作用是不同的。

1.2.3　凝结过程

凝结过程指的是吸附原子在基体表面上形成原子对及原子对的运动过程。假设单位时间内入射到基体单位表面积上的原子数为 J (个/(cm$^2\cdot$s))，吸附原子在表面的平均吸附时间为 τ_a，那么单位基体表面上的吸附原子数 n_1 为

$$n_1 = J\tau_a = J\tau_0 \exp\left(E_d/(kT)\right) \tag{1.2.5}$$

从式 (1.2.5) 可看出，一旦入射停止 ($J = 0$)，n_1 即刻等于零。在这种情况下，即使连续地进行沉积，气相原子也不可能在基体表面发生凝结。

假定吸附原子在表面的扩散时间为 τ_{D}，那么它在表面上的扩散迁移频率 f_{D} 为

$$f_{\mathrm{D}} = \frac{1}{\tau_{\mathrm{D}}} = \frac{1}{\tau_0'} \exp\left(-E_{\mathrm{D}}/(kT)\right) \tag{1.2.6}$$

假设 $\tau_0' = \tau_0$，则吸附原子在基体表面停留时间内所迁移的次数为

$$N = f_{\mathrm{D}}\tau_{\mathrm{a}} = \exp\left[\left(E_{\mathrm{d}} - E_{\mathrm{D}}\right)/(kT)\right] \tag{1.2.7}$$

可以看出，当吸附原子在迁移中与其他吸附原子相碰撞时，就有可能形成原子对。这个吸附原子的捕获面积 S_{D} 为

$$S_{\mathrm{D}} = N/n_{\mathrm{s}} \tag{1.2.8}$$

式中，n_{s} 为所有可能形核点的密度。

可得出所有吸附原子的总捕获面积为

$$S_{\Sigma} = n_1 S_{\mathrm{D}} = n_1\frac{N}{n_{\mathrm{s}}} = f_{\mathrm{D}}\tau_{\mathrm{a}}\frac{n_1}{n_{\mathrm{s}}} == \frac{n_1}{n_{\mathrm{s}}}\exp\left[\left(E_{\mathrm{d}} - E_{\mathrm{D}}\right)/(kT)\right] \tag{1.2.9}$$

若 $S_{\Sigma} < 1$，即小于单位面积，那么每个吸附原子的捕获面积内，平均存在的原子数小于 1，则不能形成原子对，也就不发生凝结。

若 $1 \leqslant S_{\Sigma} < 2$，在这种情况下，会发生部分凝结吸附，原子在其捕获面积内平均有一个或两个吸附原子。在这些面积内会形成原子对或三原子团，已经吸附的原子在经过停留时间后又可能重新蒸发。

若 $S_{\Sigma} \geqslant 2$，在每个吸附原子的捕获面积内，至少有两个吸附原子，那么所有的吸附原子都可结合为原子对或更大的原子团，从而达到完全凝结，由吸附相转变为凝结相。凝结系数、黏附系数和热适应系数等物理参数在研究凝结过程中起到重要的作用。

当蒸发的气相原子入射到基底表面上后，除被弹性反射和吸附后再蒸发的原子之外，完全被基体表面所凝结的气相原子数与入射到基体表面上总气相原子数之比称为凝结系数，用 α_{c} 表示。

当基体表面上已经存在凝结原子时，再凝结的气相原子数与入射到基体表面上总气相原子数之比称为黏附系数，用 α_{s} 表示

$$\alpha_{\mathrm{s}} = \frac{1}{J}\frac{\mathrm{d}n}{\mathrm{d}t} \tag{1.2.10}$$

式中，J 为单位时间内入射到基体单位表面积上的气相原子总数；n 为在 t 时刻基体表面上存在的原子数。在 n 趋近于零时，$\alpha_{\mathrm{c}} = \alpha_{\mathrm{s}}$。

表征入射气相原子 (或分子) 与基体碰撞时交换能量程度的物理量称为热适应系数，用 α 表示：

$$\alpha = \frac{T_i - T_r}{-T_s} \tag{1.2.11}$$

式中，T_i、T_r 和 T_s 分别表示入射气相原子、再蒸发气相原子和基体三者的温度。

吸附原子在表面停留期间，如果与基体发生充分能量交换达到热平衡 ($T_s = T_r$)，$\alpha = 1$，表示完全适应。如果 $T_s < T_r < T_i$，$\alpha < 1$，表示不完全适应。若 $T_i = T_r$，则入射气相原子与基体完全没有热交换，气相原子全被反射回来，$\alpha = 0$，表示完全不适应。

从实验研究中得到有关凝结系数 α_c、黏附系数 α_s 与基体温度、沉积时间及膜厚的关系，分别如表 1.2.9 和图 1.2.4 所示。

表 1.2.9　气相原子的凝结系数与基体温度、膜厚的关系

凝结物	基体	基体温度/°C	膜厚/Å	凝结系数 α_c
Cd	Cu	25	0.8	0.04
			4.9	0.26
			6.0	0.24
			42.2	0.26
Au	玻璃、Cu、Al	25	刚能观察出膜厚	0.90～0.99
	Cu	350		0.84
	玻璃	360		0.50
	Al	320		0.72
	Al	345		0.37
Ag	Ag(0)①	20	刚能观察出膜厚	1.00
	Au(0.18)①	20		0.99
	Pu(3.96)①	20		0.86
	Ni(13.7)①	20		0.64
	玻璃	20		0.31

① 括号内为点阵失配度，即相对于 Ag 点阵失配的程度。

在研究凝结过程时，入射原子密度 (数) 与基体临界温度的关系为

$$n_c = 4.7 \times 10^{22} \exp\left(-\frac{2840}{T_c}\right) \tag{1.2.12}$$

式中，n_c 为临界入射原子密度 (原子数/(cm^2·s))；T_c 为基体临界温度 (K)。

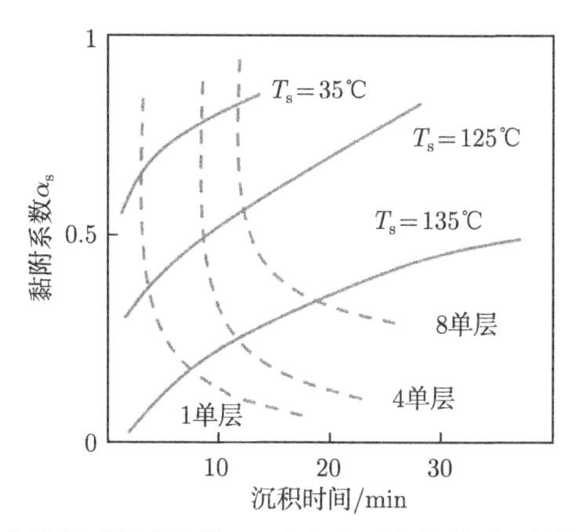

图 1.2.4　不同基体温度下黏附系数 α_s 与沉积时间的关系 (虚线为等平均膜厚线)

可以得到，当 T_c 一定时，入射原子数小于 n_c，不能成膜；当 n_c 一定时，基体温度高于 T_c，也不能成膜。因此，当基体温度较高时，入射原子密度较大。

1.3　晶核的形成与生长

1.3.1　物理过程

如图 1.3.1 所示，形核与生长的物理过程有以下四个步骤。

(1) 来自蒸发源的气相原子入射到基体表面上，其中一部分能量较大的原子发生弹性反射，另一部分则吸附于基体表面。在吸附的气相原子中，也有一小部分由于能量足够大而逃逸出去 [3]。

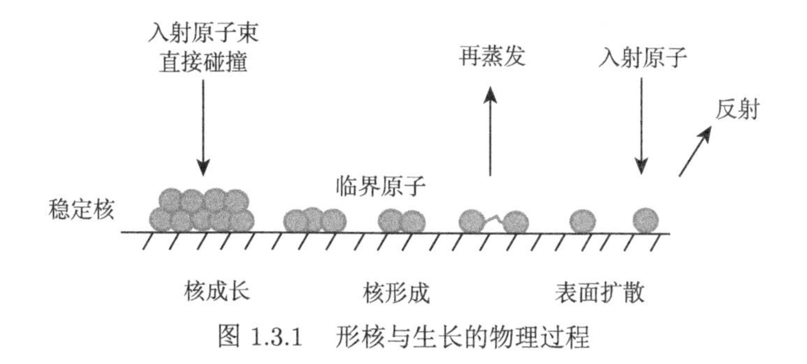

图 1.3.1　形核与生长的物理过程

(2) 吸附的气相原子在基体表面上发生扩散迁移，互相碰撞，结合成原子对或小原子团，并凝结在基体表面上。

(3) 小原子团和其他吸附原子之间发生碰撞，吸收该原子或将其反射，这个过程反复进行。原子团中的原子数超过某一临界值后，原子团便向着长大方向发展形成稳定的原子团。临界原子组成的原子团称为临界核，稳定的原子团称为稳定核。

(4) 稳定核通过捕获其他吸附原子或与入射气相原子相结合，进一步长大，从而成为小岛。

核形成过程在均匀相中进行，则称为均质形核；在非均匀相或不同相中进行，则称为非均质形核。核形成发生在固体或杂质界面上的属于非均质形核。以真空蒸镀法或溅射法制备薄膜的过程中核的形成，与水滴在固体表面的凝结过程类似，都属于非均质形核。

1.3.2 实验观察

薄膜形核与生长过程如图 1.3.2 所示。基板表面存在的原子大小的凹坑、棱角、台阶都可作为捕获中心，其通过捕获原子团形成晶核。晶核通过吸收陆续到达的原子、与相邻晶核合并 (coalescence) 等方式逐渐长大，当晶核大小达到某一临界值后将变得稳定。一般认为，临界晶核包含 10 个左右的原子，但这样大小的晶核难以用电子显微镜观察到。如图 1.3.2 所示，随着晶核的逐渐形成，以及它们之间的互相接触、合并，最终形成岛状构造 (island stage)，其尺寸从 5nm 开始就可以用电子显微镜观察到。近年来，随着电子显微镜技术的发展，可以看到更小的临界晶核。如图 1.3.2 中 11~22nm 阶段的照片所示，岛状构造进一步生长，形成岛与沟道构造 (channel stage)，沟道进一步收缩，成为孔穴构造 (hole stage)，

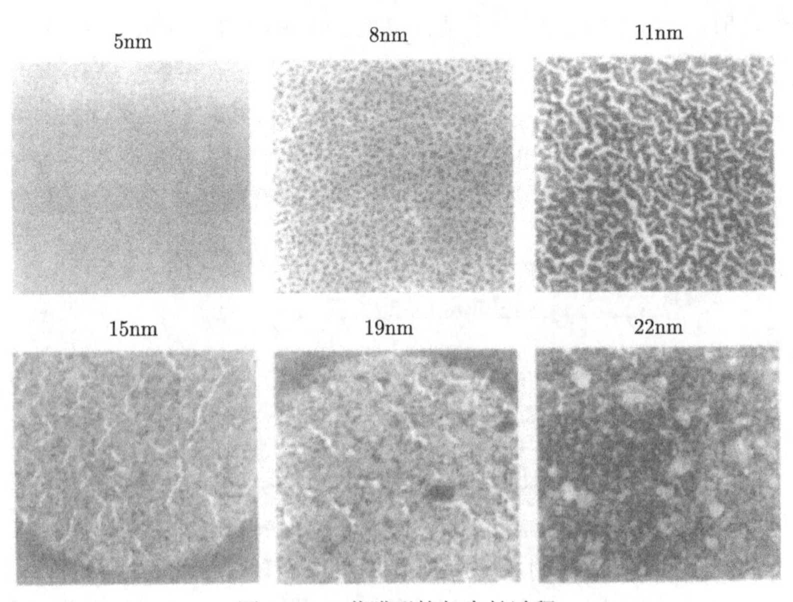

图 1.3.2 薄膜形核与生长过程

经过这些状态，最终会形成均匀而连续的薄膜。在岛状构造阶段出现的花纹，人们通常称为装饰纹，如图 1.3.3 所示，这是由基板表面捕获中心的分布造成的。

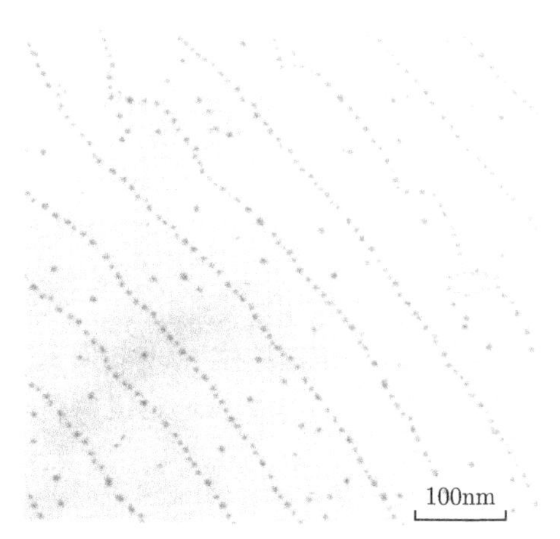

图 1.3.3　薄膜形核及生长中出现的装饰纹

当成膜晶体原子之间的凝聚力大于它们与基板原子之间的结合力时，会出现上述形核及生长模式 (相当于水不浸润基板的情况)。在碱金属卤化物基板上沉积金属膜就属于这种模式。

在真空蒸发镀膜和溅射镀膜两种情况下，膜的生长情况是不同的。在岛状构造阶段，对于溅射镀膜，岛的尺寸小、数目多、密度大，薄膜的晶面取向从一开始就已确定；对于真空蒸发镀膜 (如在 NaCl 单晶基板上沉积金膜)，岛的尺寸大而密度小，其晶体学取向会在岛合并时发生变化。

1.3.3　热学界面能理论

热学界面能理论的基本思想是将一般气体在固体表面上的形核生长理论应用于薄膜生长过程中。该理论考虑了蒸气压、界面能和湿润角等宏观物理量，从热力学角度定量分析了形核条件、形核率及核生长速度等，属于唯象理论。

1. 新相的均质形核理论

在薄膜沉积的最初阶段，需要有新相的核心形成 [4]。新相的形核过程有均质形核与非均质形核两种类型。均质形核指的是整个形核过程完全是在相变自由能的推动下进行；非均质形核过程除了有相变自由能，还有其他的因素推动新相核心生成。

对于均质形核，需要考虑从过饱和气相中凝结出一个球形固相核心的过程。设新相核心的半径为 r，形成这样一个新相核心时体积能将变化 $\dfrac{4\pi r^3\Delta G_{\mathrm{v}}}{3}$，其中

ΔG_{v} 是单位体积的相变自由能。由物理化学可知：

$$\Delta G_{\mathrm{v}}=-\frac{kT}{\Omega}\ln\frac{p_{\mathrm{v}}}{p_{\mathrm{s}}}\tag{1.3.1}$$

式中，p_{s} 为固相的平衡蒸气压；p_{v} 为气相实际的过饱和蒸气压；Ω 为原子体积。式 (1.3.1) 还可以写成：

$$\Delta G_{\mathrm{v}}=-\frac{kT}{\Omega}\ln\left(1+S\right)\tag{1.3.2}$$

式中，$S=\left(p_{\mathrm{v}}-p_{\mathrm{s}}\right)/p_{\mathrm{s}}$ 为气相的过饱和度。当过饱和度为零时，有 $\Delta G_{\mathrm{v}}=0$，此时没有新相核心生成，或者已经形成的新相核心不能进一步长大。因此，新相核心形成的必要条件之一就是过饱和。在新相核心形成的同时，新的固气相界面也会生成，这会导致界面能的增加，增加值为 $4\pi r^2\gamma$，其中 γ 为单位面积的界面能。综合形成一个新相核心时体积能的变化量和界面能的增加值之后，得到系统的自由能变化量为

$$\Delta G=\frac{4}{3}\pi r^3\Delta G_{\mathrm{v}}+4\pi r^2\gamma\tag{1.3.3}$$

将式 (1.3.3) 对 r 微分，可以求出使得自由能变化量 ΔG 为零的条件为

$$r^*=-\frac{2\gamma}{\Delta G_{\mathrm{v}}}\tag{1.3.4}$$

式中，r^* 是平衡存在固相核心的最小半径，又称为临界核心半径。当 $r<r^*$ 时，在热涨落过程中形成的新相核心并不稳定，它可能消失，因为它在长大到临界尺寸的过程中需要吸收能量。相反，当 $r>r^*$ 时，新相核心稳定生长，生长过程中释放能量，使自由能下降。将式 (1.3.4) 代入式 (1.3.3) 后，得到形成临界核心时系统的自由能变化量如下：

$$\Delta G^*=\frac{16\pi\gamma^3}{3(\Delta G_{\mathrm{v}})^2}\tag{1.3.5}$$

图 1.3.4 示出了形核自由能的变化量与晶核半径的变化关系。可以看到，形成临界核心的临界自由能变化量 ΔG^* 实际上就相当于形核过程的势垒。热涨落提供的能量起伏使得部分原子团具备了 ΔG^* 大小的自由能涨落，从而形成尺寸大于临界尺寸的新相核心。

新相核心的形成过程中同时有多个核心形成。新相核心的形成速率 $\mathrm{d}N_n/\mathrm{d}t$ 正比于三个因素：

$$\frac{\mathrm{d}N_n}{\mathrm{d}t}=N_n^*A^*J\tag{1.3.6}$$

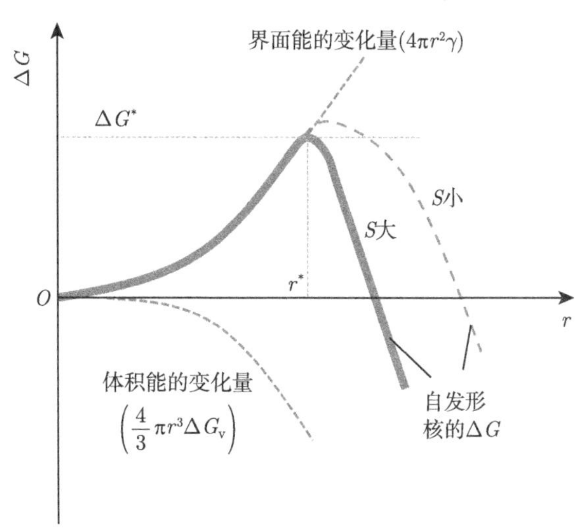

图 1.3.4　新相形核过程中自由能变化量 ΔG 随晶核半径 r 的变化趋势

$S=(p_{\mathrm{v}}-p_{\mathrm{s}})/p_{\mathrm{s}}$ 是气相的过饱和度

式中，N_n^* 为临界半径的稳定核心的密度；$A^*=4\pi r^{*2}$ 为每个临界核心的表面积；J 为单位时间内流向单位核心表面积的原子数目。由统计热力学理论可知：

$$N_n^* = n_{\mathrm{s}}\mathrm{e}^{-\frac{\Delta G^*}{kT}} \tag{1.3.7}$$

式中，n_{s} 为所有可能形核点的密度。J 应等于气相原子流向新相核心的净通量，即

$$J=\frac{\alpha_{\mathrm{c}}\left(p_{\mathrm{v}}-p_{\mathrm{s}}\right)N_{\mathrm{A}}}{\sqrt{2\pi\mu RT}}\mathrm{e}^{-\frac{\Delta G^*}{kT}} \tag{1.3.8}$$

式中，μ 为气相分子的摩尔质量；R 为气体常数；α_{c} 为描述原子附着于固相核心表面能力大小的一个常数，即凝结系数；N_{A} 为阿伏伽德罗常数。从而，可以得到：

$$\frac{\mathrm{d}N_n}{\mathrm{d}t}=\frac{4\alpha_{\mathrm{c}}\pi r^{*2}n_{\mathrm{s}}\left(p_{\mathrm{v}}-p_{\mathrm{s}}\right)N_{\mathrm{A}}}{\sqrt{2\pi\mu RT}}\mathrm{e}^{-\frac{\Delta G^*}{kT}} \tag{1.3.9}$$

式中，指数项的影响最大，它是气相过饱和度 S 的函数 (图 1.3.4)。当气相过饱和度大于零时，气相中开始自发地均质形核。

在材料外延生长过程中，通过严格控制气相的过饱和度，可以调控新相核心在特定衬底上的形成；在其他情形，如制备超细粉末或多晶、微晶薄膜时，可通过提高气相的过饱和度来促进气相的匀质形核，达到在气相中能同时凝结出大量足够小的新相核心的目的。

均质形核要求苛刻，一般只发生在精细控制的环境中。大多数固体相变过程中，特别是薄膜沉积过程中，由于界面等因素的影响，发生的一般都是非均质形核。

2. 非均质形核过程的热力学

均质形核的过程，就是两种驱动力 (界面能与体积能) 竞争的过程。与匀质形核相比，非均质形核唯一的不同就是界面能的组成更复杂 [5]。

图 1.3.5 是薄膜非均质形核核心的示意图。由于原子团的尺寸很小，其在热力学上是不稳定的，它可能吸收外来原子而长大，但也可能失去已拥有的原子而消失。

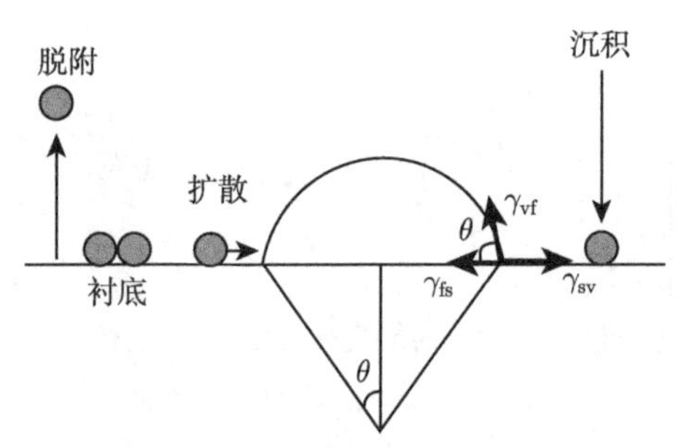

图 1.3.5　薄膜非均质形核核心的示意图

γ_{vf}、γ_{fs}、γ_{sv}-气相 (v)、衬底 (s)、薄膜 (f) 三者之间的界面能；θ-接触角

形成一个如图 1.3.5 所示原子团的自由能变化量为

$$\Delta G_{非} = a_3 r_{非}^3 \Delta G_{v} + a_1 r_{非}^2 \gamma_{vf} + a_2 r_{非}^2 \gamma_{fs} - a_2 r_{非}^2 \gamma_{sv} \tag{1.3.10}$$

式中，ΔG_v 为单位体积的相变自由能，它是薄膜形核的驱动力；a_1、a_2、a_3 为与核心具体形状有关的几个常数。对于图 1.3.5 所示的冠状核心而言：$a_1 = 2\pi(1-\cos\theta)$，$a_2 = \pi\sin^2\theta$，$a_3 = \pi\left(2-3\cos\theta+\cos^3\theta\right)/3$，由于要保证核心形状的稳定性，各界面能之间需要满足以下条件：

$$\gamma_{sv} = \gamma_{vf}\cos\theta + \gamma_{fs} \tag{1.3.11}$$

即 θ 只取决于各界面能之间的数值关系。式 (1.3.11) 也说明了薄膜的三种生长模式。当 $\theta > 0$，即当

$$\gamma_{sv} < \gamma_{vf} + \gamma_{fs} \tag{1.3.12}$$

时，生长模式为岛状生长。当 $\theta = 0$，即当

$$\gamma_{sv} = \gamma_{vf} + \gamma_{fs} \tag{1.3.13}$$

开始成立时，岛状生长模式转化为层状生长模式或中间模式。

由式 (1.3.10) 对原子团半径 $r_{非}$ 微分为零的条件，可求出形核自由能变化量 $\Delta G_{非}$ 取得极值的条件为

$$r_{非}^{*}=-\frac{2\left(a_{1}\gamma_{\mathrm{vf}}+a_{2}\gamma_{\mathrm{fs}}-a_{2}\gamma_{\mathrm{sv}}\right)}{3a_{3}G_{\mathrm{v}}} \tag{1.3.14}$$

利用式 (1.3.11)，可证明式 (1.3.14) 仍等价于式 (1.3.4)，即

$$r_{非}^{*}=-\frac{2\gamma_{\mathrm{vf}}}{\Delta G_{\mathrm{v}}} \tag{1.3.15}$$

因此，虽然非均质形核的核心形状与匀质形核的核心形状不同，但它们所对应的临界核心半径是相同的。

将式 (1.3.15) 代入式 (1.3.10)，得到相应过程的临界自由能变化量为

$$\Delta G_{非}^{*}=\frac{4\left(a_{1}\gamma_{\mathrm{vf}}+a_{2}\gamma_{\mathrm{fs}}-a_{2}\gamma_{\mathrm{sv}}\right)^{3}}{27a_{3}^{2}(\Delta G_{\mathrm{v}})^{2}} \tag{1.3.16}$$

非均质形核过程中 $\Delta G_{非}$ 随 r 的变化趋势如图 1.3.6 所示。由于热涨落，$r<r^{*}$ 的核心会由于 $\Delta G_{非}$ 降低而趋于消失；$r>r^{*}$ 的核心则随着自由能的下降而长大。

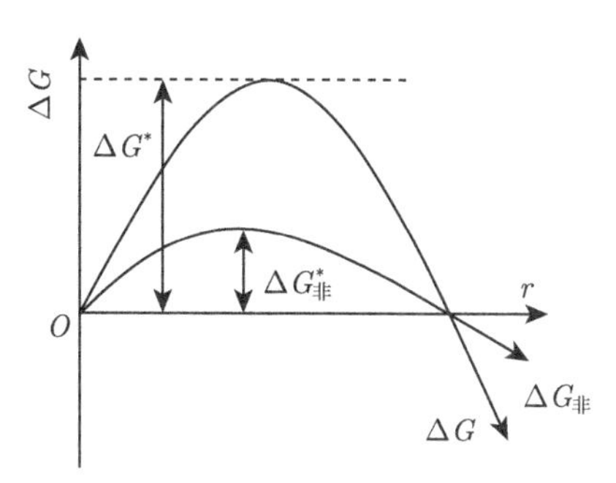

图 1.3.6　非均质形核过程中 $\Delta G_{非}$ 随 r 的变化趋势

非均质形核过程的临界自由能变化量还可以写成两部分乘积的形式：

$$\Delta G_{非}^{*}=\frac{16\pi\gamma_{\mathrm{vf}}^{3}}{3(\Delta G_{\mathrm{v}})^{2}}\frac{2-3\cos\theta+\cos^{3}\theta}{4} \tag{1.3.17}$$

式中，等号右边第一部分为均质形核过程的临界自由能变化式 (1.3.5)；等号右边第二部分为非均质形核过程相对均质形核过程势垒的降低因子，也称几何形状因子。

综上可以看出，对于临界晶核尺寸，非均质形核的尺寸 $r_{非}^{*}$ 和均质形核的尺寸 r^{*} 相同，而非均质形核的临界自由能则与接触角 θ 密切相关。当固相晶核与

基板完全浸润时，$\theta=0$，$\Delta G^*_{非}=0$。部分浸润时，如 $\theta=10°$，$\Delta G^*_{非}=10^{-4}\Delta G^*$；$\theta=30°$，$\Delta G^*_{非}=0.02\Delta G^*$；$\theta=90°$，$\Delta G^*_{非}=0.5\Delta G^*$。完全不浸润时，$\theta=180°$，此时 $\Delta G^*_{非}=\Delta G^*$。浸润情况越好，非均质形核越容易发生，$\Delta G^*_{非}/\Delta G^*$ 与 θ 的关系如图 1.3.7 所示。因此，非均质形核的临界自由能变化小于均质形核的临界自由能变化，在相同条件下更容易发生。这说明接触角 θ 越小，衬底与薄膜的浸润性越好，非均质形核的势垒越低，发生非均质形核的倾向也越大，越容易实现层状生长。

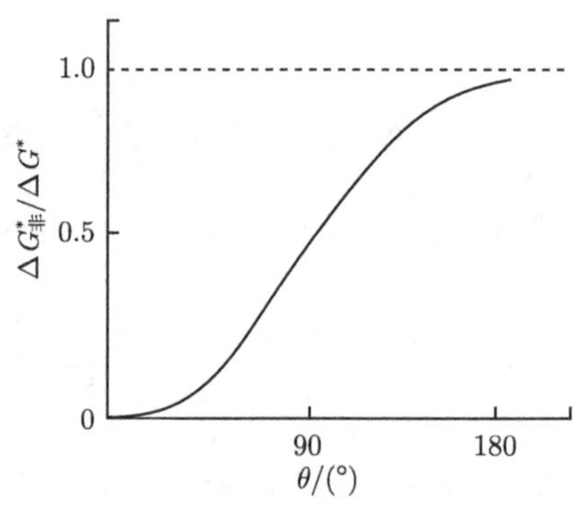

图 1.3.7　$\Delta G^*_{非}/\Delta G^*$ 与 θ 的关系

3. 薄膜的形核率

在薄膜气相沉积的过程中，形核是最初的阶段 [6]，对于该物理过程，由图 1.1.1 可知，新相形成所需要的原子可能来源于：

(1) 气相原子的直接沉积；

(2) 基底吸附的气相原子沿表面的扩散。

在形核的最初阶段，存在的核心数极少，气相原子难以直接吸附，新相核心长大所需的原子大多来自上面的第 (2) 种可能。

沉积的气相原子被基底吸附，其中一部分被反射，另一部分则在表面迁移和扩散，继而被已形成的核心吸收。脱附活化能 (E_{d}) 决定了表面吸附原子在衬底表面停留的平均时间 τ_{a} (参见式 (1.2.1))，即

$$\tau_{\mathrm{a}}=\frac{1}{\nu}\exp(E_{\mathrm{d}}/(kT)) \tag{1.3.18}$$

式中，ν 为表面原子的振动频率。

形核率指的是单位时间内单位表面积上，由临界尺寸的原子团长大的核心数目。与式 (1.3.6) 的情况相同，新相核心的形成速率 $\mathrm{d}N_n/\mathrm{d}t$ 正比于三个因素，即

$$\frac{\mathrm{d}N_n}{\mathrm{d}t}=N_n^*A^*_{非}\omega \tag{1.3.19}$$

式中，N_n^* 为单位表面积上临界原子团的出现概率；$A_{非}^*$ 为每个临界原子团接受扩散而来的吸附原子的表面积；ω 为向上述表面积扩散迁移的吸附原子的通量。

单位表面积上临界原子团的出现概率仍由式 (1.3.7) 确定：

$$N_n^* = n_{\mathrm{s}} \exp(-\Delta G_{非}^*/(kT)) \tag{1.3.20}$$

式中，n_{s} 为形核点的密度；$\Delta G_{非}^*$ 为临界形核自由能变化量。

每个接受迁移原子的临界原子团的外表面积等于围绕冠状核心一周的表面积：

$$A_{非}^* = 2\pi r_{非}^* a_0 \sin\theta \tag{1.3.21}$$

式中，a_0 相当于原子直径。

最后，迁移来的吸附原子通量 ω 应等于吸附原子密度 n_{a} 乘以原子扩散的发生概率 $\nu \mathrm{e}^{-E_{\mathrm{D}}/(kT)}$，在衬底上吸附原子密度为

$$n_{\mathrm{a}} = J\tau_{\mathrm{a}} = \frac{\tau_{\mathrm{a}} p N_{\mathrm{A}}}{\sqrt{2\pi\mu RT}} \tag{1.3.22}$$

即沉积气相撞击衬底表面的原子通量与其停留时间的乘积，式中 p 为沉积气相的蒸气压。这样可得

$$\omega = \frac{\tau_{\mathrm{a}} v p N_{\mathrm{A}}}{\sqrt{2\pi\mu RT}} \exp(-E_{\mathrm{D}}/kT) \tag{1.3.23}$$

因此，得到：

$$\frac{\mathrm{d}N_n}{\mathrm{d}t} = \frac{2\pi r_{非}^* a_0 n_{\mathrm{s}} p N_{\mathrm{A}} \sin\theta}{\sqrt{2\pi\mu RT}} \exp((E_{\mathrm{d}} - E_{\mathrm{D}} - \Delta G^*)/(kT)) \tag{1.3.24}$$

因此，薄膜最初的形核率与临界形核自由能变化量 $\Delta G_{非}$ 密切相关，随着 $\Delta G_{非}$ 的降低，形核率将明显增大。较高的脱附活化能 E_{d} 和较低的扩散激活能 E_{D} 均有利于气相原子在衬底表面的停留和运动，从而使形核率提高。

4. 衬底温度和沉积速率对形核过程的影响

影响薄膜组织的两个重要因素是沉积速率 (R) 与衬底温度 (T)[7]。下面仅在匀质形核情况下，分析这两个因素对临界核心半径 r^* 和临界形核自由能变化量 ΔG^* 的影响，并阐明它们对整个形核过程及薄膜组织的影响。

首先是薄膜沉积速率对薄膜组织的影响。将固相从气相中凝结出来时相变自由能变化量写为如下形式：

$$\Delta G_{\mathrm{v}} = -\frac{kT}{\Omega} \ln \frac{R}{R_{\mathrm{c}}} \tag{1.3.25}$$

式中，R_{c} 为凝结核心在温度 T 时的平衡蒸发速率；R 为实际沉积速率。当 $R=R_{\mathrm{c}}$ 时，气相与固相处于平衡状态，这时 $\Delta G_{\mathrm{v}}=0$，不再发生沉积；当 $R_{\mathrm{c}}>R$，即薄膜沉积时，$\Delta G_{\mathrm{v}}<0$。由此，利用式 (1.3.4) 和式 (1.3.25)，可以得出：

$$\left(\frac{\partial r^*}{\partial R}\right)_T=\frac{\partial r^*}{\partial \Delta G_{\mathrm{v}}}\frac{\partial \Delta G_{\mathrm{v}}}{\partial R}=\frac{r^*}{\Delta G_{\mathrm{v}}}\frac{kT}{\Omega R}<0 \tag{1.3.26}$$

同样地，由式 (1.3.5) 和式 (1.3.25) 可求出：

$$\left(\frac{\partial \Delta G^*}{\partial R}\right)_T=\frac{\partial \Delta G^*}{\partial \Delta G_{\mathrm{v}}}\frac{\partial \Delta G_{\mathrm{v}}}{\partial R}=\frac{2\Delta G^*}{\Delta G_{\mathrm{v}}}\frac{kT}{\Omega R}<0 \tag{1.3.27}$$

可见，随着薄膜沉积速率 R 的提高，薄膜临界核心半径和临界形核自由能均降低。因此，越高的沉积速率将会导致越快的形核速率和越细密的薄膜组织。

接下来讨论衬底温度对薄膜组织的影响。由式 (1.3.4) 对于衬底温度的导数，即

$$\left(\frac{\partial r^*}{\partial T}\right)_R=r^*\left(\frac{1}{\gamma}\frac{\partial \gamma}{\partial T}-\frac{1}{\Delta G_{\mathrm{v}}}\frac{\partial \Delta G_{\mathrm{v}}}{\partial T}\right) \tag{1.3.28}$$

可见，临界核心半径随衬底温度的变化率取决于相变自由能变化量 ΔG_{v} 和新相界面能 γ 两者随温度的变化情况。由于薄膜核心的成长存在一定的过冷度，即衬底温度一定要低于薄膜核心与其气相保持平衡时的衬底温度 T_{e}，因此，若令 $\Delta T=T_{\mathrm{e}}-T$ 为薄膜沉积时的过冷度，则在平衡衬底温度 T_{e} 附近，相变自由能变化量为

$$\Delta G_{\mathrm{v}}(T)=\Delta H(T)-T\Delta S(T)\approx \Delta H(T_{\mathrm{e}})\frac{\Delta T}{T_{\mathrm{e}}} \tag{1.3.29}$$

式中，可以将薄膜沉积的热熔变化及熵的变化用其在平衡温度处的数值代替，即 $\Delta H(T)\approx \Delta H(T_{\mathrm{e}})$，$\Delta S(T)\approx \Delta S(T_{\mathrm{e}})=\Delta H(T_{\mathrm{e}})/T_{\mathrm{e}}$，结合式 (1.3.28) 和式 (1.3.29)，得到在 T_{e} 以下的衬底温度区间为

$$\left(\frac{\partial r^*}{\partial T}\right)_R>0 \tag{1.3.30}$$

同样地，由式 (1.3.5)、式 (1.3.30) 可以得到：

$$\left(\frac{\partial \Delta G^*}{\partial T}\right)_R=\Delta G_{\mathrm{v}}\left(\frac{3}{\gamma}\frac{\partial \gamma}{\partial T}-\frac{2}{\Delta G_{\mathrm{v}}}\frac{\partial \Delta G_{\mathrm{v}}}{\partial T}\right)>0 \tag{1.3.31}$$

可见，随着衬底温度的升高或相变过冷度的减小，新相临界核心半径增加，因而新相核心的形成将更加困难。

实验观察到的沉积速率和衬底温度对薄膜沉积中形核过程影响的实验规律与上述理论预测基本一致。衬底温度越高，临界核心的尺寸就越大，形核的临界自由能势垒也越高。高温时沉积的薄膜首先形成粗大的岛状组织，低温时临界形核自由能降低，形成的核心数目增加，这有利于形成具有细小而连续晶粒的薄膜。随着沉积速率的增加，临界核心尺寸减小，临界形核自由能降低，这相当于降低了沉积温度，细化了薄膜组织的晶粒。

因此，要想得到晶粒较大甚至是单晶结构的薄膜，可以通过提高沉积的衬底温度、降低沉积的速率来实现。低温沉积和高速沉积往往会出现多晶态的薄膜。

1.3.4　原子聚集理论

在热力学界面能理论 (毛细管理论) 中，对形核分析有两个基本假设：一是认为核尺寸变化时形状不变；二是认为核的表面自由能、体积自由能与块体材料相同。对于块体材料，如熔融金属的凝固，其形核尺寸较大，这种理论完全可以适用。对于薄膜而言，因为薄膜沉积的临界形核尺寸一般是原子级别，核的表面自由能、体积自由能与块体材料不尽相同，所以对于毛细管理论是否适合用于研究薄膜形成过程的形核，仍在研究中。基于此，人们提出了原子聚集理论。原子聚集理论研究单个原子，认为原子之间的作用只有键能，并且认为聚集体原子间的键能、聚集体原子与基体表面原子间的键能可以类比毛细管理论中的热力学自由能。

在原子聚集理论中，临界核和最小稳定核的形状与键能的关系如图 1.3.8 所示。键能数值以原子对键能为最小单位且呈不连续变化。

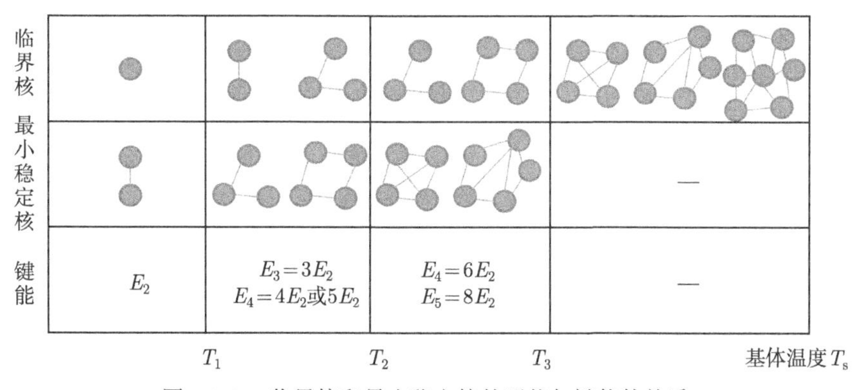

图 1.3.8　临界核和最小稳定核的形状与键能的关系

1. 关于临界核

如图 1.3.8 所示，当临界核尺寸较小时，键能 E_i 将呈现不连续的变化，几何形状一直在变化，很难得到临界核大小的数学解析式，但可以分析含有一定原子数目临界核的所有可能形状，再通过试差法确定临界核。下面以面心立方结构金属为例进行分析。假定沉积速率恒定不变，分析临界核大小随基体温度的变化。

(1) 在较低基体温度下，临界核是吸附在基体表面上的单个原子。在这种情况下，每一个吸附原子与其他吸附原子结合时可以形成稳定的原子对，并形成稳定核。由于临界核原子在其周围的任何地方都可与另一个原子相碰撞结合，所以稳定核原子不具有单一的定向性。

(2) 在基体温度高于 T_1 这个温度后，临界核是原子对。此时每个原子若仅受单键的约束是不稳定的，因此必须具有双键才能形成稳定核。最小稳定核是三原子组成的原子团。在这种情况下，稳定核将以 (111) 面平行于基体。另一种可能的稳定核是四原子组成的方形结构，但这种结构发生的可能性较小。

(3) 当基体温度升高到大于 T_2 以后，临界核就会变成三原子团或四原子团。这时双键已不能使原子稳定在核中，要形成稳定核，每个原子至少要有三个键，以这种方式形成的稳定核是四原子团或五原子团。

(4) 当基体温度进一步升高，达到 T_3 以后，临界核是四原子团或五原子团，有的可能是七原子团。

上述情况在图 1.3.8 中均有所反映。图中的温度 T_1、T_2 和 T_3 称为转变温度或临界温度。在热力学界面能形核理论中，描述核形成条件采用临界核半径的概念，由此可看到两种理论在描述临界核方面的差异。通过详细的理论计算，可求得 T_1 和 T_2 如下：

$$\begin{cases} T_1 = \dfrac{-(E_\mathrm{d}+E_2)}{k\ln\dfrac{\tau_0 J}{n_\mathrm{s}}} \\ T_2 = \dfrac{-\left(E_\mathrm{d}+\dfrac{1}{2}E_3\right)}{k\ln\dfrac{\tau_0 J}{n_\mathrm{s}}} \end{cases} \tag{1.3.32}$$

2. 关于形核速率

前面已经指出，形核速率等于临界核密度先乘以每个核的捕获面积、再乘以吸附原子向临界核扩散迁移的通量。

下面的计算是针对临界核密度 n_i^* 进行的。假设基体表面上有 n_s 个可以形成聚集体的位置，在任何一个位置上都吸附着若干个单原子。设有 $n\,(n_\mathrm{s}\geqslant n)$ 个单原子，它们分别是 n_1 个单原子组成的聚集体，n_2 个双原子组成的聚集体，n_3 个三原子组成的聚集体，……，n_i^* 个 i 原子组成的聚集体，因此有

$$\Sigma\,(n_i^*\times i)=n \tag{1.3.33}$$

对于 n_i^* 来说，若在 n_s 个任意吸附位置上有 n_i^* 个和 $(n_\mathrm{s}-n_i^*)$ 个聚集体，n_i^* 的衰减量如下：

$$n_\mathrm{s}C_{n_i^*}=\frac{n_\mathrm{s}!}{n_i^*!\,(n_\mathrm{s}-n_i^*)!} \tag{1.3.34}$$

如果 $n_\mathrm{s}\gg n_i^*\gg 1$，那么式 (1.3.34) 近似等于 $n_\mathrm{s}^{n_i^*}/n_i^*!$。如果 $n_\mathrm{s}\gg\Sigma n_i^*$，那么式 (1.3.34) 对所有的 i 都成立。

若单原子吸附时键能为 E_1，i 个原子组成聚集体时键能为 E_i^*，则这种聚集体的状态数为

$$\frac{n_\mathrm{s}^{n_i^*}}{n_i^*!}\exp\left(\frac{n_i^*E_i^*}{kT}\right) \tag{1.3.35}$$

全部聚集体的状态数为

$$W=\prod_i\frac{n_\mathrm{s}^{n_i^*}}{n_i^*!}\exp\left(\frac{n_i^*E_i^*}{kT}\right) \tag{1.3.36}$$

假设 W 达到最大值的 n_s 就是实际状态，薄膜中总的原子数为 n，则得到如下结果：

$$(\Sigma i)\cdot n_i^*=n \tag{1.3.37}$$

因此，计算临界核密度 n_i^* 就是在式 (1.3.37) 条件下求 W 或 $\ln W$ 的最大值。为此，假设 C 为某一未知常数，并令

$$\ln W+n\ln C=L \tag{1.3.38}$$

这样就变成求 L 的最大值。如果将 W 和 n 值代入式 (1.3.38) 中，再求微分就得到：

$$\frac{\partial L}{\partial n_i^*}=\ln n_\mathrm{s}+\frac{E_i^*}{kT}-\ln n_i^*+i\ln C \tag{1.3.39}$$

令 $\partial L/\partial n_i^*=0$，可得到：

$$n_i^*=\left[n_\mathrm{s}\cdot\exp\left(\frac{E_i^*}{kT}\right)\right]\cdot C^i \tag{1.3.40}$$

假设 $i=1$，可得到：

$$C=\frac{n_1}{n_{\mathrm{s}}}\exp\left(\frac{-E_1^*}{kT}\right) \tag{1.3.41}$$

将式 (1.3.41) 代入式 (1.3.40) 可得到：

$$n_i^*=n_{\mathrm{s}}\cdot\left(\frac{n_1}{n_{\mathrm{s}}}\right)^i\cdot\exp\left(\frac{E_i^*-iE_1}{kT}\right) \tag{1.3.42}$$

因为 E_1 是单原子吸附状态下的位能，若将它作为能量基准 (零点)，那么临界核密度可表示为

$$n_i^*=n_{\mathrm{s}}\cdot\left(\frac{n_1}{n_{\mathrm{s}}}\right)^i\cdot\exp\left(\frac{E_i^*}{kT}\right) \tag{1.3.43}$$

该式与热力学界面能理论得到的临界核密度式 (1.3.7) 相对应。

吸附原子向临界核扩散迁移的通量仍可用式 (1.3.23) 表示，设临界核捕获面积为 A^*，则形核速率为

$$\begin{aligned}\frac{\mathrm{d}n_i}{\mathrm{d}t}&=n_i^*\cdot\omega\cdot A^*\\&=n_{\mathrm{s}}\cdot\left(\frac{n_1}{n_{\mathrm{s}}}\right)^i\cdot\exp\left(\frac{E_i^*}{kT}\right)\cdot J\cdot a_0\cdot\exp\left(\frac{E_{\mathrm{d}}-E_{\mathrm{D}}}{kT}\right)\cdot A^*\\&=A^*\cdot J\cdot n_{\mathrm{s}}\cdot a_0\left(\frac{J\cdot\tau_{\mathrm{a}}}{n_{\mathrm{s}}}\right)^i\cdot\exp\left(\frac{E_i^*+E_{\mathrm{d}}-E_{\mathrm{D}}}{kT}\right)\\&=A^*\cdot J\cdot n_{\mathrm{s}}\cdot a_0\left(\frac{J\cdot\tau_0}{n_{\mathrm{s}}}\right)^i\cdot\exp\left(\frac{E_i^*+(i+1)\,E_{\mathrm{d}}-E_{\mathrm{D}}}{kT}\right)\end{aligned} \tag{1.3.44}$$

该式与热力学界面能理论形核速率式 (1.3.24) 相对应。从式 (1.3.44) 可以看出，随着临界原子团尺寸增加，形核速率以 J^{i+1} 指数关系增加。

由于基本原理相似，所以由毛细管理论和原子聚集理论所推导的结论类似也不足为奇。一般来说，前者给出的临界晶核尺寸较大，而形核速率低；后者给出的临界晶核尺寸较小，而形核速率高。存在这种区别的原因在于，唯象的毛细管理论是基于参量的连续变化：原子团尺寸连续变化，化学自由能、表面能、界面能连续变化等，适用于凝聚能较小或过饱和度小导致的临界晶核较大的沉积情况；原子聚集理论是基于参量的不连续变化：原子团尺寸不连续变化，吸附原子间的键能不连续变化等，适用于原子键能较高或过饱和度大导致的临界晶核较小的沉积情况。热力学界面能理论与原子聚集理论的比较如表 1.3.1 所示，从模型、能量描述和变化、临界核尺寸和适用范围等方面进行了对比。

表 1.3.1　热力学界面能理论与原子聚集理论的比较

理论	热力学界面能理论	原子聚集理论
模型	微滴模型、简单理想化的几何构形	原子组合的模型——分立原子的组合
能量描述	自由能变化量 ΔG	键能 E_i
能量变化	连续变化	不连续变化
临界核尺寸	连续变化	不连续变化
适用范围	描述大临界核	描述很小的临界核

1.4　薄膜生长模式

1.4.1　薄膜生长原理

形核初期形成的孤立核心将随着时间的推移逐渐长大，这一过程除了包括吸收单个气相原子，还包括核心之间相互吞并联合的过程。接下来讨论三种可能的机制。

1. 奥斯特瓦尔德吞并

设想在形核过程中已经形成了各种大小不同的核心。岛状结构的薄膜存在降低表面自由能的趋势，较大的核心通过消耗、吸收较小的核心长大，减少表面积，从而降低表面自由能。图 1.4.1 所示为岛状结构的长大机制，其中 x 为扩散范围长度的一半。

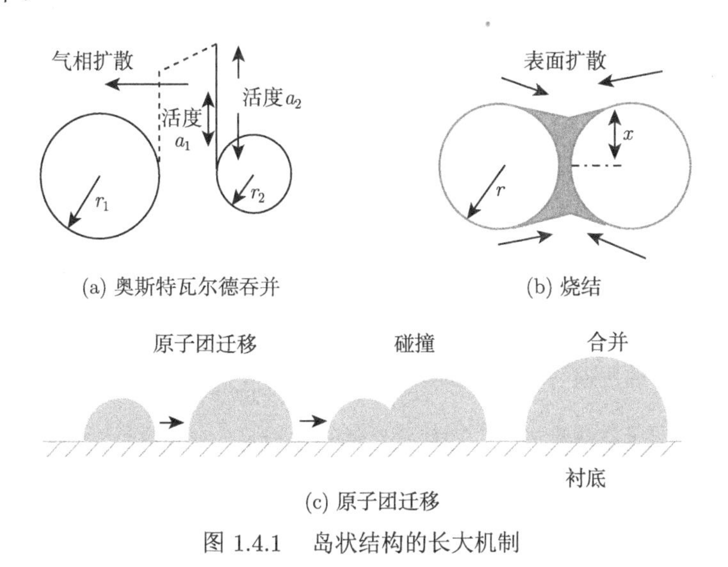

图 1.4.1　岛状结构的长大机制

图 1.4.1(a) 是奥斯特瓦尔德 (Ostwald) 吞并过程的示意图。假设在衬底表面存在两个大小不同的岛，它们之间没有直接接触。为简单起见，可以假设这两个岛近似为球形，半径分别为 r_1 和 r_2，两个球的表面自由能 $G_s = 4\pi r_i^2\gamma$ (i =1，2)。

两个岛含有的原子数 $n_i = 4\pi r_i^3/3\Omega$ $(i = 1, 2)$，其中 Ω 代表一个原子的体积。由上述条件可以求得岛中每增加一个原子引起的表面自由能增量为

$$\mu_i = \frac{\mathrm{d}G_{\mathrm{s}}}{\mathrm{d}n_i} = \frac{2\gamma\Omega}{r_i} \tag{1.4.1}$$

由化学势定义可知每个原子的自由能为

$$\mu_i = \mu_0 + kT\ln a_i \tag{1.4.2}$$

式中，a_i 表征不同半径晶核中原子活度 $(i = 1, 2)$，由吉布斯–汤姆孙 (Gibbs-Thomson) 关系给出：

$$a_i = a_\infty \exp\left(\frac{2\gamma\Omega}{r_i}kT\right) \tag{1.4.3}$$

式中，a_∞ 相当于无穷大原子团中原子的活度值。式 (1.4.3) 表明，较小核心中的原子具有较高的活度，因而具有更高的平衡蒸气压。因此，当两个尺寸大小不同的核心相邻的时候，尺寸较小核心中的原子倾向于自发蒸发，而尺寸较大的核心则会因其平衡蒸气压较低而吸收蒸发来的原子。最终，较大的核心吸收原子长大，而较小的核心则失去原子消失。奥斯特瓦尔德吞并的自发进行导致薄膜中通常维持有尺寸大小相似的一种岛状结构。

2. 烧结过程

如图 1.4.1(b) 所示，烧结是两个相互接触的核心相互吞并的过程。图 1.4.2 展现了 400℃ 下不同时间时 MoS_2 衬底上两个相邻的 Au 核心相互吞并的具体过程，请注意每张照片中心部位的两个晶核的变化过程。在极短的时间内，两个相邻的核心之间形成了直接接触，并迅速完成了相互吞并过程。在这一机制里，表面自由能的降低趋势仍是整个过程的驱动力。原子的扩散可能通过两种途径进行，即体扩散和表面扩散。然而，很显然，表面扩散机制对烧结过程的贡献更大。

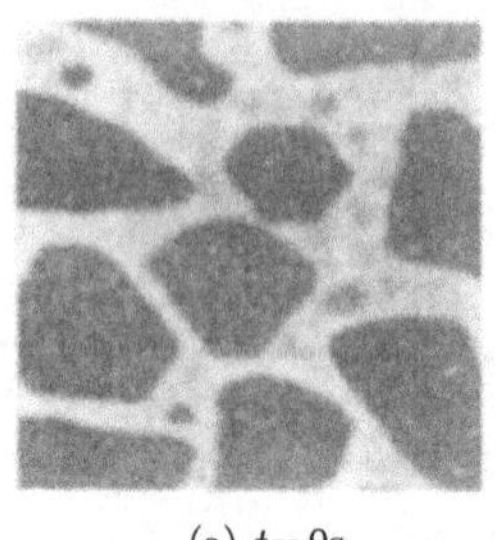
(a) t=0s

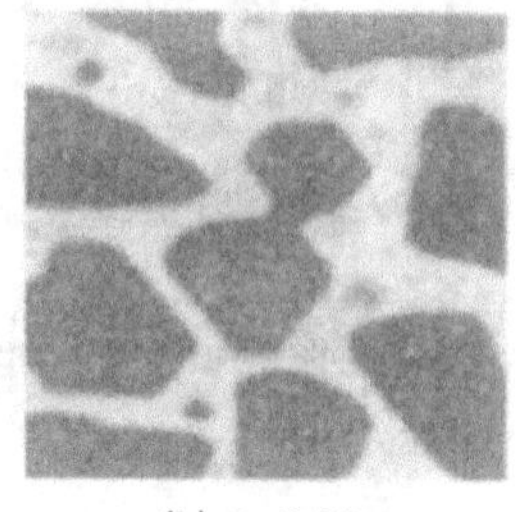
(b) t=0.06s

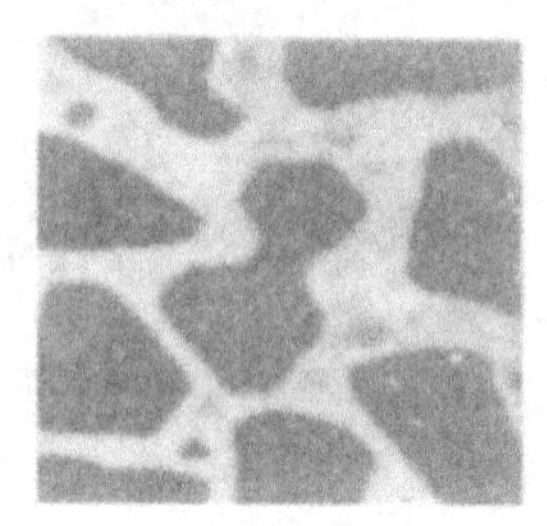
(c) t=0.18s

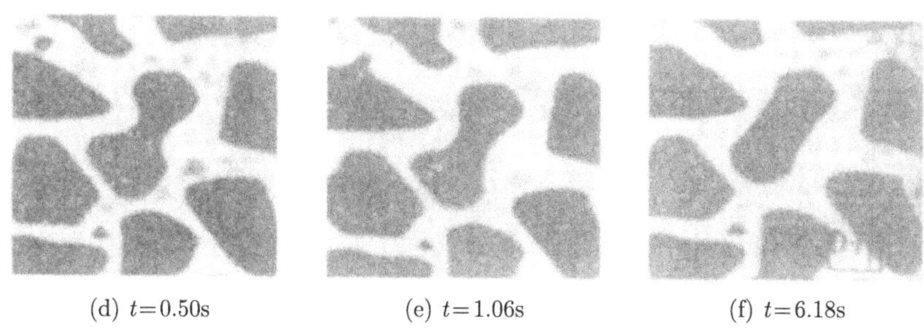

图 1.4.2　400℃ 下不同时间时 MoS_2 衬底上 Au 核心的相互吞并过程

3. 原子团迁移

在薄膜生长初期，岛的相互合并还有一种机制，即岛的迁移过程。在衬底上的原子团具有相当大的活动能力，其行为类似在桌面上滚动的小液珠。场离子显微镜已经观察到了含有两三个原子的原子团的迁移现象。电子显微镜观察发现，只要衬底温度不是很低，拥有 50~100 个原子的原子团也可以自由地平移、转动和跳跃。

原子团的迁移是由热激活过程所驱动的，其激活能 E_c 与原子团的半径 r 有关。原子团越小，激活能越低，因而原子团的迁移也越容易。原子团的迁移将导致原子团间的相互碰撞和合并，如图 1.4.1(c) 所示。

显然，很难区分上述各种原子团合并机制在薄膜形成过程中的作用。然而，就是在上述机制的作用下，原子团之间发生相互合并过程，并逐渐形成了连续的薄膜结构。

1.4.2　薄膜形成过程

接下来详细讨论薄膜形成过程中的岛状生长模式。在稳定核形成以后，岛状薄膜的形成过程如图 1.4.3 所示。从图中可以看出，岛状薄膜的形成过程可分为

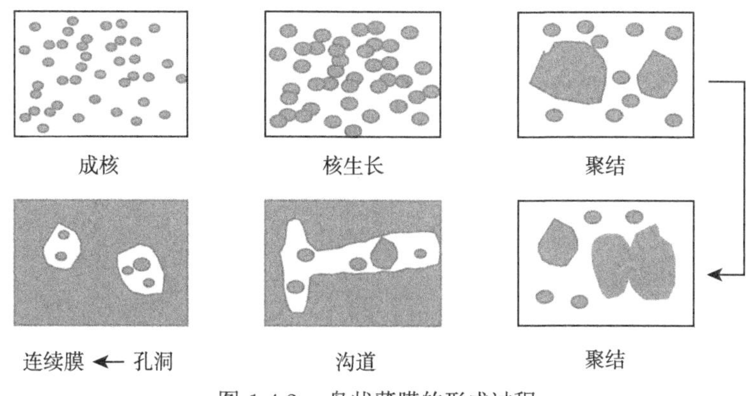

图 1.4.3　岛状薄膜的形成过程

四个阶段，分别是成核阶段、小岛阶段、沟道阶段和连续膜阶段。

1. 成核阶段

薄膜形成过程中，用透射电子显微镜可以观测到的最小核的尺寸为 20~30Å。在核进一步长大的过程中，平行于基体表面方向的生长速度大于垂直方向的生长速度，这是因为核的生长主要是由于基体表面上吸附原子的扩散迁移和碰撞结合，而不是入射蒸发气相原子碰撞结合。这些核不断捕获吸附原子生长，生长的过程中形状发生改变，逐渐从球帽形、圆形变成多面体小岛。可以用多种热力学物理量，如表面自由能和结合能等，来判别岛是否形成。

用热力学界面能研究核形成时，有如下的表达式：

$$\sigma_2 = \sigma_1 + \sigma_0 \cos\theta \tag{1.4.4}$$

式中，σ_2、σ_1 和 σ_0 分别为三个不同位置处的界面能。

由此得到：

$$\cos\theta = \frac{\sigma_2 - \sigma_1}{\sigma_0} \tag{1.4.5}$$

因为 θ 应满足 $0 < \theta < \pi/2$，故 $\cos\theta < 1$，则下式必然成立：

$$\sigma_2 - \sigma_1 < \sigma_0 \tag{1.4.6}$$

在基体和薄膜不能形成合金的情况下 $\sigma_1 > 0$，因为如果 $\sigma_2 < \sigma_0$，那么式 (1.4.6) 所示关系显然会被满足。如果知道薄膜和基体不能形成化合物，即使不清楚 σ_1 的大小，也可以预想到薄膜还是按照三维岛的方式生长。因此，式 (1.4.6) 就是利用宏观的物理量预测三维岛成长的条件。

当用微观物理量来判别三维岛生长状态时，认为薄膜和基体之间晶格常数有差异。当薄膜和基体之间界面上引起晶格失配的能量 E_{S} 可忽略不计时，吸附原子在基体表面上的吸附能 E_{ad} 可表示为

$$E_{\mathrm{ad}} = (\sigma_2 + \sigma_0 - \sigma_1)S + E_{\mathrm{S}}S \tag{1.4.7}$$

式中，S 是原子的投影面积。

吸附原子之间的结合能 E_{b} 与核的表面自由能 σ_0 之间有下述关系：

$$E_{\mathrm{b}} = \frac{2\sigma_0 S}{Z_{\mathrm{C}}} \tag{1.4.8}$$

式中，Z_{C} 是核表面悬挂键的数目。将式 (1.4.7) 和式 (1.4.8) 代入式 (1.4.6) 中可得

$$E_{\mathrm{ad}} < Z_{\mathrm{C}}E_{\mathrm{b}} + E_{\mathrm{S}}S \tag{1.4.9}$$

由于 E_S 较小可以忽略不计，式 (1.4.9) 变为

$$E_{ad} < Z_C E_b \tag{1.4.10}$$

当核与吸附原子间的结合能大于吸附原子与基体之间的吸附能时，就可形成三维的小岛，因此式 (1.4.10) 就成为微观物理量判别岛成长的条件。

2. 小岛阶段

随着小岛的不断长大，小岛间距离逐渐减小，最后相邻小岛可以相互结合并成为一个大岛，如图 1.4.4 所示。小岛合并长大后，表面积减小，表面能降低，基体表面上空出的地方可再次成核。岛的合并类似于固相烧结。假设两个小岛都是半径为 r 的球形，曲率半径为 r'，小岛接触后经历合并时间为 t，它们之间的关系可表示为

$$\frac{r'^c}{r^m} = \frac{56\sigma V^{4/3}}{kT} Dnt \tag{1.4.11}$$

式中，V 为原子体积；n 为吸附原子在岛上的表面密度；D 为吸附原子扩散系数；σ 为表面自由能；c 和 m 为常数；k 为玻尔兹曼常量；T 为热力学温度。

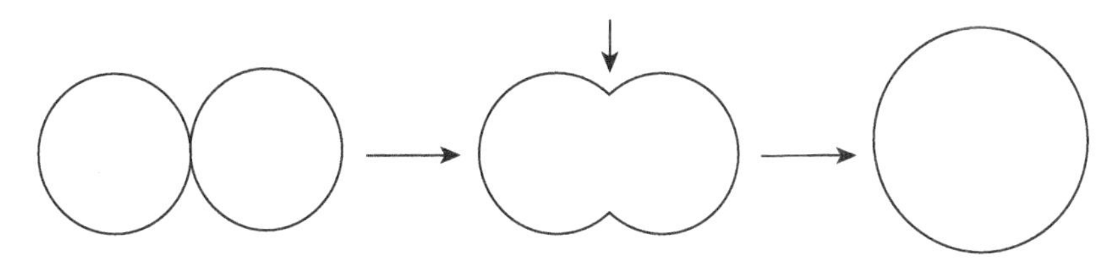

图 1.4.4　合并过程中岛的变化

对于表面扩散，$m = 3$，$c = 7$；对于体扩散，$m = 2$，$c = 5$。基体温度对岛的合并起着重要作用。例如，Au 小岛，$r = 100$Å，基体温度为 400℃ 时，计算得到小岛接触几秒钟后，接触部分就可增大到与半径 r 相同。基体温度为 200℃ 时，在一般的实验时间内，接触部分的增大可忽略不计，也就是不发生合并作用。这表明，基体温度对岛的合并起着重要作用。虽然小岛合并的初始阶段很快，但合并后的新岛在相当长时间内会继续改变其形状，所以新岛面积在合并时和合并后都会继续变化。在最初阶段，合并会减小基体表面上的覆盖面积，然后覆盖面积再逐渐增大。在合并初始阶段，新岛的面积减小而高度增加，以降低表面自由能。根据基体表面、小岛的表面与界面自由能的情况，小岛将有一个最低能量的形状，即具有一定高度与半径比的构形。

3. 沟道阶段

在小岛合并为新岛的过程中，形状变为圆形的倾向减小，只有在新岛进一步合并的地方，更大的变形才会继续，当岛的分布达到临界状态时，岛互相聚结形成一种网状结构。该结构有不规则分布的沟道，宽度为 50~200Å，随着沉积的继续，在沟道中会发生二次或三次成核，当核长大到与沟道边缘接触时就合并到网状结构的薄膜上。与此同时，沟道被连成桥形，并以类似液体的形式很快地被填充。最终，大部分沟道很快消除，薄膜由沟道变为有小孔洞的连续状结构。在这些小孔洞处再发生二次或三次成核。有些核直接合并到薄膜上，而有些核长大后形成二次小岛，这些小岛再合并到薄膜上。这是因为核或岛的合并都有类似液体的特性，沟道和孔洞会很快消失。最后表面曲率高的区域被消除，从而使薄膜的总表面自由能达到最小。

4. 连续膜阶段

在沟道和孔洞消除之后，再入射到基体表面上的气相原子便直接吸附在薄膜上，合并形成具有不同结构的薄膜。在岛的合并阶段，一部分薄膜岛的取向会发生显著变化。小岛的取向对于外延薄膜的形成相当重要。对于多晶薄膜，外延膜中合并小岛的取向存在一定关系，而且在合并时还出现一些再结晶现象，这样薄膜中的晶粒尺寸就会大于初始核之间的距离。即使在处于室温时，基体也会发生大量的再结晶。每个晶粒大约包含 100 个或更多个初始核区域。由此可得，薄膜中晶粒的大小取决于核或岛合并时的再结晶过程，而非初始核的密度。

1.4.3 薄膜生长的三种模式

薄膜的形成过程是指形成稳定核之后的过程。薄膜生长模式是指薄膜形成的宏观形式。薄膜的生长模式大体上可分为三种：岛状生长 (Volmer-Weber 型) 模式、层状生长 (Frank-van der Merwe 型) 模式和先层状而后岛状的生长 (Stranski-Krastanov 型) 模式。薄膜生长的三种模式示意图如图 1.4.5 所示。

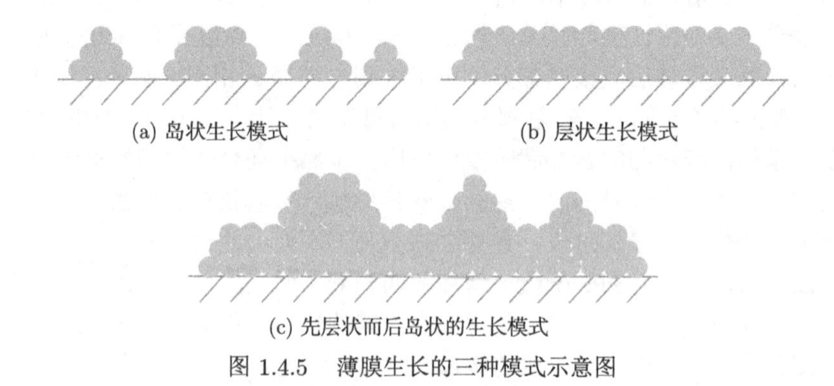

图 1.4.5 薄膜生长的三种模式示意图

1) 岛状生长模式

如图 1.4.5(a) 所示，成膜初期按三维形核方式，被沉积物质的原子或分子生长为一个个孤立的岛，再由岛合并成薄膜，如 SiO_2 基板上的 Au 薄膜。这一生长模式表明，被沉积物质的原子或分子更倾向于彼此相互键合，而不是与衬底原子键合，这主要是由于沉积物质与衬底之间的浸润性较差 [8]。

2) 层状生长模式

如图 1.4.5(b) 所示，从成膜初期开始，被沉积物质的原子或分子一直按二维层状生长，如 Si 基体上生长 Si 薄膜、GaN 基板上生长 GaAlN 薄膜等。当被沉积物质与衬底之间浸润性很好时，被沉积物质的原子往往更倾向于与衬底原子键合。因此，薄膜从形核阶段开始即采取二维扩展模式。显然，只要在随后的过程中，沉积物原子间的键合仍倾向于形成外表面，则薄膜生长将一直保持这种层状生长模式。此模式下，无明确的形核阶段出现，每层原子都自发平铺在衬底或薄膜的表面，从而降低系统的总能量。在 PbSe/PbS、Au/Pd、Fe/Cu 等系统中均可见到此生长模式。

3) 先层状而后岛状的生长模式

如图 1.4.5(c) 所示，先层状而后岛状的生长模式又称为层状–岛状中间生长模式。在成膜初期，薄膜以二维层状模式生长，在形成若干层之后，生长模式转化为岛状模式。实现生长模式转变的物理机制是比较复杂的，先层状而后岛状生长模式往往出现在基体和薄膜原子相互作用特别强的情况下。首先在基体表面生长 1~2 层单原子层，这种二维结构受到基体晶格的影响，晶格常数有较大的畸变。其次入射原子被吸附在这些原子层上，并以核生长的方式生成小岛，最终形成薄膜。在半导体表面上形成金属薄膜时，常常是这种层状–岛状中间生长模式，如在 Ge 的表面蒸镀 Gd，在 Si 的表面蒸镀 Bi、Ag 等都属于这种类型。

1.5　薄膜的结构与缺陷

1.5.1　薄膜生长的晶带模型

在介绍了薄膜沉积过程中最初的形核及核心合并过程之后，接下来讨论薄膜生长过程及其生成的薄膜结构。薄膜的生长过程有外延式生长和非外延式生长两种，本小节主要介绍非外延式生长。

在薄膜的沉积过程中，入射的气相原子首先被衬底或薄膜表面所吸附。如果这些原子有足够的能量，它们将在衬底或薄膜表面扩散和迁移，除了一些可能脱附的原子，大多数被吸附原子将在薄膜表面的某些低能位置进行沉积。如果衬底温度适当，原子还可能经历一定的体扩散。因此，原子的沉积涉及三个过程：气相原子的沉积或吸附、表面扩散和体扩散。由于这些过程均受激活能的控制，所以薄膜结构的形成与沉积过程中的衬底相对温度 T_s/T_m 及沉积原子自身的能量

密切相关 (其中，T_s 为衬底温度，T_m 为沉积物质的熔点)。下面以用溅射法制备的薄膜结构为例，介绍沉积条件对薄膜组织的影响。如图 1.5.1(a) 所示，在不同沉积条件下，由溅射法制备的薄膜组织将以四种形态出现。除了衬底温度对薄膜组织的形成具有重要影响，溅射气体压力 (简称“气压”) 也会直接影响入射在衬底表面粒子的能量，气压越高，入射到衬底上的粒子由于受到频繁碰撞其能量就越低。图 1.5.1(b) 展示了溅射过程中衬底相对温度 T_s/T_m 和溅射气压对薄膜组织的综合影响。

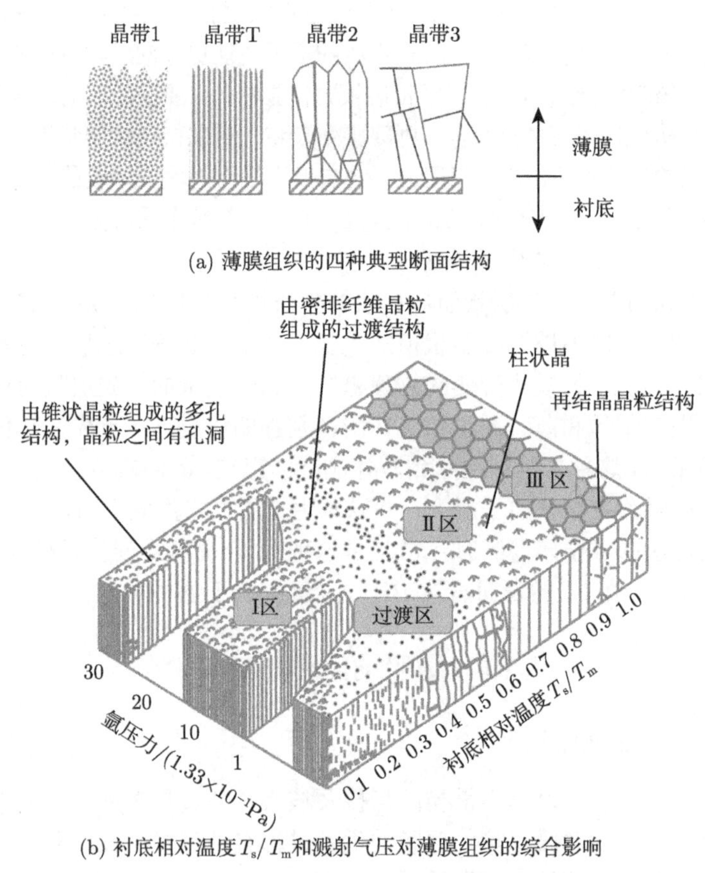

(a) 薄膜组织的四种典型断面结构

(b) 衬底相对温度 T_s/T_m 和溅射气压对薄膜组织的综合影响

图 1.5.1　薄膜生长的晶带模型

在温度很低、气压较高的条件下，入射粒子的能量很低，原子的表面扩散能力受到限制，形成的薄膜组织为晶带 1 型。在这样低的沉积温度下，薄膜的临界核心尺寸很小，随着沉积的进行，新的核心会不断产生。同时，原子的表面扩散及体扩散能力很低，即沉积在衬底上的原子已失去了扩散能力。出于这两个原因，外加沉积阴影效应的影响，沉积组织呈现出细纤维状形态，晶粒内存在高缺陷密度，晶粒边界处的组织明显疏松，细纤维状组织被孔洞包围，力学性能很差。在较厚的薄膜中，细纤维状组织将进一步发展为锥状形态，表面形貌发展为拱形，有较大的孔洞散布在锥状组织之间。

晶带 T 型组织是介于晶带 1 型组织和晶带 2 型组织之间的过渡型组织。尽管沉积过程中临界核心尺寸依然很小，但原子已经开始具有一定的表面扩散能力。因此，在沉积阴影效应的影响下组织仍保持了细纤维状的特征，但晶粒边界明显较为致密，机械强度提高，孔洞和锥状形态消失。晶带 T 型组织与晶带 1 型组织的分界取决于气压，即溅射压力越低，入射粒子能量越高，两者的分界就会向低温区域移动。这表明，入射粒子能量的增加具有抑制晶带 1 型组织的出现而促进晶带 T 型组织出现的作用。

当 $T_s/T_m = 0.3\sim0.5$ 时，形成的晶带 2 型组织是表面扩散过程控制的生长组织。尽管原子的体扩散尚不充分，但表面扩散能力已经很高，可扩散相当长一段距离，因而沉积阴影效应的影响减弱。组织形态是由各个晶粒分别外延而形成的均匀的柱状晶组织，晶粒具有内部低缺陷密度、边界致密性优良的特点，力学性能高。同时，各晶粒表面开始呈现晶体学平面的特有形貌。

随着衬底相对温度的继续升高 ($T_s/T_m > 0.5$)，原子的体扩散作用越发显著，晶粒开始迅速长大，直至超过薄膜厚度，形成经过充分再结晶的粗大等轴晶粒组织，晶粒内缺陷密度很低，即表现为晶带 3 型的薄膜组织。

在晶带 2 型和晶带 3 型的情况下，衬底相对温度已经较高，此时溅射气压或入射粒子能量对薄膜组织的影响较小。在低温下，晶带 1 型和晶带 T 型生长过程中原子的扩散不足，因此这两类生长也被称为抑制型生长。与此相反，晶带 2 型和晶带 3 型的生长被称为热激活型生长。

蒸发法制备的薄膜具有与溅射薄膜相似的组织结构，也被分为四个晶带。蒸发法制备的金属薄膜的组织形态随衬底相对温度的变化情况如图 1.5.2 所示。在

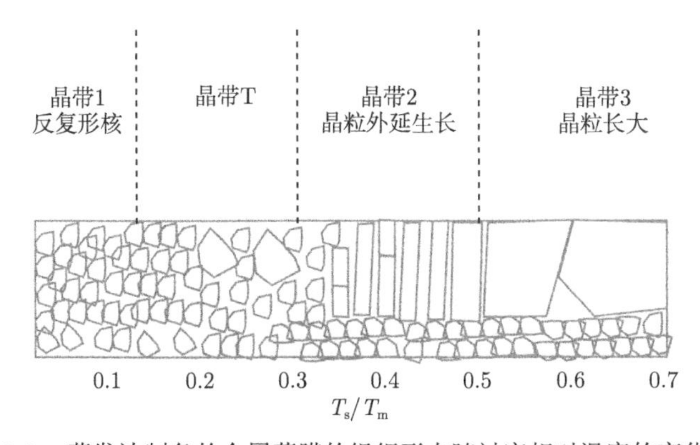

图 1.5.2　蒸发法制备的金属薄膜的组织形态随衬底相对温度的变化情况

$T_s/T_m < 0.15$ 时，薄膜组织为晶带 1 型的细小等轴晶，沉积过程伴随着不断的形核过程，晶粒尺寸为 5~20nm，组织中孔洞较多，组织较为疏松。在 $0.15 < T_s/T_m < 0.3$ 时，在细晶粒的包围下出现了部分直径约为 50nm 的晶粒，薄膜组织为晶带 T 型，部分晶界已具备了一定的运动能力。在 $T_s/T_m = 0.3 \sim 0.5$ 时，出现的是晶带 2 型的柱状晶形貌。在 $T_s/T_m > 0.5$ 时，组织变为晶带 3 型的粗大等轴晶组织。

1.5.2 纤维状生长模型

由前面的分析可以看到，在合适的衬底相对温度下，薄膜组织呈现出典型的纤维状生长组织。该纤维状生长组织实际上是有限的原子扩散和晶粒竞争外延生长的结果，它是由疏松晶粒边界包围下相互平行生长的较为致密的纤维状组织组成的。由于纤维状组织的晶粒边界处密度较低，结合强度较弱，往往是最容易发生断裂的地方，因此这种纤维状组织的特点在薄膜的横断面上很明显。纤维状组织的一个特点是纤维生长方向与粒子的入射方向间呈正切夹角关系：

$$\tan\alpha = 2\tan\beta \tag{1.5.1}$$

式中，α、β 分别为粒子入射方向、纤维生长方向与衬底法线方向间的夹角。由图 1.5.3 可知，纤维生长方向与衬底法线方向的夹角小于粒子入射方向与衬底法线方向的夹角。这一实验规律的普遍适用性表明，纤维状生长与薄膜沉积时入射原子运动的方向性及其引起的沉积阴影效应有关。

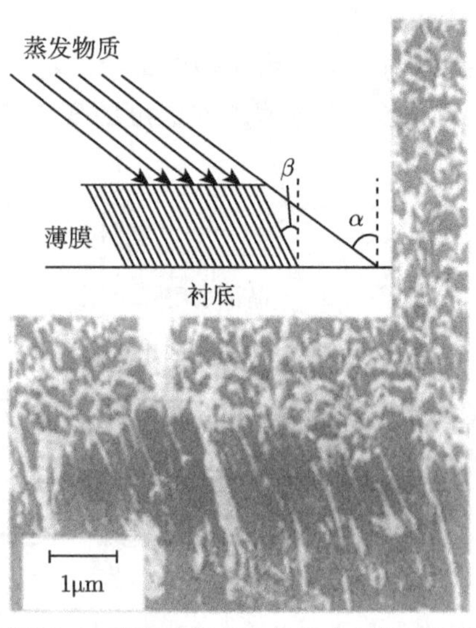

图 1.5.3　蒸发沉积 Al 薄膜时纤维生长方向与粒子入射方向间的关系

通过计算模拟可以得到纤维状生长过程及其与沉积阴影效应的关系。假设基体处于一定的温度，按顺序蒸发出的原子以一定的入射角度 α 无规律地入射到衬底上，则可得到如图 1.5.4 所示的计算机模拟结果。在模拟时，允许沉积后的原子调整自己的位置到最近邻的空缺位置，从而使得近邻配位数达到最大。模拟结果显示，随着时间的增加，薄膜的沉积密度下降，而且纤维生长方向与衬底法线方向间的夹角 β 小于 α，与式 (1.5.1) 的结果相吻合。随着温度的提高，薄膜的密度增大。也就是说，当原子入射的方向被阴影遮蔽，或者入射原子在沉积之后扩散能力不足时，薄膜中孔洞的数量将增加，薄膜的密度将减小。原子扩散能力越低，沉积阴影效应也越明显。

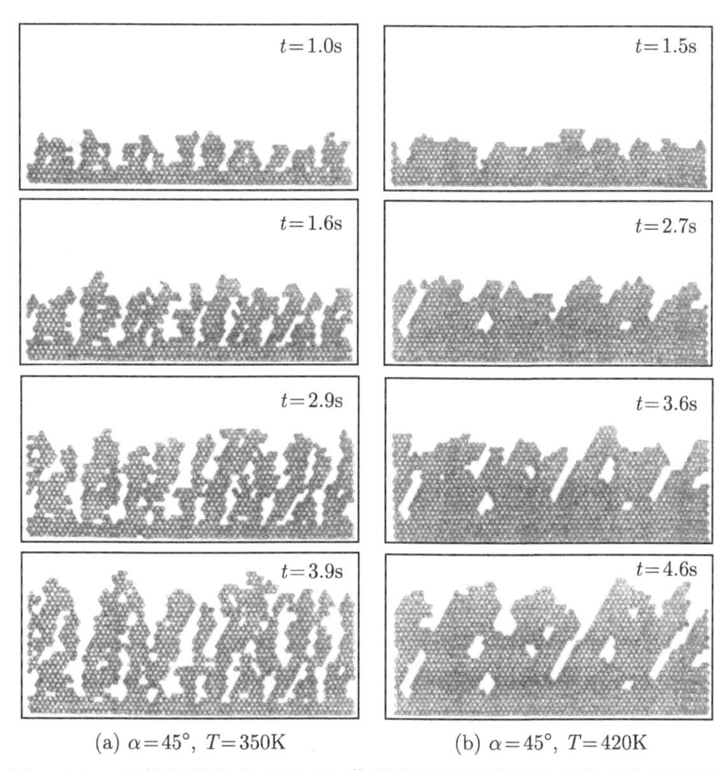

(a) $\alpha=45°$, $T=350$K　(b) $\alpha=45°$, $T=420$K

图 1.5.4　计算机模拟得出的 Ni 薄膜在不同温度下的纤维状生长过程

由以上晶带及纤维状生长模型得知，沉积后的薄膜密度一般低于理论密度，因为薄膜中不可避免地会存在孔洞和空位。实验表明，薄膜的密度变化遵循以下规律。

(1) 随着薄膜厚度的增加，薄膜的密度逐渐增加，并且趋于一个极限值。这一极限值一般低于理论密度。例如，对于在 525℃ 以上温度沉积的 Al 薄膜来说，当薄膜厚度从 25nm 开始增加时，其密度将由 $2.1g/cm^3$ 增加至大约 $2.58g/cm^3$，其后维持在 $2.58g/cm^3$ 不再变化，但这一数值仍小于 Al 的理论密度 $2.7g/cm^3$。显然，厚度较小时薄膜密度较低的原因与薄膜沉积初期的点阵无序程度高、氧化物含量大、空位、孔洞及气体含量较高有关。

(2) 金属薄膜的相对密度一般高于陶瓷等化合物材料。显然，这与后者在沉积时原子的扩散能力较低、沉积产物中孔隙较多有关。例如，金属薄膜的相对密度一般可以达到 95%以上，而氟化物材料薄膜的相对密度一般只有 70%左右。提高衬底温度可以显著提高陶瓷等化合物薄膜的密度。

(3) 薄膜材料中含有大量的空位和孔洞。据估计，在沉积态的金属薄膜中，空位的浓度可以高达 10^2 数量级，相互独立存在或相互连通的孔洞聚集在晶粒边界附近。除此之外，沉积物中还存在大量的显微孔洞。图 1.5.5 是在欠聚焦状态下拍摄到的 Au 膜中显微孔洞在晶粒内的分布情况。这种显微孔洞尺寸只有 1nm 左右，但其密度可以高达 10^7 个$/cm^2$。

图 1.5.5　Au 膜中显微孔洞在晶粒内的分布情况

薄膜中纤维状结构和显微缺陷的存在对其性能有重要的影响。例如，呈纤维状生长的薄膜的各种物理性能都会呈现各向异性。此外，薄膜中缺陷的存在增加了薄膜中元素的扩散系数，增大了薄膜微观结构的不稳定性，使得更容易发生再结晶和晶粒长大等现象。

1.5.3　薄膜的缺陷

在薄膜生长和形成过程中各种缺陷都可能产生，而且通常会产生比块状材料更多的缺陷，这些缺陷对薄膜性能有重要的影响，往往与薄膜沉积工艺有关，以下主要介绍四种缺陷类型。

1) 点缺陷

基体温度低或蒸发、凝聚过程中温度的急剧变化会引起薄膜中产生许多点缺陷，这些点缺陷不能用电子显微镜直接观察到，所以不太引人注意，但它们对薄膜的电阻率影响较大，而且当薄膜存在原子空位时晶体的体积和密度发生改变。刚沉积时，薄膜很可能因为骤冷产生许多点缺陷，其空位浓度高于平衡浓度。随着时间的推移，空位浓度逐渐减小，膜厚也随着减小，薄膜的电阻率跟着减小。

2) 位错

位错是薄膜中最常见的缺陷之一，是晶格结构中线形的不完整结构。薄膜中有大量的位错，位错密度通常可达 $10^{10}\sim10^{11}$ 个/cm^2，由于位错处于钉扎状态，因此薄膜的抗拉强度比大块材料略高一些。

让薄膜随意振动一下，薄膜的振幅会以某一比率进行衰减，这是振动能量通过薄膜中的位错运动转变为热能的结果，这种能量的转换过程称为内摩擦。对于块状面心立方金属，降低温度，测量内摩擦随温度的变化，内摩擦会出现一个 Bordoni 峰，该峰标志着位错的移动过程。数据表明，薄膜中多数位错出现在与薄膜表面相垂直的地方，且被锁定为稳定位错。

3) 晶界

因为薄膜中含有许多小晶粒，所以薄膜的晶界面积比块状材料大，晶界增多。这是薄膜材料电阻率比块状材料电阻率大的主要原因之一。热处理退火可以改变薄膜的晶粒尺寸，退火温度越高，晶粒尺寸越大。

4) 层错

界面上存在的固体颗粒或热应力较大、过冷度较大等都可能造成层错缺陷的产生，衬底表面有机械损伤、杂质、局部氧化物、高密度位错等也有可能引起层错的产生。

除了上述四类缺陷，还有其他类型的缺陷，如位错环、孪晶等。

各种缺陷的形成机理，缺陷对薄膜性能的影响，以及如何减少和消除缺陷等都是今后有待深入研究的课题。

1.5.4　外延薄膜的生长

外延是一种在合适的衬底与外界条件下，沿衬底材料晶面方向逐层生长新单晶薄膜的方法，新生单晶层叫作外延层。在生长晶体薄膜时，除了可以适当提高衬底温度、降低沉积速率，还可以采用高度完整的单晶作为薄膜非自发形核的衬底，延续生长单晶薄膜，这种方法称为外延生长。单晶外延可分为同质外延和异质外延。同质外延只涉及一种材料，没有点阵类型和晶格常数的变化，因而在薄膜沉积的界面上通常没有晶格应变。异质外延涉及的薄膜和衬底属于不同的材料，并且两种材料的点阵常数不可能完全相同，点阵失配和外延缺陷薄膜的生长要求薄膜与衬底材料之间实现点阵的连续过渡。点阵常数的不匹配可能导致两种情况：如果点阵常数差别较小，外延的界面类似于同质外延，即界面两侧原子间的配位关系与衬底完全对应，界面两侧的晶体点阵出现应变；如果点阵常数差别较大，仅靠引入点阵应变已不能完成点阵间的连续过渡，此时界面将出现与界面平行的错配位错。这里引入失配度的概念，即衬底与薄膜点阵常数的相对差别，定义如下：

$$f=\frac{a_{\mathrm{f}}-a_{\mathrm{s}}}{a_{\mathrm{s}}} \tag{1.5.2}$$

式中，a_{f}、a_{s} 分别为薄膜、衬底材料的点阵常数。

当 f 接近于零时，外延薄膜与衬底晶格相匹配，将会形成完整性好的界面。当失配度 f 大于零时，外延薄膜的晶格常数将大于衬底的晶格常数，为了保持薄膜原子和衬底原子之间一一对应的共格关系，外延薄膜在平行界面将会产生如图 1.5.5 所示压缩应变，衬底在垂直界面将会产生纵向上的拉伸应变。在失配度 f 小于零时，外延薄膜中存在相反的应变状态，此时衬底的应变可以忽略不计，原因在于衬底厚度比薄膜厚度大得多，应变集中在薄膜之中。如果衬底厚度也很小，衬底的上层收张，薄衬底将发生弯曲，即薄膜在上，衬底在下时，薄膜和薄衬底的中部凸起、外侧下降。

考虑失配度与错配位错时，如果衬底的应变可忽略，应变全部集中在薄膜中，根据弹性原理，弹性各向同性的薄膜单位面积的应变能 E_{c} 为

$$E_{\mathrm{c}}=2\mu_{e}\left[(1+\nu)/(1-\nu)\right]hf^{2} \tag{1.5.3}$$

式中，μ_{e} 为薄膜的切变模量；ν 为薄膜的泊松比；h 为薄膜厚度；f 为薄膜失配度。随着薄膜厚度的增加，薄膜中的应变能将呈线性增加，薄膜应变能增大到一定值后会在界面上产生错配位错，尽管错配位错的产生需要一定的能量，但它们却可以减小薄膜的应变能，因此薄膜厚度增大到一定值后，将产生错配位错使得总能量降低。

图 1.5.6 展示了晶格常数差别引起的应变和错配位错。一个完全共格的薄膜和衬底上，如果存在应变而不存在位错，那么该薄膜称为应变薄膜。薄膜和衬底间存在错配位错时，薄膜的应变部分松弛。错配位错对薄膜性能有很大影响，所以为了控制生长厚度、避免错配位错的产生，有必要计算不产生错配位错的临界厚度。产生错配位错的驱动力来自于薄膜应变能的降低，错配位错通常以刃形位错的形式出现。在某些情况下，不同材料间的点阵常数的失配可以在界面形成应变匹配外延，以改善材料的一些性能。

如图 1.5.7 所示，外延生长有两种模式，分别为台阶流动式生长和二维形核式生长，这是由于原子在薄膜表面具有不同的扩散能力。当原子的扩散能力较强，

其平均扩散距离大于台阶的平均间距时，薄膜将以台阶流动模式生长；否则，薄膜以二维形核模式生长。

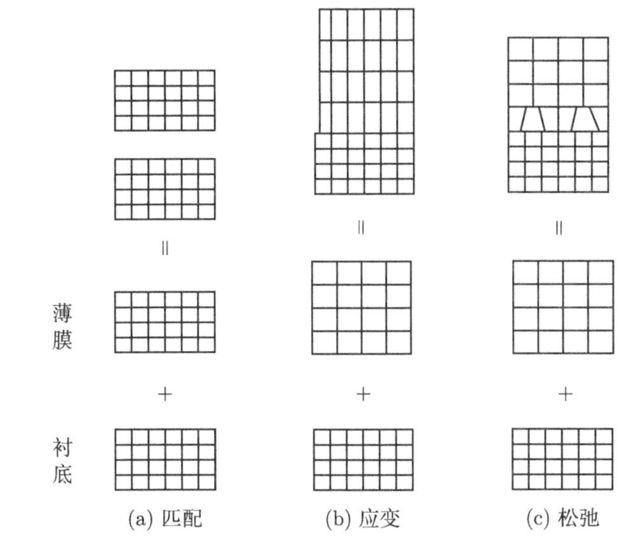

(a) 匹配 (b) 应变 (c) 松弛

图 1.5.6 晶格常数差别引起的应变和错配位错

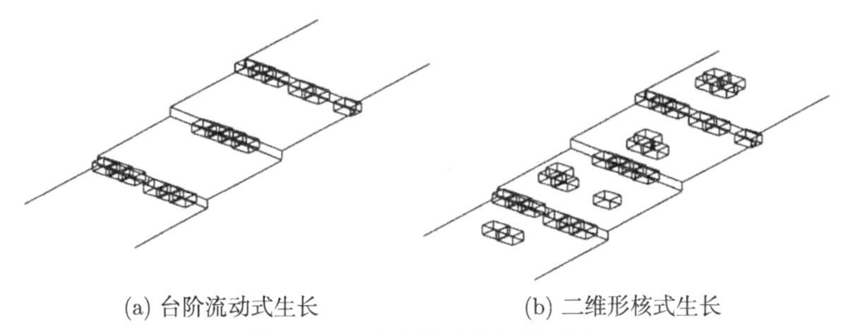

(a) 台阶流动式生长 (b) 二维形核式生长

图 1.5.7 外延生长的两种模式

实现台阶流动式外延生长的条件：

(1) 沉积温度足够高，使沉积的原子有较强的扩散能力；

(2) 沉积速度足够低，使得表面的原子有足够的时间扩散到台阶的边缘，而不会与后沉积来的原子结合为二维的核心。

在沉积中，降低沉积原子的凝结系数，相当于提高原子的表面扩散能力，有助于实现薄膜的台阶流动式生长。台阶流动式生长一般限于同质生长或失配度小的薄膜生长，失配度大时薄膜生长一层后就会改变为岛状生长，或一开始就为岛状生长，此时一般不会持续地出现台阶流动式生长模式。影响薄膜外延生长的主要因素有衬底的种类、衬底温度、沉积速度和衬底污染程度等。

1.6 本章小结

薄膜的形成与生长过程大体可分为外来原子在基体上的凝结、扩散、成核，晶核生长，原子或粒子团的结合及连接成膜等阶段。薄膜的形成与生长过程不仅与薄膜材料和基体材料有关，还受原子和离子的状态及能量、沉积速率、基底温度、杂质等多种因素的影响。

1.1 节主要介绍了薄膜科学的发展历程及该学科的重要性，叙述了薄膜生长过程中粒子的行为及热力学过程对薄膜生长的影响。

1.2 节主要介绍了入射粒子在基体上的行为，分为吸附、扩散、凝结过程。其中，吸附过程根据作用力的不同，可分为物理吸附和化学吸附，讨论了不同吸附体系的吸附概率和吸附时间的影响因素。被吸附的粒子会失去法线方向上的动能，但依然具有平行于表面方向的动能，可以在表面上沿不同方向做表面扩散运动，而且扩散运动受吸附活化能、脱附活化能和扩散系数等参数的影响。凝结过程是指吸附原子在基体表面上形成原子对及其以后的过程，讨论了不同体系下影响凝结过程的因素。

1.3 节主要介绍了薄膜形核与生长的物理过程和实验观察的结果，还讨论了两个薄膜形核的理论：热力学界面能理论和原子聚集理论。热力学界面能理论的基本思想是将一般气体在固体表面上凝结成微液滴的形核与生长理论应用到薄膜形成过程分析，属于唯象理论。薄膜沉积中因为临界形核尺寸小，一般是原子尺寸量级，即只含有几个原子，因此对于毛细管理论是否适合用于研究薄膜形成过程的形核，仍在研究中。原子聚集理论通过研究单个原子，认为原子之间的作用只有键能，并且认为聚集体原子间的键能、聚集体原子与基体表面原子间的键能可以类比毛细管理论中的热力学自由能。

1.4 节从宏观的角度讨论了薄膜的形成过程。形核初期形成的孤立核心通过奥斯特瓦尔德吞并、烧结和原子团迁移这三种机制发生合并过程，并逐渐形成连续的薄膜结构。形成过程分为成核阶段、小岛阶段、沟道阶段和连续膜阶段。同时，本节宏观上介绍了薄膜生长的三种模式，即岛状生长模式、层状生长模式和先层状而后岛状的生长模式。

1.5 节介绍了薄膜的结构和相关的几种缺陷、非外延式生长和两种解释薄膜结构的理论：薄膜生长的晶带模型、纤维状生长模型。

习　题

1.1 已知氢和一氧化碳在钼表面上的脱附活化能分别是 9.196kJ/mol 和 12.54kJ/mol，在室温时一氧化碳的平均吸附时间是氢的多少倍 (设两种气体的 τ_0 相同)？

1.2 已知氩在钨表面上的脱附活化能为 12.5kJ/mol，若忽略再吸附，求在 27℃ 下表面吸附量降低到初始吸附量的 1/10 所需要的时间。

1.3 解释下列名词术语：物理吸附、化学吸附、吸附时间、吸附热、反应生成热、化学吸附活化能、脱附活化能、凝结系数、黏附系数、热适应系数、表面扩散激活能、平均吸附时间、平均表面扩散时间。

1.4 画图并说明薄膜形成与生长的三种模式、形核与生长的物理过程。

1.5 何谓原子的平均表面扩散距离 $\bar{x}$？写出 $\bar{x}$ 与表面扩散激活能 E_D 及脱附活化能 E_d 的定量关系式。

1.6 计算并比较面心立方晶体中 (111)、(100)、(110) 面的比表面能。设每对原子的键能为 ε，点阵常数为 a。

1.7 试证明：在同样过冷度下均匀形核时，球形晶核较立方晶核更易形成。

1.8 非晶态薄膜结构的主要特征是什么?

1.9 薄膜大致有哪些缺陷？各种缺陷是如何产生的?

1.10 理想的连续金属薄膜的电阻率为什么比块状金属大?

参 考 文 献

[1] 刘大中, 王锦. 物理吸附与化学吸附 [J]. 齐鲁工业大学学报: 自然科学版, 1999(2): 22-25.

[2] 田民波, 刘德令. 薄膜科学与技术手册 [M]. 北京：机械工业出版社，1991.

[3] 田民波. 薄膜技术与薄膜材料 [M]. 北京：清华大学出版社，2006.

[4] 蔡珣，石玉龙，周建. 现代薄膜材料与技术 [M]. 上海：华东理工大学出版社，2007.

[5] 吴自勤，王兵. 薄膜生长 [M]. 北京：科学出版社，2001.

[6] 郑伟涛. 薄膜材料与薄膜技术 [M]. 北京：化学工业出版社，2004.

[7] 肖定全，朱建国，朱基亮，等. 薄膜物理与器件 [M]. 北京：国防工业出版社，2011.

[8] 李连碧. SiC 衬底上 SiCGe 外延薄膜的岛状生长机理 [D]. 西安：西安理工大学,2007.

第 2 章　真空蒸发镀膜

真空蒸发镀膜，简称“真空蒸镀”，是指在一定的真空条件下，采用特定的加热方式蒸发镀膜材料 (简称“镀料”)，并使之气化，蒸发粒子飞至基体表面凝聚成膜。1857 年，Farady 首先采用真空蒸镀制膜。真空蒸镀是最简单的制膜方法之一，由于其成膜方法简单、薄膜纯度和致密性高、膜结构和性能独特，因而它是使用较早、用途较广泛的气相沉积技术。真空蒸镀法的主要物理过程是通过加热使镀膜材料变成气态，因此该法又称为热蒸发法。近年来，真空蒸镀法的改进主要集中在蒸发源上——将蒸发源改为耐热陶瓷坩埚，如氮化硼 (BN) 坩埚等，以抑制或避免薄膜原材料与蒸发加热器皿之间发生化学反应；采用电子束加热源或激光加热源，以蒸发低蒸气压物质；发展了多源共蒸发法或顺序蒸发法，以制备成分复杂或多层复合薄膜；利用反应蒸发方法等来制备化合物薄膜或抑制薄膜成分与原材料的偏离。

2.1　真空蒸发镀膜原理

2.1.1　概述

真空蒸镀是沉积薄膜最常见的方法之一 [1]。在真空中加热蒸发材料使其原子或分子从表面逸出，这种现象称为热蒸发。真空蒸镀法要求装填真空室的气体压强低于 10^{-2}Pa，对镀料进行加热，使其原子或分子从表面气化逸出，形成蒸气流，并入射到基片表面，凝结形成固态薄膜。

真空蒸镀设备一般由真空镀膜室和真空抽气系统两大部分组成，如图 2.1.1 所示。

简单来说，要实现真空蒸镀，“热”的蒸发源、“冷”的基片及真空环境这三者缺一不可。特别是对真空环境的要求相当严格，原因有三：① 防止高温下空气分子和蒸发源发生反应，生成化合物而导致蒸发源变质；② 防止蒸发物质的分子在镀膜室内与空气分子发生碰撞而阻碍蒸发分子直接到达基片表面，防止途中生成化合物，或在到达基片之前蒸发分子就由于相互之间的碰撞而凝聚等；③ 在基片上形成薄膜的过程中，防止空气分子作为杂质混入膜内或者在薄膜中形成化合物。在 1×10^{-3}Pa 时，每秒约有 10^{15} 个气体分子到达基片表面沉积，在实际镀膜过程中，监控的薄膜沉积速率为几埃每秒，所以基本上到达衬底的分子全部形成了薄

膜。因此，要提高薄膜的纯度，就要尽量减少残余气体分子的数量，即降低镀膜系统的真空度。常温下空气分子的平均自由程可表示为

$$\bar{\lambda} \approx \frac{0.667}{p}(\mathrm{cm}) \tag{2.1.1}$$

若从蒸发源到衬底的距离为 h，那么为了减少从蒸发源逸出的蒸发原子与残余气体分子的碰撞，一般可取 $\bar{\lambda} \geqslant 10h$，代入式 (2.1.1) 可估算真空蒸发镀膜的工作压力，即

$$p \leqslant \frac{6.67 \times 10^{-2}}{h}(\mathrm{Pa}) \tag{2.1.2}$$

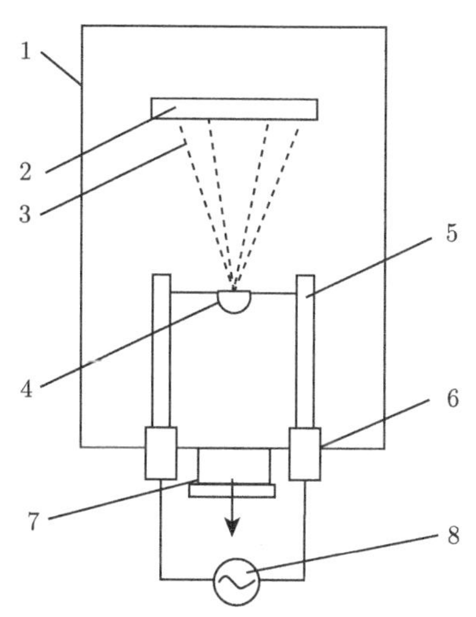

图 2.1.1　真空蒸发镀膜装置示意图

1-真空镀膜室；2-基片 (工件)；3-镀料蒸气；4-电阻蒸发源；5-电极；6-电极密封绝缘件；7-排气系统；8-交流电源

若 $h = 10 \sim 50\mathrm{cm}$，则 $p \leqslant 1.334 \times 10^{-3} \sim 6.67 \times 10^{-3}\mathrm{Pa}$，此即为所需要的真空度。当 $p = 10^{-3}\mathrm{Pa}$ 时，$\bar{\lambda} \approx 667\mathrm{cm}$，中等大小的真空镀膜室，蒸发源与衬底的间距为数十厘米，因此 $10^{-3}\mathrm{Pa}$ 的真空已经能够满足一般的镀膜要求，即蒸发分子几乎不发生碰撞就到达衬底表面。需要注意的是，一旦确定了总压力 p，对真空镀膜室内残余气体中的水蒸气、油气、氮气和氧气的分压也有一定的要求，否则难以保证薄膜的质量。

在高真空条件下，蒸发原子几乎不与气体分子发生碰撞，因而不会损失能量。因此，到达基片表面后粒子仍然具有能量，在表面发生扩散和迁移，形成致密的高质量薄膜。高的真空度将提高蒸发原子与气体分子碰撞的概率，从而产生散射效应，增加镀膜的绕射性，但降低了沉积速率。此外，镀层中将会有气体分子，影

响镀层的纯度和致密度。因此，真空蒸镀一般在 $10^{-3} \sim 10^{-5}$Pa 的高真空条件下进行。由于蒸发原子直接到达基片表面，镀膜的绕射性差，只有面向蒸发源的部位才能得到镀层。

在高真空条件下，蒸发原子到达基片就会形成细小的晶核，继续捕获蒸发原子生长成细密的镀层。随着真空度的增加，蒸发原子之间碰撞次数增多，损失能量增加，运动速度减慢。蒸发原子在相互碰撞时，由于范德华力的作用，其可能在空间形成原子团。这些低能的原子团到达基片后很难通过扩散作用迁移，因而将原位形成粗大的岛状晶核，凸起部分对凹陷部分产生阴影效应，最后长成存在大量晶体缺陷的锥状或柱状晶。因此，真空度越高，柱状晶越粗大，膜层表面粗糙度越大。

近年来，除了降低系统真空度、改抽气系统为无油系统、加强工艺过程监控等，真空蒸镀法的主要改进集中在蒸发源上。20 世纪 60~70 年代出现的许多新的制备薄膜的方法，如溅射镀膜、离子镀、分子束外延等，都是在真空蒸镀基础上发展起来的。目前，各种类型的真空镀膜方法在广泛使用的同时也在不断地改善和提高。

2.1.2 饱和蒸气压

蒸发镀膜需要满足三个基本条件 [2]：加热，使镀料蒸发；处于真空环境，以便于气相镀料向基片输运；采用温度较低的基片，以便于蒸发气相镀料凝结成膜。在一定温度下，真空室中蒸发材料的蒸气在与固体或液体平衡过程中所表现出的压强称为该温度下的饱和蒸气压 (p_{v})，由克拉珀龙–克劳修斯 (Clapeyron-Clausius) 方程推导得

$$\frac{\mathrm{d}p_{\mathrm{v}}}{\mathrm{d}T} = \frac{\Delta H_{\mathrm{v}}}{T\left(V_{\mathrm{g}} - V_{\mathrm{l}}\right)} \tag{2.1.3}$$

式中，ΔH_{v} 为摩尔气化热；V_{g} 和 V_{l} 分别为气相和液相摩尔体积；T 为热力学温度。

因为 $V_{\mathrm{g}} \gg V_{\mathrm{l}}$ 且在低气压时蒸气符合理想气体定律，可令 $V_{\mathrm{g}} - V_{\mathrm{l}} \approx V_{\mathrm{g}} = \dfrac{RT}{p_{\mathrm{v}}}$，其中 R 是气体常数，故式 (2.1.3) 可写成：

$$\frac{\mathrm{d}p_{\mathrm{v}}}{\mathrm{d}T} = \frac{\Delta H_{\mathrm{v}}}{RT^2/p_{\mathrm{v}}} \text{ 或 } \frac{\mathrm{d}p_{\mathrm{v}}}{p_{\mathrm{v}}} = \frac{\Delta H_{\mathrm{v}}\mathrm{d}T}{RT^2}$$

也可写成：

$$\frac{\mathrm{d}\left(\ln p_{\mathrm{v}}\right)}{\mathrm{d}\left(1/T\right)} = \frac{-\Delta H_{\mathrm{v}}}{R} \tag{2.1.4}$$

式 (2.1.4) 表明，如果 p_v 的自然对数按 $1/T$ 表示，则气化热可用其斜率与 $-R$ 的乘积表示。

气化热 ΔH_v 随温度变化缓慢，故可近似地把 ΔH_v 看作常数，所以式 (2.1.4) 积分得

$$\ln p_v = C - \frac{\Delta H_v}{RT} \tag{2.1.5}$$

式中，C 是积分常数。式 (2.1.5) 常写成：

$$\lg p_v = A - \frac{B}{T} \tag{2.1.6}$$

式中，$A = \dfrac{C}{2.3}$，$B = \dfrac{\Delta H_v}{2.3R}$，$A$、$B$ 值可直接由实验确定，且 $\Delta H_v = 19.12B(\mathrm{J/mol})$。式 (2.1.6) 给出了蒸发材料饱和蒸气压与温度之间的近似关系。表 2.1.1 列出了式 (2.1.6) 中针对不同金属的 A、B 值，利用这些数值和式 (2.1.6) 可以求出不同温度下的饱和蒸气压 p_v。对于大多数材料而言，在饱和蒸气压小于 100Pa 的较窄温度范围内，式 (2.1.6) 是一个精确的表示式。表 2.1.2 给出了常用

表 2.1.1　不同金属饱和蒸气压公式中的 A、B 值

金属种类	状态	A	$B(\times10^{-3})$	金属种类	状态	A	$B(\times10^{-3})$
Li	液体	10.50	7.480	Zr	固体	12.38	25.870
Na	液体	10.71	5.480		液体	13.04	27.430
K	液体	10.36	4.503	Sn	液体	9.97	13.110
Rb	液体	10.42	4.132	Pb	液体	10.69	9.600
Cs	液体	9.86	3.774	Cb	固体	14.37	40.400
Cu	固体	12.81	18.060	Ta	固体	13.00	40.210
	液体	11.72	16.580	Sb	—	11.42	9.913
Ag	固体	12.28	14.850	Bi	液体	11.14	9.824
	液体	11.66	14.090	Cr	固体	12.88	17.560
Ni	液体	11.65	18.520	Mo	固体	11.80	30.310
Be	固体	12.99	18.220	W	固体	12.24	40.260
	液体	11.95	16.590	Mn	固体	12.25	14.100
Mg	固体	11.82	7.741	Fe	固体	12.63	20.000
Ca	固体	11.30	8.324		液体	13.41	21.960
Ba	—	10.88	8.908	Co	—	12.43	21.960
Zn	固体	11.94	6.744	Ni	固体	13.28	21.840
Cd	固体	11.78	5.798		液体	12.55	20.600
Ru	固体	14.13	21.370	Rh	—	13.55	33.800
Al	液体	11.99	15.630	Pd	—	11.46	19.230
Si	固体	13.20	19.790	Os	—	13.59	37.000
Ti	固体	11.25	18.640	Ir	—	13.06	34.110
	液体	11.98	20.110	Pt	—	12.63	27.500

材料的饱和蒸气压与温度之间的关系，可以看出，饱和蒸气压随温度升高而迅速增加。此外，根据这些关系可知：① 达到正常镀膜蒸发速率所需的温度，即饱和蒸气压为 1Pa 时的温度；② 蒸发速率随温度变化的敏感性；③ 蒸发形式，若蒸发温度高于熔点，则蒸发状态是熔融的，否则是升华的。

表 2.1.2　常用材料的饱和蒸气压与温度之间的关系

材料名称	相对分子质量	不同饱和蒸气压 p_v 下的温度 T/K						熔点/K	蒸发速率①
		10^{-8}Pa	10^{-6}Pa	10^{-4}Pa	10^{-2}Pa	10^{0}Pa	10^{2}Pa		
Au	197	964	1080	1220	1405	1670	2040	1336	6.1
Ag	107.9	759	847	958	1105	1300	1605	1234	9.4
In	114.8	677	761	870	1015	1220	1520	429	9.4
Al	27	860	958	1085	1245	1490	1830	932	18
Ga	69.7	796	892	1015	1180	1405	1745	303	11
Si	28.1	1145	1265	1420	1610	1905	2330	1685	l5
Zn	65.4	354	396	450	52o	617	760	693	17
Cd	112.4	310	347	392	450	538	665	594	14
Te	127.6	385	428	482	553	647	791	723	12
Se	79	301	336	380	437	516	636	490	17
As	74.9	340	377	423	477	550	645	1090	17
C	12	1765	1930	2140	2410	2730	3170	4130	19
Ta	181	2020	2230	2510	2860	3330	3980	3270	4.5
W	183.8	2150	2390	2680	3030	3500	4180	3650	4.4

① 蒸发速率的单位为 10^{17} 分子/(cm^2 · s) ($p_v = 1$Pa，黏附系数 $\alpha_s \approx 1$)。

显然，在真空条件下物质的蒸发要比常压下容易得多，所需的蒸发温度也低很多，蒸发过程也将缩短，蒸发速率显著提高。饱和蒸气压 p_v 与温度 T 的关系有助于合理地选择蒸发材料及确定蒸发条件，因而对于薄膜沉积技术有实际指导意义。

在蒸发时，两种或两种以上物质组成的均匀混合物遵守以下定律。

1) 分压定律 [3]

混合物的总蒸气压 p_T 等于各组元蒸气压之和，即

$$p_T = p_1 + p_2 + \cdots + p_i \tag{2.1.7}$$

对于 Te-Se-In 三元合金，如图 2.1.2(a) 所示，混合物的熔点为

$$T_0 = \frac{\dfrac{T_A}{OA} + \dfrac{T_B}{OB} + \dfrac{T_C}{OC}}{\dfrac{1}{OA} + \dfrac{1}{OB} + \dfrac{1}{OC}} \tag{2.1.8}$$

式中，T_A、T_B 和 T_C 分别为 Te-Se、Se-In 和 In-Te 二元合金的熔点，其对应的

组元分别为 A、B 和 C；OA、OB 和 OC 为相图中的垂直距离。类似地，饱和蒸气压所对应的温度也可按此得到。

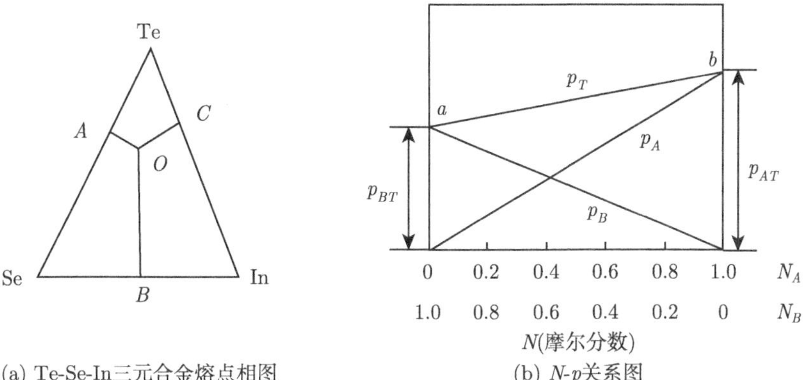

(a) Te-Se-In三元合金熔点相图　(b) N-p关系图

图 2.1.2　混合物总蒸气压与分压的关系

2) 拉乌尔定律

某成分 i 单独存在时，设其在某温度下的饱和蒸气压为 p_{iT}，若该成分在混合物中所占摩尔分数为 N_i，在混合物状态下成分 i 的饱和蒸气压为 p_i，则近似有

$$p_i = N_i p_{iT} \tag{2.1.9}$$

以二元合金为例，设组元 A 和 B 各占摩尔分数 N_A 和 N_B。若已知这两个纯组元在温度 T 时的蒸气压分别为 p_{AT} 和 p_{BT}，则根据拉乌尔定律得到分压和总压的关系为

$$p_T = p_A + p_B = p_{AT} \cdot N_A + p_B = p_{AT} \cdot N_A + p_{BT} \cdot N_B \tag{2.1.10}$$

由于 $N_A + N_B = 1$，所以可得

$$p_T = p_{AT}(1 - N_B) + p_{BT} \cdot N_B = p_{AT} - (p_{AT} - p_{BT}) N_B \tag{2.1.11}$$

图 2.1.2(b) 为 N-p 的关系图。N_A-p_A 的关系为斜率等于 p_{AT} 的直线，N_B-p_B 的关系为斜率等于 p_{BT} 的直线。当 $N_A = 0$，$N_B = 1$ 时，$p_A = 0$，$p_B = p_{BT}$，这时 $p_T = p_{BT}$。反之，当 $N_B = 0$，$N_A = 1$ 时，$p_B = 0$，$p_A = p_{AT}$，$p_T = p_{AT}$，所以连接 a、b 两点可得直线 p_T。

实际混合物或多或少地偏离上述理想情况，故拉乌尔定律变为

$$p_i = f_i N_i \cdot p_{iT} \tag{2.1.12}$$

式中，f_i 为活度系数，可视作对偏离拉乌尔定律的浓度校正系数。若 $f_i = 1$，则 p_T 是直线，实际混合物将偏离该直线。$f_i > 1$ 表示对拉乌尔定律呈正偏差，组元之间互斥；$f_i < 1$ 表示对拉乌尔定律呈负偏差，组元之间互相吸引。

2.1.3 蒸发粒子的速度与能量

蒸发材料蒸气粒子的速率分布可根据麦克斯韦速率分布函数给出：

$$f(v) = 4\pi \left(\frac{m}{2\pi kT}\right)^{\frac{3}{2}} \cdot \exp\left(-\frac{mv^2}{2kT}\right) \cdot v^2 \tag{2.1.13}$$

式中，m 为一个气体分子的质量；k 为玻尔兹曼常量；T 为系统的热力学温度。由式 (2.1.13) 可求出最概然速率 v_{p}，在该速率下分布概率最高，其公式如下：

$$v_{\mathrm{p}} = \sqrt{\frac{2kT}{m}} = \sqrt{\frac{2RT}{\mu}} \tag{2.1.14}$$

由最概然速率决定的蒸气分子动能为

$$E_{\mathrm{p}} = \frac{1}{2}mv_{\mathrm{p}}^2 = kT \tag{2.1.15}$$

根据麦克斯韦速率分布曲线，温度越高，曲线越平缓，分子按速率分布越分散，因此采用均方根速率：

$$\sqrt{\bar{v}^2} = \sqrt{\frac{3kT}{m}} = \sqrt{\frac{3RT}{\mu}} \tag{2.1.16}$$

由此得到蒸气分子的平均动能：

$$\bar{E} = \frac{3}{2}kT \tag{2.1.17}$$

通常由最概然速率决定的蒸气分子动能更接近实际情况。

对于绝大多数可以热蒸发的薄膜材料，蒸发温度在 1000~2500℃，蒸发粒子的平均速度约为 10^3m/s，对应的平均动能为 0.1~0.2eV，即 1.6×10^{-20} ~3.2×10^{-20}J。实际上，此数值只占气化热的很小一部分，可见大部分气化热是用来克服固体或液体中原子间的吸引力。

2.1.4 蒸发速率与沉积速率

在真空蒸发过程中，熔融的液相与蒸发的气相处于动平衡状态：分子总是从液相表面上蒸发，而数量相当的蒸发分子不断与液相表面碰撞、凝结并返回到液

相中。根据克努森定律可知，来自任何角度的单位时间内碰撞于单位面积的总分子数为

$$J = \frac{1}{4}n\bar{v} \tag{2.1.18}$$

代入相关数据可得

$$J = \frac{p}{\sqrt{2\pi mkT}} = \frac{pN_\mathrm{A}}{\sqrt{2\pi\mu RT}} \tag{2.1.19}$$

式 (2.1.18) 和式 (2.1.19) 中，n 为分子密度；$\bar{v}$ 为气体分子的算术平均速率；p 为气体压力；m 为分子质量；k 为玻尔兹曼常量；N_A 为阿伏伽德罗常数；μ 为粒子质量。

如果碰撞蒸发面的分子中仅有 α_c 的部分发生凝结，$(1-\alpha_\mathrm{c})$ 的部分被蒸发面反射回气相中，那么在饱和蒸气压 p_v 下凝结分子流量为

$$J_\mathrm{c} = \alpha_\mathrm{c} p_\mathrm{v} (2\pi mkT)^{-\frac{1}{2}} \tag{2.1.20}$$

式中，α_c 为凝结系数，一般 $\alpha_\mathrm{c} \leqslant 1$，可用来确定分子向真空蒸发的速率。如果蒸发不是在真空中进行，而是在压力为 p 的蒸发分子气氛中进行，则净蒸发流量 J_v 为

$$J_\mathrm{v} = \alpha_\mathrm{v} (p_\mathrm{v} - p)(2\pi mkT)^{-\frac{1}{2}} \tag{2.1.21}$$

式中，α_v 为蒸发系数，可以认为 $\alpha_\mathrm{v} = \alpha_\mathrm{c}$。在平衡状态下净蒸发流量 J_v 等于 J_c。当 $\alpha_\mathrm{c} = 1$，$p = 0$ 时，得到最大净蒸发流量，即最大蒸发速率：

$$\begin{aligned} J_\mathrm{m} &= \frac{p_\mathrm{v}}{\sqrt{2\pi mkT}} = \frac{p_\mathrm{v} N_\mathrm{A}}{\sqrt{2\pi\mu RT}} \\ &\approx 2.64 \times 10^{24} (\mu T)^{-\frac{1}{2}} p_\mathrm{v} \left(\text{分子}/(\mathrm{cm}^2 \cdot \mathrm{s})\right) \end{aligned} \tag{2.1.22}$$

如果用 G 表示单位时间从单位面积上蒸发的质量，即质量蒸发速率，则有

$$\begin{aligned} G &= mJ_\mathrm{m} = p_\mathrm{v}\sqrt{\frac{m}{2\pi kT}} = p_\mathrm{v}\sqrt{\frac{\mu}{2\pi RT}} \\ &\approx 4.37 \times 10^{-3} (\mu/T)^{\frac{1}{2}} p_\mathrm{v} \left(\mathrm{kg}/(\mathrm{m}^2 \cdot \mathrm{s})\right) \end{aligned} \tag{2.1.23}$$

式 (2.1.22)、式 (2.1.23) 是描述蒸发速率的重要公式，这两个公式确定了蒸发速率、蒸气压和温度三者之间的关系。

从表面上看，蒸发速率似乎随温度的升高而降低，但式 (2.1.6) 给出的材料饱和蒸气压与温度的关系表明，蒸发速率随着温度的增加而迅速增加。将饱和蒸气压与温度的关系式 (2.1.6) 代入式 (2.1.23)，并对其进行微分，即可得到蒸发速率随温度变化的关系式：

$$\frac{\mathrm{d}G}{G}=\left(2.3\frac{B}{T}-\frac{1}{2}\right)\frac{\mathrm{d}T}{T} \tag{2.1.24}$$

对于金属，$2.3B/T-\frac{1}{2}$ 通常为 20~30，即有

$$\frac{\mathrm{d}G}{G}=(20\sim 30)\frac{\mathrm{d}T}{T} \tag{2.1.25}$$

在蒸发温度 (高于熔点) 以上进行蒸发时, 蒸发速率对蒸发源温度变化十分敏感。以蒸发铝为例，由 $B=H_{\mathrm{v}}/(2.3R)$ 可估算出 B 值为 3.586×10^4K，蒸气压为 100Pa 时蒸发温度为 1830K。假设蒸发源的温度相对变化率 $\mathrm{d}T/T$ 为 1%，由式 (2.1.24) 可知蒸发速率变化率为

$$\frac{\mathrm{d}G}{G}=\left(2.3\times\frac{3.586\times10^4}{1830}-\frac{1}{2}\right)\times10^{-2}\approx0.4457 \tag{2.1.26}$$

上述内容说明蒸发源 1%的温度变化会引起蒸发速率约 44.57%的改变，温度的稳定性对薄膜的蒸发速率影响很大。

2.1.5 厚度分布

薄膜的均匀性对器件有重要的影响，研究薄膜的厚度分布具有重要意义。在对薄膜厚度分布进行理论分析前，需要做以下三点假设：

(1) 蒸发原子或分子与残余气体分子间不发生碰撞；

(2) 蒸发源附近的蒸发原子或分子之间也不发生碰撞；

(3) 沉积到基板上的蒸发原子全部凝结，不发生再蒸发现象。

薄膜均匀性与蒸发源的特性，基板与蒸发源的几何形状、相对位置，蒸发物质的蒸发量等有关。2.2 节将集中按照蒸发源的形状、分类介绍薄膜厚度的分布特性。

2.2 蒸发源特性

2.2.1 加热方式

首先考虑蒸发源所需的总热量 Q 为

$$Q=Q_1+Q_2+Q_3 \tag{2.2.1}$$

式中，Q_1 为蒸发材料蒸发时需要的热量；Q_2 为蒸发时热辐射损失的热量；Q_3 为蒸发时热传导损失的热量。

对于 Q_1，有如下表达式：

$$Q_1 = \frac{W}{M}\left(\int_{T_0}^{T_m} C_s \mathrm{d}T + \int_{T_m}^{T} C_l \mathrm{d}T + L_m + L_v\right) \tag{2.2.2}$$

式中，W 为物质质量；M 为物质相对分子质量；T_0 为室温；T_m 为固体熔点；T 为蒸发温度；C_s 为固体比热；C_l 为液体比热；L_m 为固体的熔解热；L_v 为分子蒸发热。蒸发过程有生成或分解时，要考虑 Q_1；对直接升华的物质，最后两项可以不考虑。在蒸发镀膜装置中，蒸发源的加热装置是最重要的组成部分。根据加热原理和加热方式不同，蒸发源的加热装置可以分为以下几种类型。

1. 电阻式加热

电阻式加热可分为直接式和间接式。直接式是采用钨、钼、钽等高熔点金属，做成适当形状的蒸发源，在其内装填上待蒸发材料，让电流通过，通过发热使蒸发材料温度升高从而蒸发。间接式是先将待蒸发材料放入氧化铝 (Al_2O_3)、氧化铍 (BeO)、氮化铝 (AlN)、氮化硅 (Si_3N_4) 等耐高温的材料中，再将其整体放置在钨、钼、钽等高熔点金属做成的舟中，进行间接加热，从而蒸发。

电阻加热方式对电阻材料和蒸发材料都有一定的要求，具体如下：① 高熔点。由于蒸发材料的蒸发温度一般在 2000℃ 以下，所以蒸发源材料的熔点必须高于这个温度，一般选择在 3000℃ 以上。通常情况下，蒸发源材料的熔点最好比待镀材料的熔点高 1000℃ 以上。② 低饱和蒸气压。这主要是为了防止或减少在高温下，蒸发源材料随蒸发材料蒸发而成为杂质进入蒸镀膜层。③ 稳定的化学性能。高温下蒸发源材料与蒸发材料不发生化学反应。高温下，某些蒸发源材料与蒸发材料会发生反应和扩散，从而形成化合物或合金，尤其会形成低熔点合金。④ 耐热性好，改变热源时功率密度变化较小。⑤ 原材料丰富、经济且耐用。表 2.2.1 列出了电阻加热方法中常用蒸发源材料的熔点和达到平衡蒸气压时的温度。表 2.2.2 列出了电阻蒸发源用金属材料的性质。表 2.2.3 列出了各种元素的电阻加热蒸发

表 2.2.1 电阻加热方法中常用蒸发源材料的熔点和达到平衡蒸气压时的温度

蒸发源材料	熔点/K	平衡温度/K		
		10^{-6}Pa	10^{-3}Pa	10^{1}Pa
W	2683	2390	2840	3500
Ta	3269	2230	2680	3330
Mo	2890	1865	2230	2800
Nb	2741	2035	2400	2930
Pt	2045	1565	1885	2180
Fe	1808	1165	1400	1750
Ni	1726	1200	1430	1800

表 2.2.2 电阻蒸发源用金属材料的性质

金属材料	参数	27℃	1027℃	1527℃	1727℃	2027℃	2327℃	2527℃
W (熔点：3422℃，相对密度：19.3)	电阻率/(μm·cm)	5.66	33.66	50	56.7	66.9	77.4	84.7
	蒸气压/Pa	—	—	—	1.3×10^{-9}	6.3×10^{-7}	7.6×10^{-7}	1.0×10^{-3}
	蒸发速率/(g/(cm^2·s))	—	—	—	1.75×10^{-11}	7.8×10^{-11}	8.8×10^{-9}	1.1×10^{-7}
	光谱辐射率	0.470	0.450	0.439	0.435	0.429	0.423	0.449
Mo (熔点：2610℃，相对密度：10.2)	电阻率/(μm·cm)	5.63	35.2 (1127℃)	47	53.1	59.2 (1927℃)	72	78
	蒸气压/Pa	—	2.1×10^{-13}	8×10^{-9}	5×10^{-5}	4×10^{-3}	1.4×10^{-3}	9.6×10^{-5}
	蒸发速率/(g/(cm^2·s))	—	2.5×10^{-17}	1.1×10^{-10}	5.3×10^{-7}	5×10^{-7}	1.6×10^{-5}	1.04×10^{-4}
	光谱辐射率	0.418	—	0.367 (1330℃)	0.353 (1730℃)	—	—	—
Ta (熔点：2996℃，相对密度：16.6)	电阻率/(μm·cm)	15.5 (20℃)	54.8	72.5	78.9	88.3	97.4	102.9
	蒸气压/Pa	—	—	—	1.3×10^{-8}	8×10^{-8}	5×10^{-4}	7×10^{-3}
	蒸发速率/(g/(cm^2·s))	—	—	—	1.63×10^{-12}	9.8×10^{-11} (1927℃)	5.5×10^{-8}	6.6×10^{-7}
	光谱辐射率	0.490	0.462	0.432	0.432	0.409	0.400	0.394

源材料。实际使用的电阻加热材料一般是一些难熔金属，如 W、Mo、Ta 等。W 加工比较困难，因为 W 经过高温退火处理后，常温下硬且比较脆，难以加工，只有在较高的温度下才能弯折成一定的形状。Mo 在室温下比较软，加工较容易。Ta 柔软性最好，最易加工成型。

当使用电阻加热方式时，需要考虑蒸发材料与蒸发源材料的“浸润性”问题，其与蒸发源材料的表面能大小有关。高温熔化的蒸发材料在蒸发源上有扩展倾向时，是容易浸润的；相反，如果蒸发材料在蒸发源上有凝聚且接近于形成球形的倾向时，则是难于浸润的。图 2.2.1 给出了蒸发源材料与蒸发材料相互间浸润的几种情况。在浸润的情况下，由于蒸发发生在一个大的表面上而且相对稳定，所以可以看成是面蒸发源的蒸发；在浸润小的时候，一般可看成是点蒸发源的蒸发。蒸发材料与蒸发源材料浸润，蒸发材料与蒸发源亲和力强，蒸发状态稳定；如果是难以浸润的，蒸发材料就容易从蒸发源上脱落，如 Ag 在镓丝上熔化后就会从蒸发源上掉下来。综合考虑蒸发材料的性质、与蒸发源材料的浸润性，通过选取不同的蒸发源形状和不同的蒸发源材质，可以改善蒸发效果。实际上，不同等直径或不等直径的螺旋状钨丝经常作为物质的加热源。钨丝一方面起着加热的作用，另一方面也起着支撑的作用。图 2.2.2 给出了一些常见的电阻式加热装置，图 2.2.2(a) 为丝状，图 2.2.2(b) 为螺旋丝状，图 2.2.2(c) 为直接加热式块状，图 2.2.2(d) 为间接加热式。

表 2.2.3 各种元素的电阻加热蒸发源材料

元素	熔点/K	真空度/Pa	蒸发源材料		备注
			丝状、片状	坩埚	
Ag	961	1030	Ta, Mo, W	Mo, C	按适合程度排列不同。与 W 不浸润
Al	659	1220	W	BN, TiC/C, TiB_2-BN	可与所有 RM 形成合金, 难以蒸发; 高温下能与 Ti, Zr, Ta 等反应
Au	1063	1400	M, Mo	Mo, C	浸润 W, Mo; 与 Ta 形成合金, Ta 不宜作蒸发源
Ba	710	610	W, Mo, Ta, Ni, Fe	C	不能形成合金, 浸润 RM, 在高温下与大多数氧化物发生反应
Bi	271	670	W, Mo, Ta, Ni	Al_2O_3, C 等	蒸气有毒
Ca	850	600	W	Al_2O_3	在 He 气氛中预溶解去气
Co	1495	1520	W	Al_2O_3，BeO	与 W, Ta, Wo, Pr 等形成合金
Cr	约 1900	1400	W	C	—
Cu	1084	1260	Mo, Ta, Nb, W	Mo, C, Al_2O_3	不能直接浸润 Mo, W, Ta
Fe	1536	1480	W	Al_2O_3，BeO, ZrO_2	与所有 RM 形成合金，宜采用 EBV
Ge	940	1400	W, Mo, Ta	C, Al_2O_3	对 W 溶解度小，浸润 RM，不浸润 C
In	156	950	W, Mo	Mo, C	—
La	920	1730	—	—	宜采用 EBV
Mg	650	440	W, Ta, Mo, Ni, Fe	Fe, C, Al_2O_3	—
Mn	1244	940	W, Mo, Ta	C, Al_2O_3	浸润 RM
Ni	1450	1530	W	Al_2O_3，BeO	与 W, Mo, Ta 等形成合金, 宜采用 EBV
Pb	327	715	Mo, Ni, Fe	Fe, Al_2O_3	不浸润 RM
Pd	1550	1460	W(镀 Al_2O_3)	Al_2O_3	与 RM 形成合金
Pt	1773	2090	W	ThO_2, ZrO_2	与 Ts, Mo, Nb 形成合金, 与 W 形成部分合金, 宜采用 EBV 或溅射
Sn	232	1250	Ni-Cr 合金, Mo, Ta	C, Al_2O_3	浸润 Mo, 且侵蚀
Ti	1727	1740	W, Ta	C, ThO_2	与 W 反应, 不与 Ta 反应, 熔化中有时 Ta 会断裂
Tl	304	610	W, Ta, Nd, Ni, Fe	Al_2O_3	浸润 W, Ta, Nd, Ni, Fe, 但不形成合金。稍浸润 W, Ta, 不浸润 Mo
V	1890	1850	W, Mo	Mo	浸润 Mo, 但不形成合金。在 W 中的熔解度很小, 与 Ta 形成合金
Y	1477	1632	W	—	—
Zn	420	345	W, Ta, Mo	Mo, Fe, C, Al_2O_3	浸润 RM, 但不形成合金
Zr	1852	2400	W	—	浸润 W, 熔解度很小

注：RM-原料 (raw material); EBV-电子轰击电压 (electron bombardment voltage)。

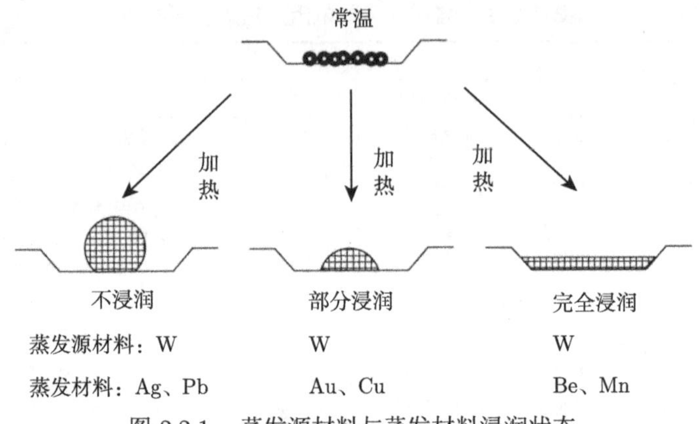

图 2.2.1　蒸发源材料与蒸发材料浸润状态

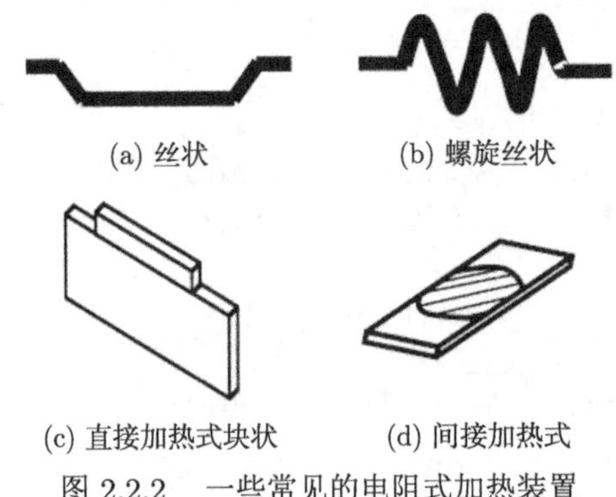

图 2.2.2　一些常见的电阻式加热装置

对于一些特殊的情况，需要采取对应的办法。对于可在固态升华的物质来说，采用防止升华的专用容器。加热时不仅需要考虑加热与支持作用，还要考虑被加热物质的放气过程可能引起的物质飞溅。对于不能用钨丝加热的物质，如一些材料的粉末等，考虑使用由难熔金属板制成的电阻加热装置，而且难熔金属板可以做成各种不同形状。

由高熔点氧化物、高温裂解氮化硼、石墨、难熔金属等制成的坩埚也可用作蒸发容器。这时，对被蒸发物质的加热有两种方法：普通的电阻加热和高频感应法。前者依靠缠于坩埚外的电阻丝加热；后者用通水的铜制线圈作为加热的初级感应线圈，依靠在被加热物质或坩埚中感生出感应电流来实现对蒸发物质的加热。对于后一种情况，需要被加热的物质或坩埚本身有一定的导电性。

2. 电子束蒸发

电子束蒸发法是一种将蒸发材料置于水冷铜坩埚中，利用电子束直接加热，使蒸发材料气化并蒸发，在基片表面形成薄膜的方法。电子束蒸发法克服了普通电阻加热蒸发的许多缺点，如高污染 (来自于坩埚、加热材料及各种支撑部件)、低加热功率及可达到温度低等，其特别适合制作高熔点薄膜材料和高纯度薄膜材料。

1) 电子束加热原理与特点

电子束加热原理是，在电场作用下，从阴极灯丝发射的电子受阳极的吸引而加速，获得动能后轰击阳极上的蒸发材料，使蒸发材料升温气化，从而实现蒸发镀膜。如果不考虑发射电子的初速度，则电子动能等于其所具有的电功率，即

$$\frac{1}{2}mv^2 = eU \tag{2.2.3}$$

式中，v 是电子运动速度；U 是电子所具有的电位 (V)；m 是电子质量 (9.1×10^{-28}g)；e 是电子电荷 (1.6×10^{-19}C)。因此，可得电子运动速度为

$$v = 5.93 \times 10^5\sqrt{U}(\mathrm{m/s}) \tag{2.2.4}$$

假如 $U = 10$kV，则电子运动速度可达 6×10^4km/s。这样高速运动的电子流在一定的电磁场作用下，汇聚成电子束并轰击蒸发材料表面，使动能变为热能。若电子束的功率为

$$W = neU = IUt \tag{2.2.5}$$

式中，n 为电子密度；I 为电子束的束流 (A)；t 为束流的作用时间 (s)。因而产生的热量 Q 为

$$Q = 0.24Wt \tag{2.2.6}$$

电子束是真空蒸发技术中的一种良好热源，在很高的加速电压下，式 (2.2.6) 给出的电子所产生的热能足以使蒸发材料气化蒸发。

电子束蒸发源的主要优势在于，电子束轰击热源的高束流密度使得其将获得远比电阻加热源更大的能量密度。功率密度在一个较大的面积上可达到 $10^4\sim10^9\mathrm{W/cm^2}$，因而可以蒸发高达 3000℃ 以上的高熔点材料。

热量可直接作用于蒸发材料的表面，因而热效率高，热传导和热辐射的损失少。同时，由于被蒸发材料是放于水冷坩埚内，因而避免了容器材料的蒸发，以及容器材料与蒸发材料之间的反应，这对于蒸发材料纯度的提高极为重要。

电子束加热源的缺点是来自电子枪的一次电子和来自蒸发材料的二次电子将会电离蒸发原子和残余气体分子，影响膜层的质量，这一问题可通过改进电子枪的结构得到解决；多数混合物在受到电子轰击时会部分分解，影响薄膜的结构和性能；另外，电子束蒸镀装置结构较复杂，设备价格也较为昂贵。

2) 电子束蒸发源结构

根据电子束蒸发源的形式和结构的区别，可将其划分为环形枪、直枪 (又称“皮尔斯枪”)、e 型电子枪和空心阴极电子枪等。

环形枪依靠一个环形阴极来发射电子束，在坩埚中经聚焦和偏转后使坩埚材料蒸发。虽然其结构简单，但是功率和效率都不高，多用于实验研究中。

直枪是一种轴对称的直线加速电子枪，它从阴极灯丝中发射电子，将电子聚焦成细束，经阳极加速后轰击坩埚使蒸发材料熔化和蒸发，直枪的功率从几百瓦到几千瓦不等，易于控制，可提供高的能量密度。然而，直枪体积大，成本高，蒸发材料会污染枪体，图 2.2.3(a) 为直枪蒸发源原理示意图。图 2.2.3(b) 为 e 型电子枪的工作原理示意图，它是一种 270° 偏转的电子枪，克服了直枪的缺点，是目前用得较多的电子束蒸发源。e 型电子枪是根据电子运动轨迹命名的，由于入射电子与蒸发原子相碰撞而游离出来的正离子，其在偏转磁场作用下发生了与入射电子相反方向的运动，从而避免了直枪中离子对蒸镀膜层的污染。同时，e 型电子枪还大大降低了二次电子对基板轰击的概率。

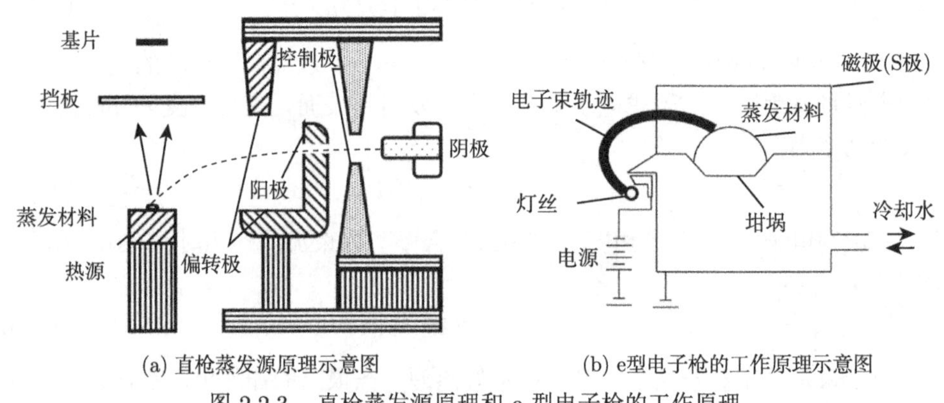

(a) 直枪蒸发源原理示意图　　(b) e型电子枪的工作原理示意图

图 2.2.3　直枪蒸发源原理和 e 型电子枪的工作原理

3. 高频感应加热

高频感应加热蒸发源是将装有蒸发材料的坩埚放在高频 (通常为射频) 螺旋线圈的中央，由于蒸发材料在高频电磁场感应下将产生强大的涡流损失或磁滞损失 (对铁磁体)，导致温度上升，最终使蒸发材料气化蒸发。图 2.2.4 给出了高频感应加热蒸发源的工作原理。蒸发源通常由水冷高频线圈和石墨或陶瓷坩埚组成。高频感应加热蒸发源的特点：

(1) 蒸发速率大，可比电阻蒸发源高 10 倍左右；

(2) 蒸发源的温度均匀稳定，不易产生飞溅现象；

(3) 蒸发源一次装料，不需要送料机构，温度控制相对容易，操作也较为简单。

高频感应加热蒸发源的主要缺点是需对蒸发装置进行屏蔽，需要较复杂和昂贵的高频发生器；当线圈附近的压强超过 10^{-2}Pa 时，高频电场就会使残余气体电离，增大了功耗。

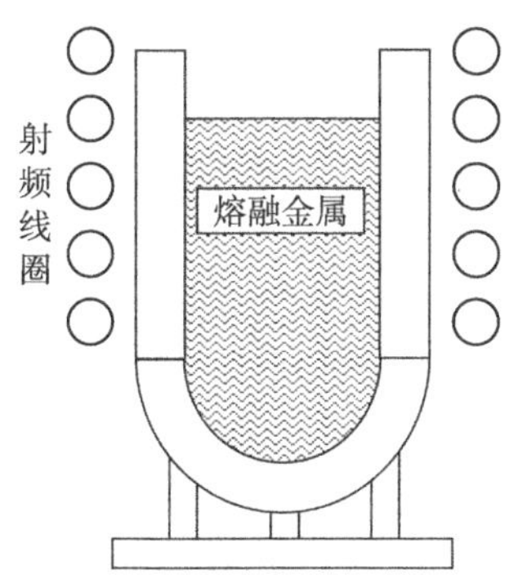

图 2.2.4　高频感应加热蒸发源的工作原理

4. 弧光放电加热

弧光放电加热法可以避免加热丝或坩埚材料污染，且加热温度也比较高，特别适用于熔点高、具有一定导电性的难熔金属的蒸发沉积。这一方法所用的设备比电子束加热装置简单，因而是一种较为简易的蒸发装置。

在弧光放电加热中，可以将待蒸发的材料制成放电电极，这种形式是自耗型；还可以把材料放在两个电极之间进行放电，这种形式是非自耗型。在薄膜沉积过程中，通过调节真空室内电极之间距离来点燃电弧，瞬间的高温电弧将使电极下端发生蒸发从而实现薄膜的沉积，控制电弧的点燃次数可以沉积出一定厚度的薄膜。弧光放电加热法既可以采用直流加热法，又可以采用交流加热法。这种加热方法的缺点是易产生微米量级的电极颗粒飞溅，从而影响沉积薄膜的均匀性和质量。

5. 分子束外延方法

1) 分子束外延的原理及特点

典型的外延方法有液相外延法、气相外延法和分子束外延 (molecular beam epitaxy，MBE) 法。如果外延薄膜和衬底属于同一物质，则称为“同质外延”，否则称为“异质外延”。分子束外延是新发展起来的外延制膜方法，是一种特殊的真空镀膜工艺。在 10^{-8}Pa 的超高真空条件下，严格控制薄膜各组分元素的分子束流将其直接喷射到衬底表面。其中未被基片捕获的分子被真空系统及时抽走，保证了到达衬底表面的总是新的分子束。蒸发系统的几何形状和蒸发源温度决定了到达衬底的各元素比例，与环境气氛无关。因此，晶体生长速率、杂质浓度和多元化合物成分比等可以被精确控制。

20 世纪 60 年代末，美国贝尔实验室率先发展了 MBE 技术，该技术的特点是生长速度较慢且可控、表面及界面平整、材料组成及掺杂种类变化迅速、衬底生长温度低等，因而被广泛用来生长组分复杂、界面突变异质结和超晶格结构。分子束外延受衬底的动力学制约，其过程是在非热平衡条件下完成的。这是分子束外延法与在近热平衡状态下进行的液相外延生长的根本区别。分子束外延法的主要特点如下。

(1) 可以获得原子尺度平坦的膜层，可将数纳米的异质薄膜相互重叠，便于制作超晶格、异质结等。

(2) 可在 6~12in (1in = 2.54cm) 的大尺寸衬底上外延生长性能分散性小于 1%的均匀膜层。

(3) 可严格控制组元成分和杂质浓度，可制备出杂质浓度和组成急剧变化的器件。

(4) 由于生长条件是非热平衡的，有可能进行超过固溶度极限的高浓度掺杂。

(5) 分子束外延法是在超高真空下进行的干式工艺，因此残留气体等杂质混入较少，可始终保持表面清洁。特别是，该工艺与半导体制作的其他工艺 (如离子注入、表面处理和干法刻蚀等) 具有良好的相容性。

(6) 成膜的衬底温度低，减少了界面上由于热膨胀而造成的晶格失配效应，以及衬底对外延层的自掺杂扩散的影响。

(7) 由于超高真空和较慢的生长速度 (如 1 个原子层/秒)，容易获得品质优良、结构复杂的薄膜。此外，还能进行原位观察，可得到晶体生长中的薄膜结晶性和表面状态数据，并可立即反馈，以便控制晶体生长。

基于上述特点，MBE 技术有望用于超高速计算机用器件 (达 1 马力/门，其中 1 马力 ≈ 735 瓦特)、超高频器件 (达 100GHz) 及高性能光学器件的制作。

2) 分子束外延设备

MBE 技术，主要是为以 GaAs 为代表的 Ⅲ~V 族化合物半导体的生长而开发的，此后在多领域均发挥了重要作用，包括 Ⅱ~Ⅵ 族和 Ⅳ~Ⅵ 族化合物半导体、钙钛矿氧化物、过渡金属氧化物等。如图 2.2.5 所示，MBE 装置从单纯研究用装置向批量生产用装置发展。

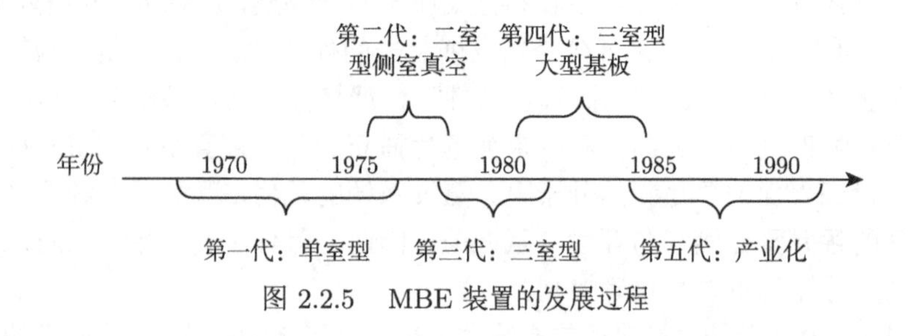

图 2.2.5　MBE 装置的发展过程

第一代 MBE 装置如图 2.2.6 所示。离子溅射源、加热器、四极质谱仪 (quadrupole mass spectrometer，QMS)、反射式高能电子衍射仪 (reflection high-energy electron diffraction，RHEED)、俄歇电子谱仪等均安装在同一个超高真空室中，可以用计算机自动控制晶体生长。超高真空不仅保证了高质量外延膜的获得，也为俄歇分析等提供了使用条件。为了保证 10^{-8}Pa 的真空度，整个装置 (除离子泵外) 均可进行烘烤除气。

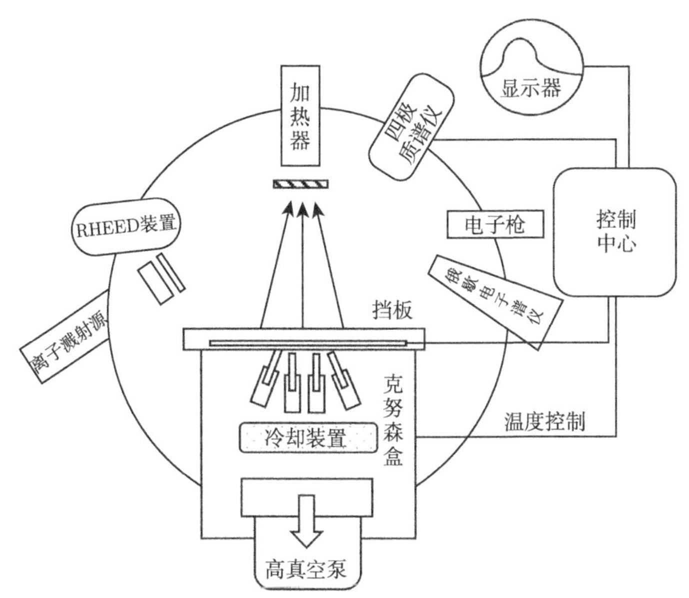

图 2.2.6　计算机控制的分子束外延装置 (单室型，第一代) 原理图

分子束外延设备也适用于对薄膜生长机理、表面结构、杂质掺入等进行基础性研究。其中，MBE 用于 Ⅲ~V 族化合物半导体的薄膜生长，通常是以 GaAs 为主体的外延生长。其中，As 的黏附系数与 Ga 的含量密切相关，Ga 存在时，As 的黏附系数为 1，Ga 不存在时，As 的黏附系数为 0。也就是说，只要采用比 Ga 多的 As 分子束射在 GaAs 单晶体上，所有没有转变成 GaAs 的 As 都会得到再蒸发，从而可获得符合化学计量比的 GaAs 外延层，这在 MBE 设备中得到了巧妙的利用。上述的 Ga 和 As 分别从严格控温的分子束源发出，并射向基板。通过装置中的各种分析手段对外延膜的生长过程及结晶形态等进行实时监测和分析，由此获得表面原子尺寸平坦的优质 GaAs 单晶膜。

MBE 也是在真空室中使从蒸发室飞来的分子附着在基板上，这方面与传统的真空蒸镀几乎没有区别。然而，MBE 的超高真空环境的要求是极为重要的一点，而且需注意分子束源是放于液氮冷却槽中的。MBE 装置中所用的分子束源示意图如图 2.2.7 所示，从束源直线射出的分子束不会污染晶体生长室。而且，从基板返回的 As 等也容易被冷阱及离子泵等去除，因此到达基板的总是新鲜的入射分子。上述措施的共同作用避免了杂质混入，从而可获得优良外延单晶膜。

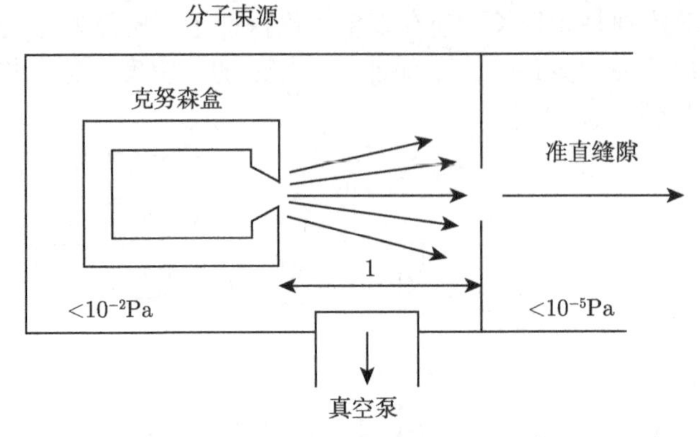

图 2.2.7　MBE 装置中所用的分子束源

第二代以后的 MBE 装置，在外延膜生长机理及装置构成方面与第一代基本相同，仅在分子束源和挡板结构等方面做了根本性改变。第二代 MBE 设备是在第一代 MBE 设备基础上增加了一个基板交换室，使其成为二室型。一室型 MBE 设备在每次交换基板时，都要将外延室与大气连通，这不仅增加了抽真空次数浪费了时间，而且难以保证真空度和清洁度。二室型 MBE 设备的外延室始终处于真空状态，仅基板交换室在交换基板时与大气连通。第三代 MBE 设备将外延室的尺寸增大，另设一个分析室，变为三室型，大大提高了分析功能，其结构如图 2.2.8 所示。第四代 MBE 装置是在第三代基础上，在软件和硬件两方面进行了改进，以满足器件制作及基板尺寸大型化的要求，提高外延膜的均匀性、重复

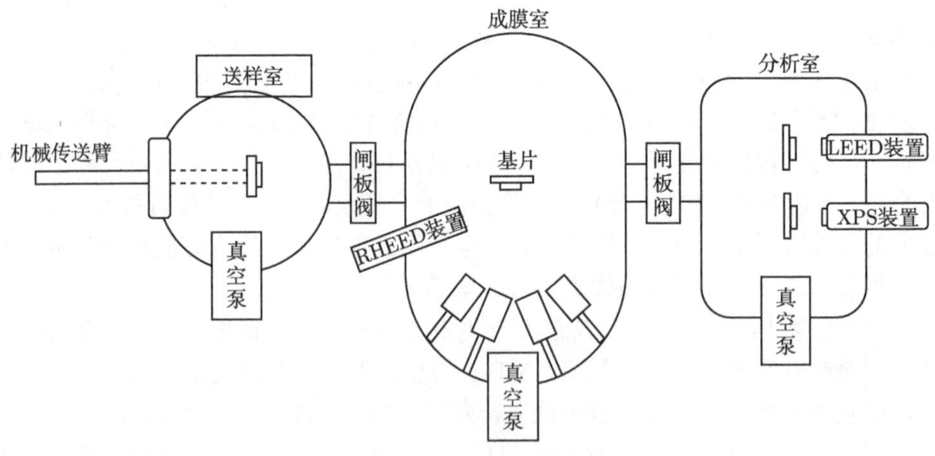

图 2.2.8　三室型 MBE 装置

LEED-低能电子衍射 (low-energy electron diffraction)；XPS-X 射线光电子能谱 (X-ray photoelectron spectroscopy)

性，减少膜层缺陷，改善膜层质量，提高处理能力。目前，MBE 设备经过进一步发展，已达到批量化生产的第五代。

3) 分子束外延技术的进展

MBE 中所用的分子束源，一般采用带有蒸气喷嘴的克努森盒 (图 2.2.7 和图 2.2.9)。以喷嘴开口直径 d 和厚度 t 为参数，蒸气从喷嘴射出，且蒸气密度按空间角度近似呈 $\cos^n\theta$ 分布，d/t 越小，n 越大，即蒸气密度的空间分布集中于喷嘴的正前方。除克努森盒外，广口型分子束源也广泛应用于 MBE 中，分子束源的设计必须保证工作中射出原材料的分子束，杂质气体的放出量极少。为此，不仅坩埚，而且所有陶瓷件都采用在超高真空中进行脱气处理的热解氮化硼 (pyrolytic boron nitride，PBN)。高温部分使用的金属，包括加热器和反射器，全部采用真空精制的 Ta。消耗的热能与分子束强度的关系，尽管因源物质、分子束源和真空度等不同而异，但可以根据常用物质蒸气压与温度之间的关系预先进行估算。另外，具体可能发生哪种形式的分子束 (表 2.2.4)，也与薄膜生长过程密切相关。

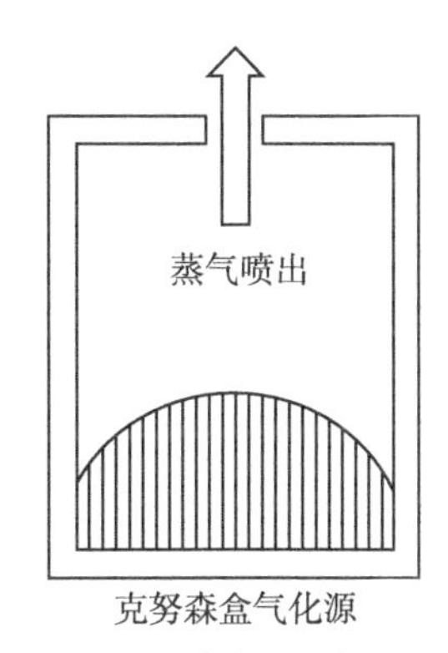

图 2.2.9　分子束外延采用的气化源

在 MBE 生长中，采用气体源代替传统固体源的研究开发是一种发展趋势，这种 MBE 装置中分子束源采用气体盒 (内放有机金属) 或裂解盒 (内放氢化物)。气相源 MBE 的特征是容易生长含高蒸气压元素的膜层。根据所用气体种类不同，考虑到光激发过程，进行选择性和低温生长。有人称采用气相源的分子束外延为化学分子束外延 (chemical molecular beam epitaxy，CMBE)。CMBE 具有分子束外延和金属有机化学气相沉积 (metal-organic chemical vapor deposition，MOCVD) 的许多优点。

将等离子体源及离子束与 MBE 一体化也是 MBE 装置的发展趋势之一。在 MBE 装置中引入等离子体源及离子束，用于薄膜生长、掺杂、表面处理及刻蚀等，而不是像二次离子质谱 (secondary ion mass spectroscopy，SIMS) 一样仅用于分析。高能量离子束 (数百电子伏至数万电子伏) 用于离子注入和表面改性，在

Si 的 MBE 装置和采用 Si 基板的 MBE 中经常用到。MBE 作为超高真空中制作器件的连续工序之一，使其与聚焦离子束相结合，可对基板及生长中的薄膜进行连续性加工，有关这方面的研究也在进行中。此外，在 MBE 装置中引入电子回旋共振 (electron cyclotron resonance，ECR) 源，可对基板进行有效清洗。为了生长氧化物高温超导膜，有人还开发出反应性 MBE 装置及气相源 MBE 装置，以提高原料气体的反应性，制备符合化学计量比的薄膜。

表 2.2.4　MBE 中发生的分子束及蒸气压与温度的关系

分子束	材料	蒸气的主要成分	温度/K		
			10^{-3}Pa	10^{-4}Pa	10^{-5}Pa
Zn	Zn	Zn	293	250	212
Cd	Cd	Cd	219	172	147
Hg	HgTe	Hg (Te)	211	—	—
Al	Al	Al	1024	927	841
Ga	Ga	Ga	928	833	751
In	In	In	805	716	641
Si	Si	Si	1202	1097	1009
Ge	Ge	Ge	1270	1149	1046
P	P_4	P_4	155	130	107
P	P_2	P_2	360	319	251
As	As	As_4	234	201	172
As	GaAs	As_2 (Ga)	—	—	—
Sb	Sb	Sb_4	476	427	383
S	S	S_2 (S)	79	53	37
Se	Se	Se_6, Se_2	198	159	144
Te	Te	Te_2	329	289	254

4) 分子束外延的应用

分子束外延不仅可用来制备现有的部分器件，而且可以用于研发许多用其他方法难以实现的新型器件。例如，借助原子尺度控制制备的 Ⅲ～V 族 GaAs-AlGaAs 超晶格结构，可用于高电子迁移率晶体管和多量子阱型激光二极管等。制备的材料除 Ⅲ～V 族外，还包括 ZnSe、ZnTe 等 Ⅱ～Ⅵ 族，PbTe 等 Ⅳ～Ⅵ 族，以及 Si、Ge 等 Ⅳ 族材料。涉及的器件包括场效应晶体管、雪崩二极管、混频器、变容二极管、双异质结激光器、耿氏二极管等。

6. 脉冲激光烧蚀

采用高功率密度脉冲激光对材料进行蒸发而形成薄膜的方法，通常称为激光蒸镀 (laser evaporation deposition)。激光蒸镀装置简图如图 2.2.10 所示，高能激光束由置于真空室外的 CO_2 激光器发出，经 He-Ne 激光束准直后，透过密封窗口进入真空室中，聚焦到镀料上，使之受热气化蒸发。聚焦后的激光束具有高达 10^6W/cm^2 的功率密度。红宝石激光器、钕玻璃激光器及钇铝石榴石激光器产生的巨脉冲具有“闪烁蒸发”的特征。在许多情况下，一个脉冲就可使膜层厚度达到几百纳米，沉积速率可达 $10^4 \sim 10^5$nm/s，如此快速沉积的薄膜往往具有极高的附着强度。然而不可避免地，该方法也存在一些缺点，如难以控制膜厚，以及可能出现镀料过热分解和喷溅现象。

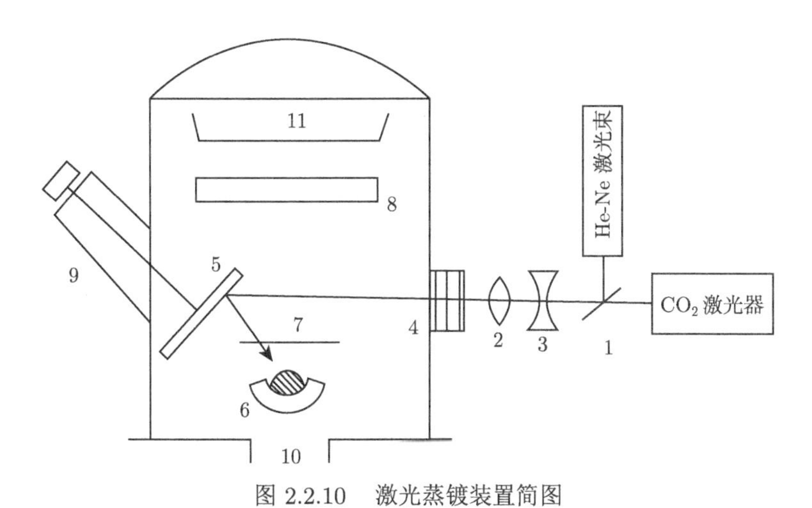

图 2.2.10　激光蒸镀装置简图

1-分束镜；2-聚焦透镜；3-散焦透镜；4-Ge 或 ZnSe 密封窗；5-带护板反射镜；6-坩埚；7-挡板；8-基板；9-波纹管；10-接真空系统；11-加热器

激光加热可蒸发任何高熔点材料，原因在于其可使镀料达到极高的温度。由于采用了非接触式加热，且激光器置于真空室外，来自蒸发源的污染得到了完全避免，真空室也得到简化，因此激光加热非常适宜在超高真空下制备高纯薄膜。利用激光加热能够对某些化合物或合金进行“闪烁蒸发”，可在一定程度上防止合金成分的分馏和化合物的分解。

近年来，国内外文献中将采用脉冲紫外激光源的薄膜沉积方法称为脉冲激光烧蚀 (pulse laser ablation，PLA) 或脉冲激光沉积 (pulse laser deposition，PLD)，以与传统的激光蒸镀相区别。有关详细内容在第 3 章专门介绍。

2.2.2　蒸发特性

在真空蒸镀过程中，蒸发源的蒸发特性，基片与蒸发源的几何形状、相对位置，以及蒸发物质的蒸发量等多种因素决定基片上不同蒸发位置的膜厚。为了获得厚度均匀的薄膜，需要选取合适的蒸发源。下面分别介绍几种常用的蒸发源。

1. 点蒸发源

将能够向各个方向蒸发等量材料的微小球状蒸发源称为点蒸发源 (简称“点源”)。一个很小的球体 dS，以每秒 m 克的相同蒸发速率向各个方向蒸发，在单位时间内，在任何方向上通过如图 2.2.11 所示立体角 dω 的蒸发材料总量为 dm，则有

$$\mathrm{d}m = \frac{m}{4\pi}\mathrm{d}\omega \tag{2.2.7}$$

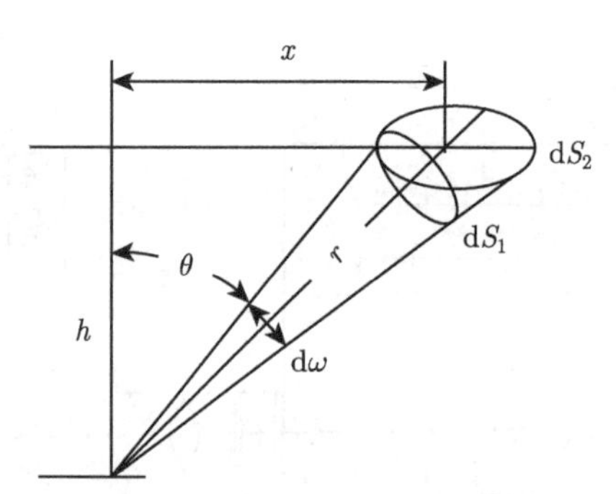

图 2.2.11　点蒸发源的发射特性

h-与点蒸发源的垂直距离；θ-与蒸发方向的夹角；x-与点蒸发源的水平距离；
r-点蒸发源与基板上被观测点的距离

因此，当与蒸发方向成 θ 角的小面积 dS_2 的几何尺寸已知时，沉积在此面积上的薄膜厚度即可求得。由图 2.2.11 可知：

$$\begin{cases} \mathrm{d}S_1 = \mathrm{d}S_2\cos\theta \\ \mathrm{d}S_2 = r^2\mathrm{d}\omega \\ \mathrm{d}\omega = \dfrac{\mathrm{d}S_2\cos\theta}{r^2} = \dfrac{\mathrm{d}S_2\cos\theta}{h^2+x^2} \end{cases} \tag{2.2.8}$$

蒸发材料到达 dS_2 上的总量 dm 为

$$\mathrm{d}m = \frac{m}{4\pi}\mathrm{d}\omega = \frac{m}{4\pi}\frac{\cos\theta}{r^2}\mathrm{d}S_2 \tag{2.2.9}$$

假设薄膜的密度为 ρ，单位时间内淀积在 dS_2 上的薄膜厚度为 t，则沉积到 dS_2 上的薄膜体积为 tdS_2，则有

$$\mathrm{d}m = \rho t\mathrm{d}S_2 \tag{2.2.10}$$

所以

$$t = \frac{m}{4\pi\rho}\frac{\cos\theta}{r^2} \tag{2.2.11}$$

即

$$t = \frac{mh}{4\pi\rho r^3} = \frac{mh}{4\pi\rho\left(h^2 + x^2\right)^{\frac{3}{2}}} \tag{2.2.12}$$

式 (2.2.12) 就是点蒸发源的膜厚分布公式。

当 dS_2 在点蒸发源的正上方，即 $\theta = 0$ 时，$\cos\theta = 1$，用 t_0 表示原点处的膜厚，则 $t_0 = m/(4\pi\rho h^2)$ 为基片平面内所能得到的最大膜厚。在基片平面内任意处的膜厚分布可表示为

$$t = \frac{1}{\left[1 + \left(\frac{x}{h}\right)^2\right]^{\frac{3}{2}}} t_0 \tag{2.2.13}$$

2. 小平面蒸发源

如图 2.2.12 所示，用小平面蒸发源 (简称“小平面源”) 代替点源。小平面蒸发源的发射特性是有方向性的，并遵循余弦角度分布规律，即在 θ 角方向蒸发的材料质量和 $\cos\theta$ 成正比，θ 是小平面蒸发源法线与接收平面 dS_2 中心和小平面蒸发源中心连线之间的夹角，因此，当镀膜材料以每秒 m 克的速率从小平面 dS 上进行蒸发时，与该小平面的法线成 θ 角度的方向上，镀膜材料在单位时间内通过立体角 $d\omega$ 的蒸发量 dm 为

$$dm = \frac{m}{\pi}\cos\theta d\omega \tag{2.2.14}$$

式中，$1/\pi$ 由于小平面源的蒸发范围而局限在半球形空间。

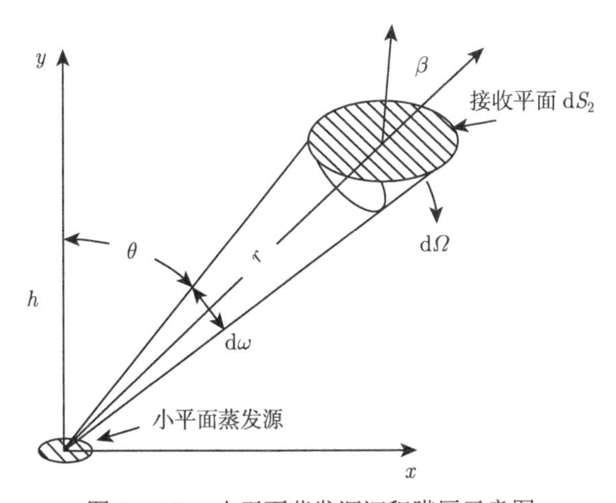

图 2.2.12　小平面蒸发源沉积膜厚示意图

采用与点源类似的计算方法可得到小平面蒸发源基片上任一点的膜厚 t 为

$$t=\frac{m}{\pi\rho}\frac{\cos\theta\cos\beta}{r^2}=\frac{mh^2}{\pi\rho\left(n^2+x^2\right)^2} \tag{2.2.15}$$

当 $\theta=0$，$\beta=0$ 时，用 t_0 表示相应点的膜厚，则

$$t_0=\frac{m}{\pi\rho h^2} \tag{2.2.16}$$

式中，t_0 为基片平面内所得到的最大蒸发膜厚。基片平面内其他各处的膜厚分布可由式 (2.2.17) 计算：

$$t=\frac{1}{\left[1+\left(\frac{x}{h}\right)^2\right]^2}t_0 \tag{2.2.17}$$

图 2.2.13 给出了点蒸发源与小平面蒸发源的相对厚度分布曲线。从式 (2.2.13) 和式 (2.2.17) 可以看出，两种蒸发源在基片上沉积的膜层厚度虽然很近似，但是由于蒸发源形状不同，在给定蒸发材料、蒸发源和基片距离的情况下，小平面蒸发源的最大厚度可为点蒸发源的四倍左右。

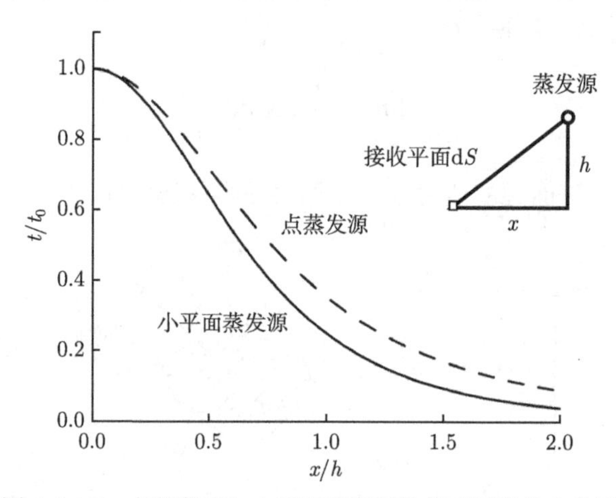

图 2.2.13　点蒸发源与小平面蒸发源的相对厚度分布曲线

3. 细长平面蒸发源

细长平面蒸发源的发射特性如图 2.2.14 所示。设基片与长度为 l 的细长平面蒸发源平行，源–基距离为 h，细长平面与中心点距离 x 的微小蒸发面积为 dS。在 x-y 平面上任意一点 (x,y) 的微小面积为 dσ，当 dS 与 dσ 间的距离为 r 时，

由图 2.2.14 中几何关系可得

$$\begin{cases} \cos\theta = h/r \\ r^2 = (x-S)^2 + a^2 \\ a^2 = h^2 + y^2 \end{cases} \tag{2.2.18}$$

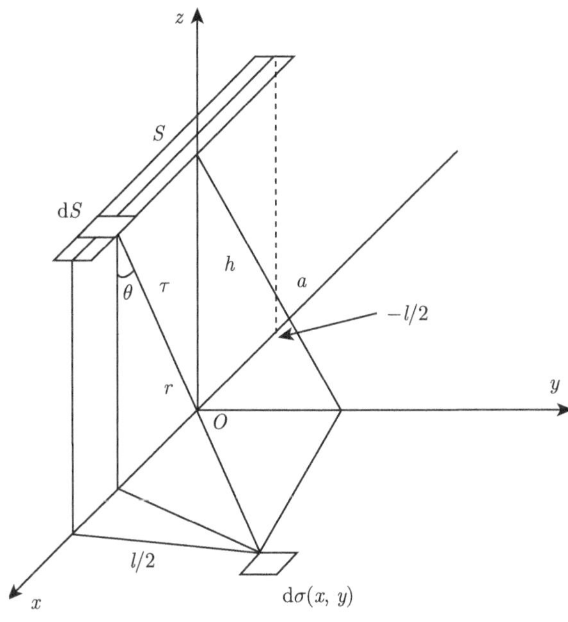

图 2.2.14　细长平面蒸发源的发射特性

当蒸发物质 m 均匀分布在蒸发源内时，在蒸发源 dS 面上的质量 dm 为

$$\mathrm{d}m = (m/l)\,\mathrm{d}S \tag{2.2.19}$$

此时，细长平面蒸发源等同于小平面蒸发源。式 (2.2.19) 中 l 为细长平面蒸发源的长度。通过上述计算方法可得薄膜厚度分布公式:

$$t = \frac{mh^2}{2\pi l\rho a^2}\left[\frac{l\left(a^2 - x^2 + \dfrac{l^2}{4}\right)}{\left(a^2+x^2\right)^2 + \left(a^2 - x^2\right)\dfrac{l^2}{4} + \dfrac{l^4}{16}} + \frac{1}{a} + \arctan\frac{la}{a^2 + x^2 - \dfrac{l^2}{4}}\right] \tag{2.2.20}$$

在原点处，由于 $x = 0$，$a = h$，则膜厚 t_0 为

$$t_0 = \frac{m}{2\pi l\rho a^2}\left[\frac{l}{n^2\left(l^2/4\right)} + \frac{1}{h}\arctan\frac{lh}{h^2 + l^2/4}\right] \tag{2.2.21}$$

4. 环状平面蒸发源

在实际蒸发中，当基片处于旋转状态时，点蒸发源就类似于环状平面蒸发源(简称“环源”)。采用环状平面蒸发源可以在更大面积上得到较好的膜厚均匀性。图 2.2.15 为环状平面蒸发源的发射特性示意图，其中 R 为环状平面蒸发源半径。

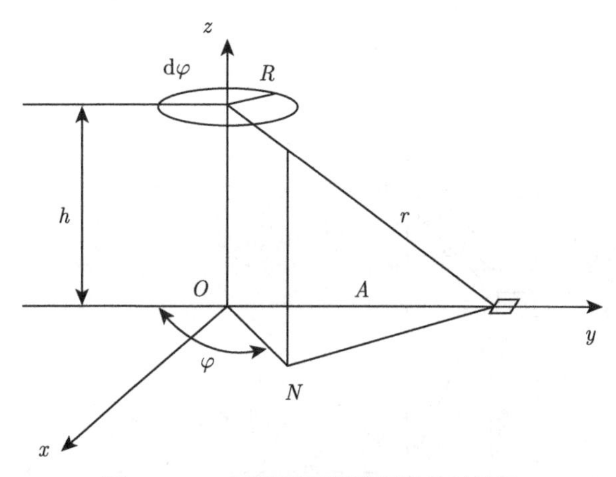

图 2.2.15 环状平面蒸发源的发射特性

φ-基片在投影平面上的相对旋转角度；$\mathrm{d}\varphi$-旋转角度的微分；N-基片在投影平面上的相对位置；A-基片与中心点 O 的距离

若在环上取一单元面积 $\mathrm{d}S_1$，则单位时间蒸发到接收面上的膜材质量为

$$\mathrm{d}m = \frac{m}{2\pi}\mathrm{d}\varphi \tag{2.2.22}$$

根据图 2.2.15 中的几何性质，采用上述计算方法可得到薄膜厚度分布公式：

$$t = \frac{mh^2}{2\pi\rho}\frac{2h^2 + (A+R)^2 + (A-R)^2}{\left[h^2 + (A+R)^2\right]^{3/2}\left[h^2 + (A-R)^2\right]^{3/2}} \tag{2.2.23}$$

在 $\mathrm{d}S_1$ 正下方原点处的膜厚为

$$t_0 = \frac{mh^2}{\pi\rho}\frac{1}{(h^2 + R^2)^2} \tag{2.2.24}$$

利用环状平面蒸发源的膜厚分布如图 2.2.16 所示，选择适当的 R 与 h 比值，在蒸发源平面上相当大范围内膜厚分布是比较均匀的。对于一定的 R，可由式 (2.2.23) 计算出源–基距离为 h 平面上的膜厚分布。

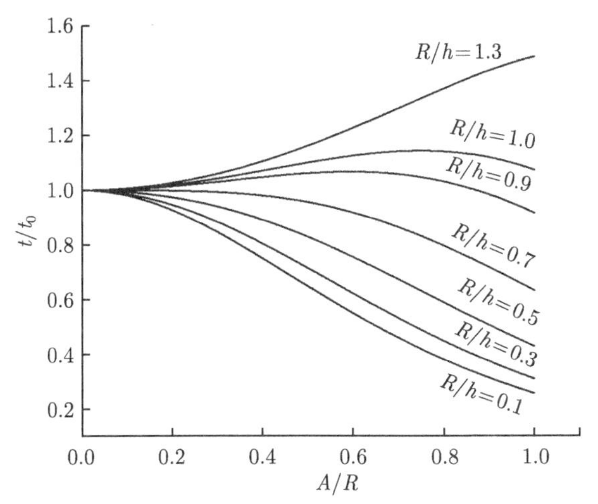

图 2.2.16　利用环状平面蒸发源的膜厚分布

2.2.3　基板配置

1. 点源与基板相对位置的配置

如果点源和基板能满足如图 2.2.17 所示的位置关系，也能获得均匀的膜厚。式 (2.2.11) 中的 $\cos\theta = 1$ 时，t 值为常数，即

$$t = \frac{m}{4\pi\rho}\frac{1}{r^2} \tag{2.2.25}$$

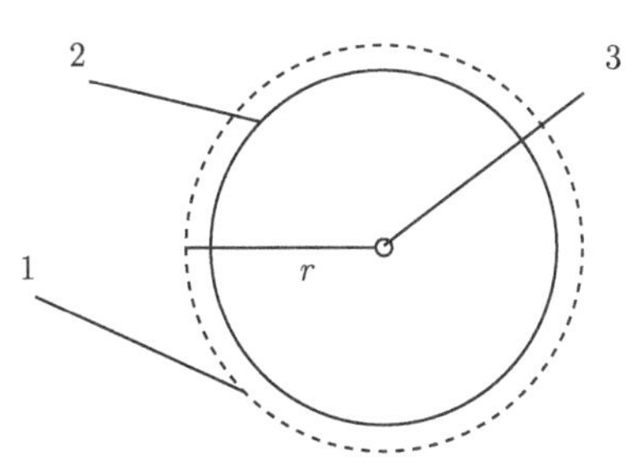

图 2.2.17　点蒸发源的等膜厚面

1-基板；2-球面基板支架；3-点蒸发源

在这种情况下，膜厚仅与蒸发材料的性质、半径 r 的大小及蒸发源所蒸发出来的质量 m 有关。这种球面布置在理论上保证了膜厚的均匀性。

2. 小平面源与基板相对位置的配置

在以点源为中心的球面上均可获得均匀膜厚，因此球面上可放置基板。但是，实际操作过程中，点源只能放置少量镀料，难以制作厚膜及在大量基板上成膜。实际生产过程中，镀膜技术多采用蒸发舟或坩埚，其发射特性近似于小平面源，其等膜厚面为蒸发源所在的球面。当小平面蒸发源为球面基板支架的一部分时，在内球体表面上的膜厚分布是均匀的，这是因为：

$$\mathrm{d}m = \rho t \mathrm{d}S_2 \tag{2.2.26}$$

$$\mathrm{d}m = \frac{m}{\pi}\frac{\cos^2\theta}{r^2}\mathrm{d}S_2 \tag{2.2.27}$$

微小平面源的等膜厚面如图 2.2.18 所示，微小平面源与基板间的配置关系：

$$r = 2R\cos\theta \tag{2.2.28}$$

可以看出，在这种配置下，膜厚 t 的分布与 θ 角无关。对于一定半径 R 的球面基板支架，其内表面的沉积膜厚只与蒸发材料的性质、R 的大小及蒸发源所蒸发出来的质量有关。因此，将基板置于半径为 R 的等膜厚球面上即可实现等膜厚沉积。为此，常采用下述两种方法。

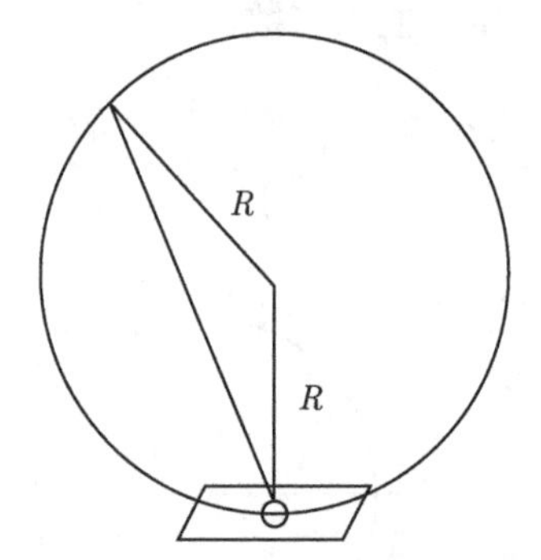

图 2.2.18　微小平面源的等膜厚面

第一种方法是采用旋转球面基板托架。在半球面上放置多块基板，其最大圆心角，即基板有效放置角为 ϕ，球面托架绕中心轴旋转。如果希望较高的蒸镀速率或希望蒸发材料尽可能垂直入射基板，则要求蒸发源离基板近一些。旋转球面基板托架方式中，膜厚分布与基板有效放置角 ϕ 之间的关系如图 2.2.19 所示。

第二种方法是采用行星式基板托架，如图 2.2.20 所示。放置基板的行星式托架一边绕着中心轴公转，一边绕 P 轴自转。用这种方法获得的膜厚分布与图 2.2.16 所示的情况在原理上是一样的，但由于托架的公转和自转，膜厚分布更佳。这种基板相对位置配置的优点是，蒸发材料到基板的入射角随基板自转而变化。

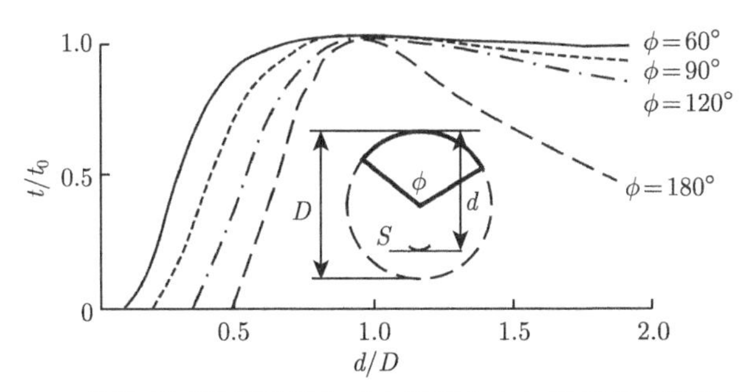

图 2.2.19　旋转球面基板托架方式中膜厚分布与基板有效放置角的关系

D-球面直径；d-球面顶端与基板的距离

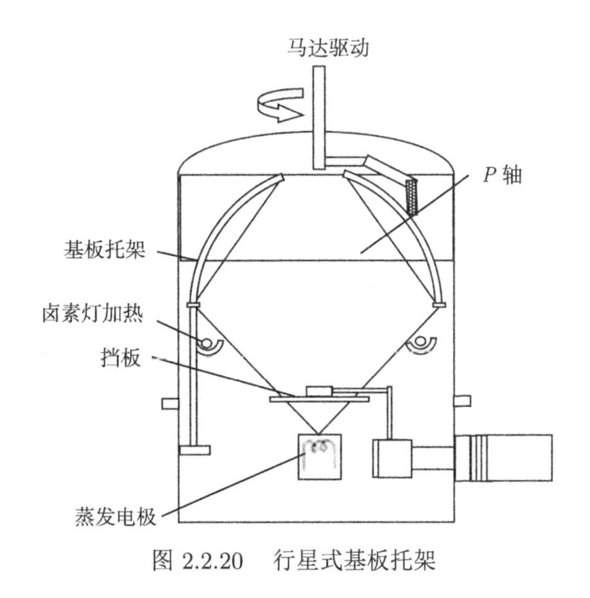

图 2.2.20　行星式基板托架

3. 环形源与基板相对位置的配置

如图 2.2.21 所示，通过将多个点蒸发源环形设置，也能实现蒸镀膜的膜厚分

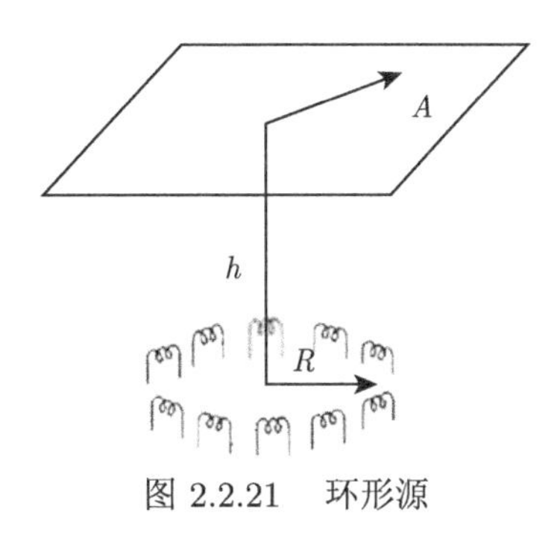

图 2.2.21　环形源

布呈环形。详细的计算结果如图 2.2.22 所示，在 $A = R(= 1)$ 的范围内可获得良好的膜厚分布。实际上，为获得这种分布也无须很多点蒸发源，只要使基板旋转即可，如图 2.2.23 所示。为了改善基板超出环形源之外那一部分的膜厚分布，图中最外圈的基板倾斜布置。

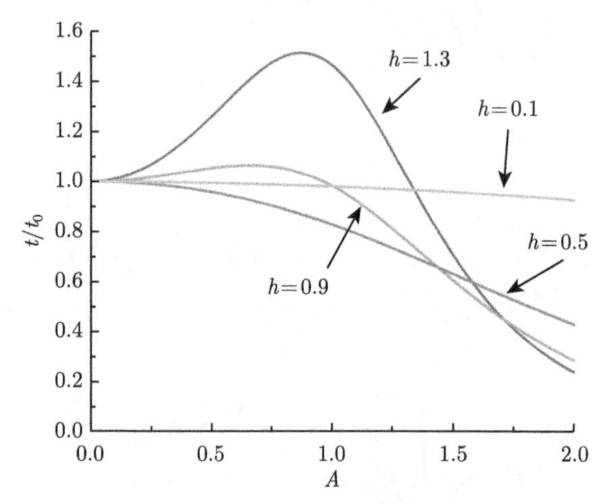

图 2.2.22　环形连续点源 (环形源) 的发射特性 ($R = 1$ 的情况)

图中 A 表示大致范围刻度，没有单位

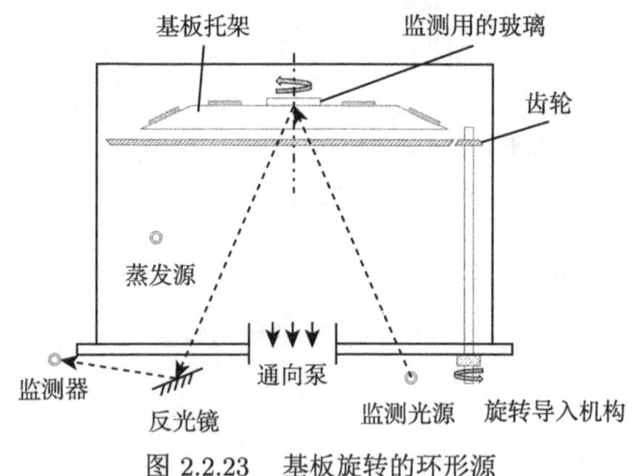

图 2.2.23　基板旋转的环形源

4. 细长平面蒸发源与基板相对位置的配置

对于细而长的基板，需要采用如图 2.2.24 所示的细长平面蒸发源 (大多数情况下是并列布置的点源)，基板在其下方沿 y 方向移动。采用这种细长平面蒸发源的膜厚分布如图 2.2.25 所示。

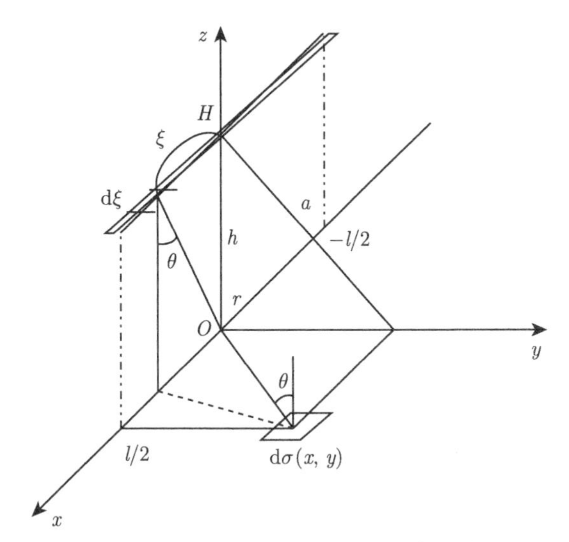

图 2.2.24　细长平面蒸发源 (基板平行放置)

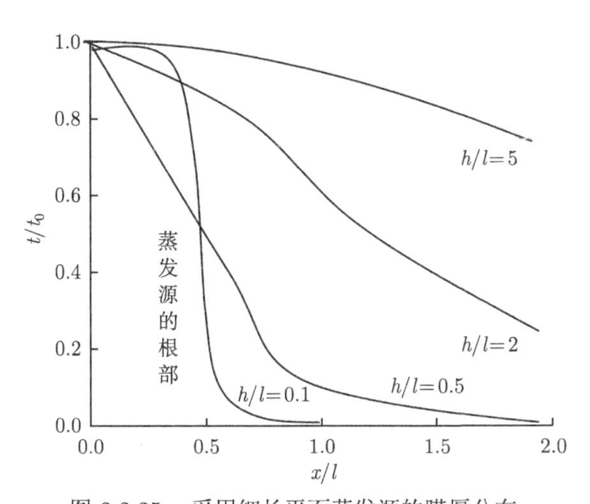

图 2.2.25　采用细长平面蒸发源的膜厚分布

5. 小面积基板和大面积基板对蒸发源的配置要求

如果被蒸镀的面积比较小，这时可将蒸发源直接配置于基板的中心线上，基板距蒸发源高度 $h=(1\sim1.5)\,D$，D 为基板直径，如图 2.2.26 所示。

为了在较大尺寸的平板形基板上也能获得均匀的膜厚，采用多个分离的点源代替单一点源或小平面源，这是一种最简便的方法。这时蒸发膜厚的分布表达式为

$$\varepsilon=\frac{t_{\max}-t_{\min}}{t_0} \tag{2.2.29}$$

式中，ε 为 $x \leqslant |\pm 1/2|\,l$ 范围内的膜厚最大相对偏差，l 为基板尺寸；$t_{\max}$ 为 $x \leqslant |\pm 1/2|\,l$ 范围内的最大膜厚；$t_{\min}$ 为该范围内的最小膜厚；t_0 为 $x = 0$ (原点) 处的膜厚。

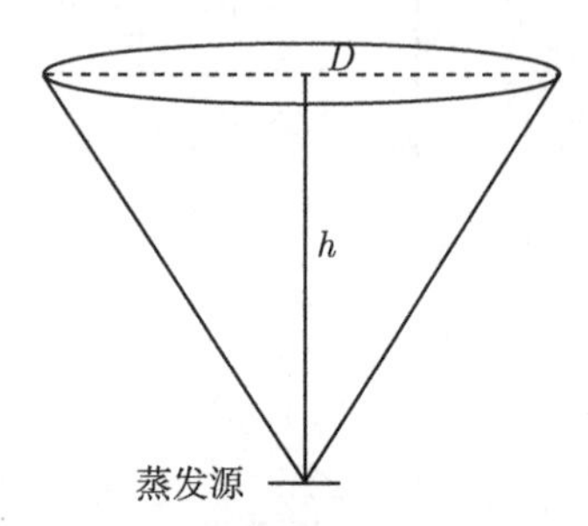

图 2.2.26　小面积基板与蒸发源的配置

图 2.2.27 所示为多个点源配置对膜厚均匀性的影响，横坐标轴表示膜厚的均匀性 (x')。可见，蒸发源的位置和蒸发速率对膜厚均匀性有较明显的影响。

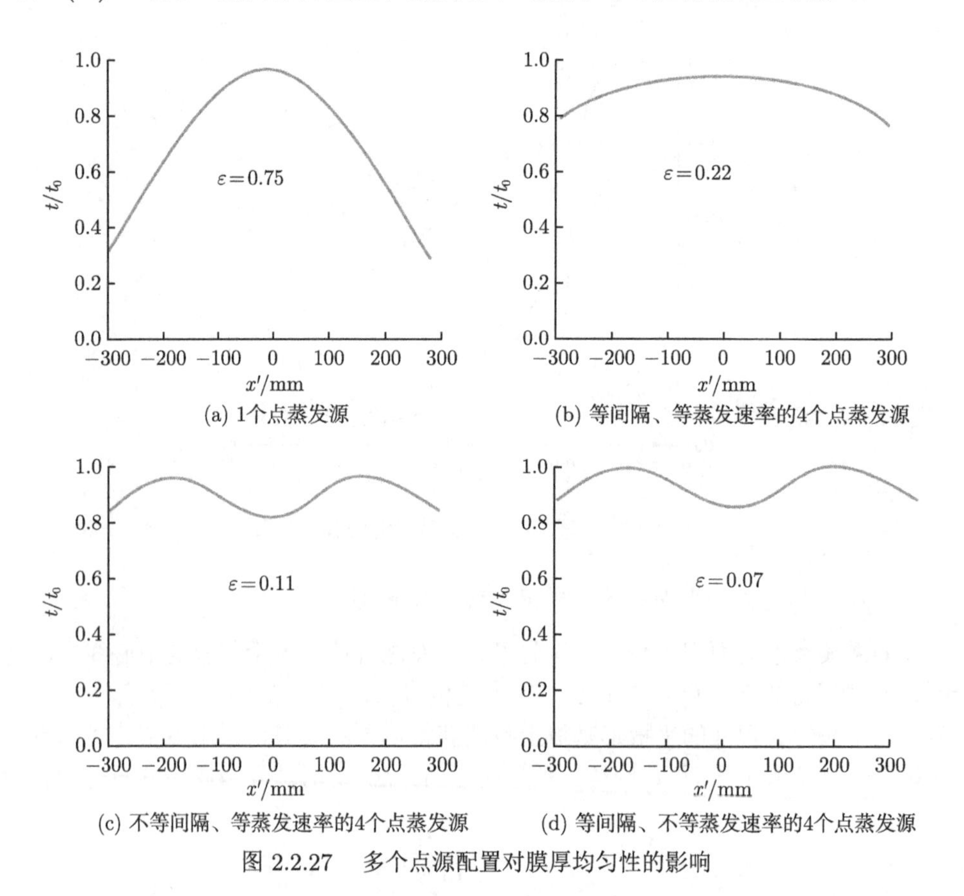

(a) 1个点蒸发源　(b) 等间隔、等蒸发速率的4个点蒸发源

(c) 不等间隔、等蒸发速率的4个点蒸发源　(d) 等间隔、不等蒸发速率的4个点蒸发源

图 2.2.27　多个点源配置对膜厚均匀性的影响

6. 其他基板托架机构

关于放置基板的托架机构，除上述之外还有很多种。例如，为了对天文台所用的直径为 8m 的镜片进行镀膜，即使采用环形源，也必须要有一个直径为 10m、高 3m 的巨大真空容器。这种情况下，由于基板与蒸发源的距离太大，不仅蒸镀速率下降，而且得不到优质膜。针对这种情况，可以在靠近基板处，几乎是等间距 (设置的密度相同) 设置很多蒸发源。图 2.2.28 所示是可更换掩模机构的蒸镀设备。掩模装在掩模托架上，通过平移机构的升降及旋转机构的旋转进行移动。图 2.2.29 给出了几种适用于大量小尺寸基板同时蒸镀的基板托架机构。

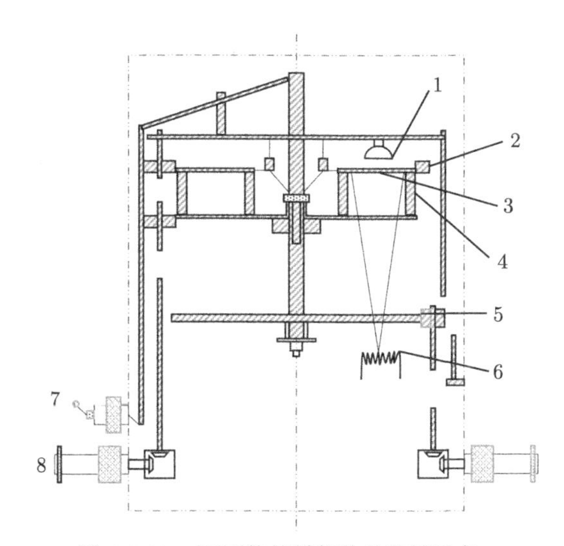

图 2.2.28　可更换掩模机构的蒸镀设备

1-加热器；2-基板托架；3-掩模；4-掩模托架；5-挡板；6-蒸发电极；7-旋转机构；8-平移机构

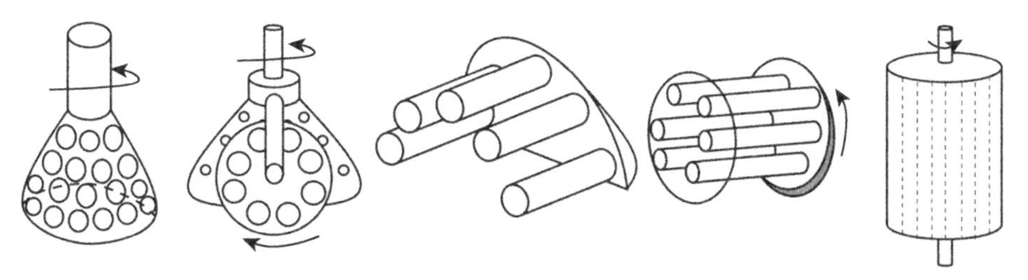

(a) 圆顶式卡具　(b) 行星式卡具　(c) 多轴自转卡具　(d) 横型自/公转卡具　(e) 单轴自转卡具

图 2.2.29　适用于大量小尺寸基板同时蒸镀的基板托架机构

2.2.4　合金及化合物的蒸发

对于由两种或两种以上元素组成的合金或化合物，在蒸发时应注意控制各成分的蒸发速率，以获得与蒸发材料化学组成相同的膜层。

1. 合金的蒸发

由于各成分材料的饱和蒸气压不同，蒸发二元以上的合金及化合物的蒸发材料在气化过程中，各成分的蒸发速率也不同，导致蒸发源发生分解和分馏，引起薄膜成分发生偏离。为了解决这个问题，采用真空蒸镀制作预定组成的合金薄膜，经常采用瞬时蒸发法、双源或多源共蒸发法等。

1) 瞬时蒸发法

瞬时蒸发法又称闪烁蒸发法 (简称“闪蒸法”)，它是将细小的合金颗粒逐次送到炽热的蒸发器或坩埚中，使一个个的颗粒实现瞬间完全蒸发。如果颗粒尺寸很小，几乎能够对任何成分进行同时蒸发，故瞬时蒸发法常用于合金中元素的蒸发速率相差很大的情况。这种方法的优点是能够获得与蒸发材料成分一致的薄膜，也可以进行掺杂蒸发等，缺点是蒸发速率难以控制[4]。

图 2.2.30 为瞬时蒸发法工作原理图。采用这种方法的关键是以均匀的速度将蒸发材料供给蒸发源，并选择合适的粉末粒度、蒸发温度和落下粉尘料的比率。钨丝锥形筐是用作蒸发源比较好的结构，如果使用蒸发舟和坩埚，瞬间未蒸发的粉体颗粒就会残存下来，从而转变为普通蒸发。这种蒸发法已用于各种合金膜 (如 Ni-Cr 合金膜)、Ⅲ~V 族及 Ⅱ~Ⅵ 族半导体化合物薄膜的制备。对磁性金属化合物，已成功制备了 MnSb、MnSb-CrSb、CrTe 及 $MnSGe_3$ 等薄膜。

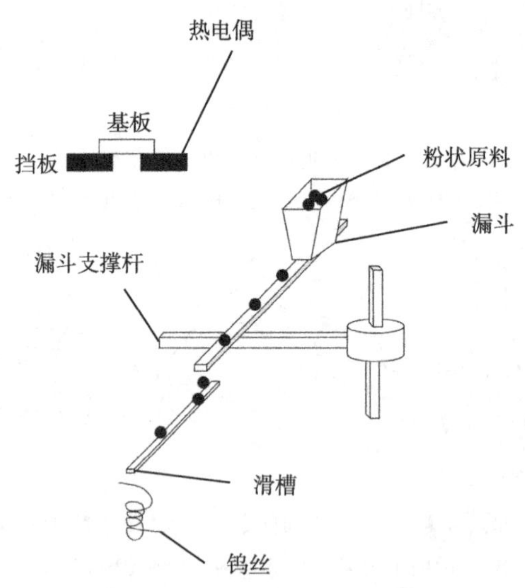

图 2.2.30 瞬时蒸发法工作原理图

2) 双源或多源共蒸发法

除闪蒸法以外，双源或多源共蒸发法也能实现合金薄膜的制备。采用这种方法时，将合金的每一个成分分别装入各自的蒸发源中，独立控制各蒸发源的蒸发速率，使到达基板的各种原子比例与所需合金薄膜的组分相对应。为使薄膜厚度均匀，常常需要转动基板。

图 2.2.31 为双源共蒸发原理图，采用双源共蒸发有利于提高膜层成分分布的均匀性。

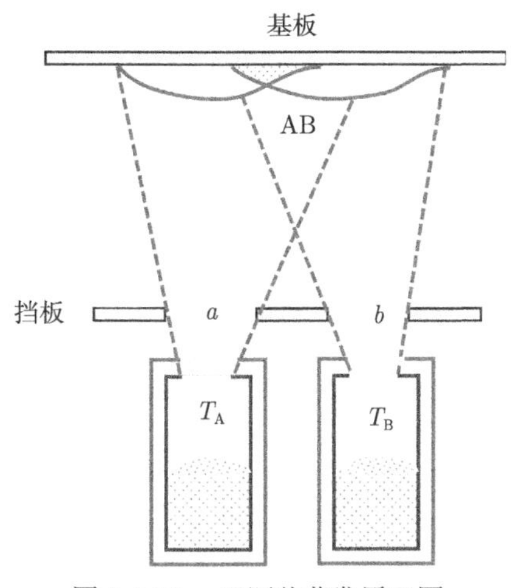

图 2.2.31　双源共蒸发原理图

T_A-物质 A 的蒸发温度；T_B-物质 B 的蒸发温度；a-物质 A 的蒸气流；b-物质 B 的蒸气流；AB-合金薄膜

2. 化合物的蒸发

化合物的蒸发方法主要有以下几种：电阻加热法、反应蒸发法、双源或多源共蒸发法、三温度法和热壁法等。电阻加热法前面已经介绍。反应蒸发法主要用于制备高熔点的绝缘介质薄膜，如氧化物、氮化物和硅化合物等。三温度法和热壁法主要用于制作单晶半导体化合物薄膜，特别是 Ⅲ~V 族化合物半导体薄膜、超晶格薄膜及各种单晶外延薄膜等。

1) 反应蒸发法

反应蒸发法是指将活性气体导入真空室，在基片表面沉积过程中，活性气体的原子、分子与从蒸发源逸出的金属原子、低价化合物分子发生反应，从而形成所需的高价化合物薄膜。热分解严重、饱和蒸气压低而难以用电阻加热蒸发的材料可采用这种方法。反应蒸发法经常被用来制作高熔点的化合物薄膜，特别适合制作过渡金属与易解析的 O_2、N_2 等反应气体所组成的化合物薄膜。反应蒸发法能在较低温度下进行，反应过程中的析出或凝聚作用并不强烈，容易得到均匀分散的化合物薄膜。为了加速反应，可采用蒸发金属和部分活性气体放电的方法，从而衍生出活性反应蒸发法，其原理与活性反应离子镀相同。用反应蒸发法制备的薄膜，其组分和结构主要取决于反应材料的化学性质、反应气体的稳定性、形成化合物的自由能、化合物的分解温度，以及反应气体对基片的入射角度、分子离开蒸发源的蒸发速率和基片温度等参数。反应蒸发镀膜原理如图 2.2.32 所示。

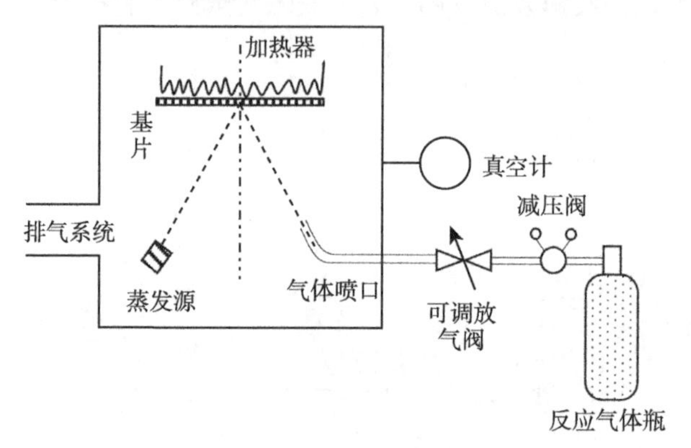

图 2.2.32　反应蒸发镀膜原理示意图

2) 三温度法

三温度法从原理上讲就是双蒸发源反应蒸发法。把 Ⅲ~V 族化合物半导体材料置于坩埚内加热蒸发，当温度在沸点以上时，半导体材料就会发生热分解，从而分馏出组分元素。因此，沉积在基片上的膜层会偏离化合物的化学计量比。由于 V 族元素的蒸气压比 Ⅲ 族元素大得多，所以发展了如图 2.2.33 所示的三温度

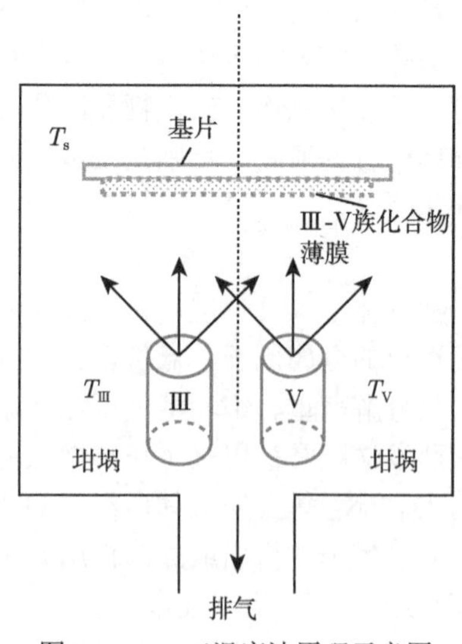

图 2.2.33　三温度法原理示意图

法。这种方法分别控制低蒸气压元素 (Ⅲ 族) 的蒸发源温度 $T_{\text{Ⅲ}}$、高蒸气压元素 (V 族) 的蒸发源温度 T_{V} 和基片温度 T_{s}。它实际上相当于在 V 族元素的气氛中蒸发 Ⅲ 族元素，从这个定义上讲，三温度法也类似于反应蒸发法。

3) 热壁法

为了获得外延生长膜，人们研究了热壁法。热壁法是利用加热的石英管等 (热壁) 把蒸发分子或原子从蒸发源导向基板，进而生成薄膜。通常，热壁较基板处于更高的温度。整个系统置于高真空中，由于蒸发管内有蒸发物质，因此压力较高。封闭的热壁结构除可防止蒸气向外部散失外，还可控制组分的蒸气压。与普通的真空蒸镀法相比，热壁法最显著的特点是在热平衡状态下成膜。这种方法在 Ⅱ~Ⅵ 族、Ⅳ~Ⅵ 族化合物半导体薄膜的制备应用中获得了良好的效果。

图 2.2.34 所示是为制取 PbSnTe 薄膜所采用的热壁外延生长装置。采用热壁法可以形成超晶格结构，如 $\mathrm{PbTePb_{1-x}Sn_xTe}$ 等。与分子束外延相比，热壁法简便、价格便宜，但可控性和重复性较差。

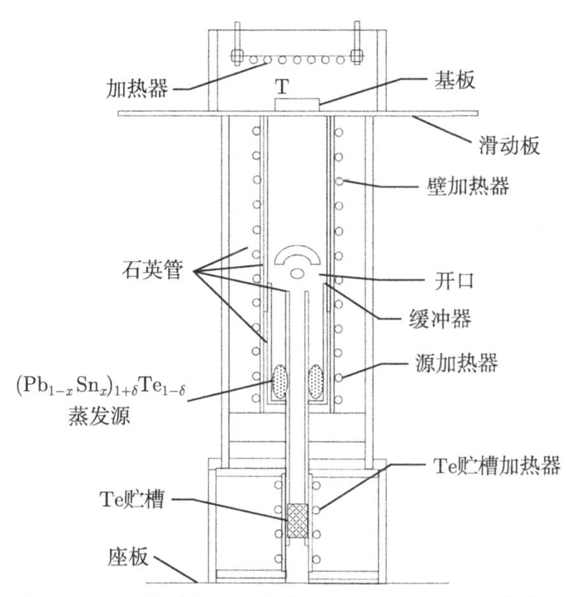

图 2.2.34　热壁外延生长装置 (制取 PbSnTe 薄膜)

2.3　本 章 小 结

2.1 节主要介绍了真空蒸发镀膜的基本原理。在真空环境下，加热镀料使其原子或分子从表面气化逸出，形成蒸气流，入射到基片表面，凝结形成固态薄膜。高真空确保蒸发原子几乎不与气体分子发生碰撞，不损失能量。因此，蒸发原子到达基片表面后，有一定的能量可用于扩散、迁移，从而可形成致密的高纯度膜。本节推导了饱和蒸气压和温度、气化热的关系，介绍了分压定律和拉乌尔定律。通过麦克斯韦速率分布函数得到蒸发粒子的速度与能量，对绝大部分可以热蒸发的薄膜材料，部分气化热用来克服固体或液体中原子间的吸引力。在真空蒸发过程中，熔融的液相与蒸发的气相处于动平衡状态，计算表明，蒸发源微小的温度变化会剧烈改变蒸发速率。

2.2 节主要介绍了蒸发源的各种特性。首先介绍了不同加热方式，常见的有电阻式加热、电子束蒸发、高频感应加热、弧光放电加热、分子束外延方法和脉冲激光烧蚀等一系列方式，各自都有优缺点，考虑应用场景选择。其次介绍了各种形状蒸发源的发射特性，包括点蒸发源、小平面蒸发源、细长平面蒸发源、环状平面蒸发源，还讨论了不同蒸发源与基板相对位置对膜厚分布的影响。再次介绍了各种基板的托架装置。最后介绍了合金及化合物的蒸发，合金的蒸发方法有瞬时蒸发法、双源或多源共蒸发法；化合物的蒸发方法主要有电阻加热法、反应蒸发法、双源或多源共蒸发法，此外还有三温度法和热壁法等。

习　题

2.1 一般真空蒸镀需要的真空度 (Pa) 大概为多大数量级？请定量解释你的结论。

2.2 何谓饱和蒸气压？试由克拉珀龙–克劳修斯方程推导饱和蒸气压与温度的关系。

2.3 假设 Zn 和 Ti 的蒸发温度分别是 500℃ 和 1700℃，请分别求出二者蒸发粒子的 $\bar{v}$、v_{p} 和平均动能 (用 eV 表示)。

2.4 解释合金蒸发时表征各个组元分压的拉乌尔定律。

2.5 估计 1430K 时 Ag 的最大蒸发速率和质量蒸发速率。

2.6 对电阻蒸发源材料的要求有哪些？常用的电阻蒸发源材料有哪几种？

2.7 在电子束加热蒸镀装置中，设电子束的加速电压为 15kV，电子束流强度为 100mA，试求电子速度、电子能量及电子束功率。

2.8 在 e 型电子枪蒸镀装置中，设电子束的加速电压为 15kV，偏转磁场的磁感应强度为 400Gs ($1\mathrm{T} = 10000\mathrm{Gs}$)，请计算电子束的偏转半径。若分别提高加速电压、增强偏转磁场，则电子束偏转半径将分别怎样变化？

2.9 在真空蒸镀铝膜时，若基片离蒸发源的垂直距离为 25cm，为了获得光滑、无氧化的膜层：

(1) 蒸发时镀膜室内的起始压强为多少？

(2) 在 1300K 温度下，铝的蒸发速率为多少？

(3) 若获得的平均膜厚为 200nm，则蒸发时间有多长？

2.10 针对点源和小平面蒸发源两种情况，分别推导出膜厚与基片所在位置关系的表达式。

2.11 现有一球形玻璃泡，欲在其内表面蒸上铝膜。蒸发源是一平面状铝片，试证明：如果将蒸发源放在玻璃泡底部，就能得到均匀分布 (蒸发源可视作小平面)。

2.12 为什么合金和化合物蒸发时，不易得到原成分比的薄膜？可采用什么办法？

2.13 设镀料为 Ni80%-Cr20%的电阻薄膜用合金，若在 1650℃ 蒸发，试求开始蒸发时所获薄膜的组成。

2.14 为了获得透射率高、表面电阻低的 ITO 膜，在 In_2O_3-SnO_2 蒸镀膜中 SnO_2 的含量应在什么范围？

2.15 利用反应蒸发法制取化合物薄膜时，蒸发原子与活性气体的反应主要发生在什么地方？解释你的结论。

2.16 说明脉冲激光烧蚀 (PLA) 合金或化合物时膜层能较好保持镀料成分的理由。

2.17 采用脉冲激光烧蚀可获得不发生相分离的 YBaCuO 超导膜，试说明理由。

2.18 何谓分子束外延？请简述分子束外延的特点。

2.19 何谓同质外延和异质外延？请分别举例说明。

2.20 何谓失配度？请画出不同失配度界面的原子排列情况。

2.21 为获得高质量的异质外延膜，应采取哪些措施？

2.22 举例说明异质外延膜的应用。

2.23 请说明分子束外延设备和分子束外延应用的最新进展。

参考文献

[1] 刘昕, 邱肖盼, 江社明, 等. 真空蒸镀制备 Zn-Mg 镀层的研究进展 [J]. 材料保护, 2019, 52(8): 133-137.

[2] 甄聪棉, 李壮志, 侯登录, 等. 真空蒸发镀膜 [J]. 物理实验, 2017, 37(5): 27-31.

[3] 朱平, 农仕东, 席永钊. 道尔顿气体分体积定律证明的不同方法 [J]. 普洱学院学报, 2020, 36(6): 32-33.

[4] 段兴凯, 江跃珍. 瞬时蒸发法制备 Bi 薄膜的微观结构及电输运性能 [J]. 材料科学与工程学报, 2009, 27(3): 412-414, 433.

第 3 章　溅射镀膜

3.1　溅射原理

3.1.1　概述

利用具有一定能量的粒子或者粒子束轰击固体表面，粒子或者粒子束的能量会有一部分传递给固体表面的原子，固体表面的原子会脱离表面，这种现象被称为溅射 [1]。利用溅射原理制备各种薄膜的方法称为溅射镀膜。溅射镀膜的一般方法：在真空腔中，利用高能粒子轰击靶材表面，使靶材上的粒子飞出并沉积到基片上。

带电荷的离子在电场中加速后具有一定动能，利用这个特点使高能离子轰击靶材，这是溅射镀膜的一个基本原理。粒子经过加速后轰击靶材，靶材上的粒子受到高能粒子的轰击便会携带一定的能量，沿着一定角度离开靶材表面，飞向基片，从而在基片上形成薄膜。溅射出的粒子常被称为溅射原子，大多呈原子状态。电子、离子或中性粒子都可以用作高能粒子轰击靶材表面。但是，只有在电场中容易获得能量的物质才会被用来作为轰击粒子，所以离子是作为轰击粒子的首选，被称为入射离子。因此，溅射镀膜方法被称为离子溅射沉积或离子溅射镀膜。

法拉第 (Faraday) 是第一个发现溅射现象的科学家。1853 年，法拉第发现气体放电实验的放电玻璃管内壁上出现了金属沉积现象，当时他很难理解这种现象的出现，甚至认为这是一个不好的现象，并想办法防止这种现象的产生。直到 1902 年，Goldstein 解开了谜团，他证明沉积金属是正离子轰击阴极溅射出的产物。从溅射现象的发现到离子溅射在镀膜技术中应用，经历了许多年的发展。

20 世纪 30 年代，已有人利用溅射现象在实验室中制备薄膜。60 年代初，贝尔 (Bell) 实验室和 Western Electric 公司利用溅射现象制备了集成电路用的 Ta 膜，从而开始了溅射现象的工业应用。1963 年，已制作出连续溅射镀膜装置，其全长约 10m。1965 年，IBM 公司研究出射频溅射法，使绝缘体材料的溅射镀膜成为可能，引起了业界广泛关注。此外，同轴磁控管溅射装置和三极溅射装置的出现实现了高真空下的溅射镀膜。1969 年，Battelle Pacific Northwest 实验室制作了三极高速溅射装置，该装置简易实用。1974 年，Chapin 实现了高速、低温溅射镀膜，并发表了关于平面磁控溅射装置的文章。由于平面磁控溅射装置的完善和普及，溅射镀膜成为工业领域的重要技术方法。

3.1.2　辉光放电

气体放电是溅射离子的主要来源，辉光放电是溅射的基础，不同的辉光放电方式对应着不同的溅射技术 [2]。直流辉光放电对应着直流二极溅射；热阴极支持的辉光放电对应着三极溅射；射频辉光放电对应着射频溅射；环状磁场控制下的辉光放电对应着磁控溅射。

在真空度为 1~10Pa 的稀薄气体中，放置两个电极，并在电极上施加电压，就会产生气体放电现象，这就是辉光放电。直流溅射沉积示意图如图 3.1.1 所示，需要溅射的材料称为靶材，靶材作阴极，基片作阳极，两极之间有数千伏高压。阳极有时接地，有时处于浮动电位，也有时处于一定的正负电位。先对系统抽真空，到达一定真空度以后，作为气体放电载体的氩气 (或其他惰性气体) 被送进系统，氩气的气压一般为几帕。正负高压的作用使两极间的气体原子发生电离，Ar 原子电离成 Ar^+ 和可以独立运动的电子，在电场的作用下，电子向阳极移动，带正电荷的 Ar^+ 飞向阴极并与靶材碰撞，释放出大量能量，靶材表面的原子在碰撞作用下离开靶材并向基片运动。在这一系列的变化中，二次电子、离子、光子等其他粒子也可以从靶材表面飞出。

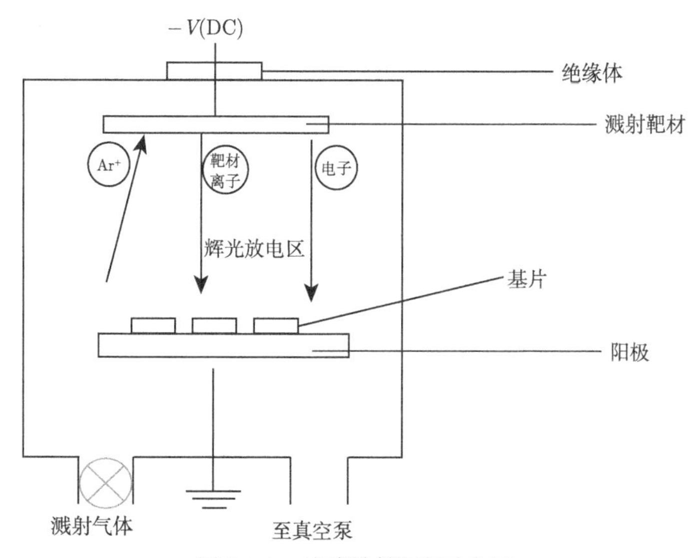

图 3.1.1　直流溅射沉积示意图

一个直流气体放电系统如图 3.1.2(a) 所示，直流电源电动势为 E，提供电压 V 和电流 I，电阻 R 为限流电阻。直流气体放电系统满足以下关系：

$$V = E - I \cdot R \tag{3.1.1}$$

初始阶段，真空容器中气体压强为 1Pa 左右，此时两个电极之间几乎没有电流通过，气体原子大多处于中性状态，在电场的作用下，电离离子做定向移动，慢慢升高两电极间的电压时，电离离子的运动也随之加快，放电电流就会随着电压的升高而增加。图 3.1.2(b) 中，曲线的开始阶段称为汤森放电 (Townsend discharge)，在宏观上表现出微弱电流。随着放电电流的迅速增加，电压发生缓慢变化。初始阶段继续增加电压时，电离离子的速度就会趋于饱和，电流不再随着电压的增加而增加，即电流达到了饱和，该饱和值的大小由原来已经电离的原子数决定。如果电压继续增加，电离离子与阴极之间、电子与气体分子之间的碰撞变得越来越频繁，此时外电路转移给电子与离子的能量也越来越大。电子的碰撞使气体分子开始电离，与此同时，电离离子与阴极碰撞，释放出二次电子，这些现象的结果就是产生了新的电离离子和电子，且在碰撞的过程中，离子和电子的数目急剧增加。

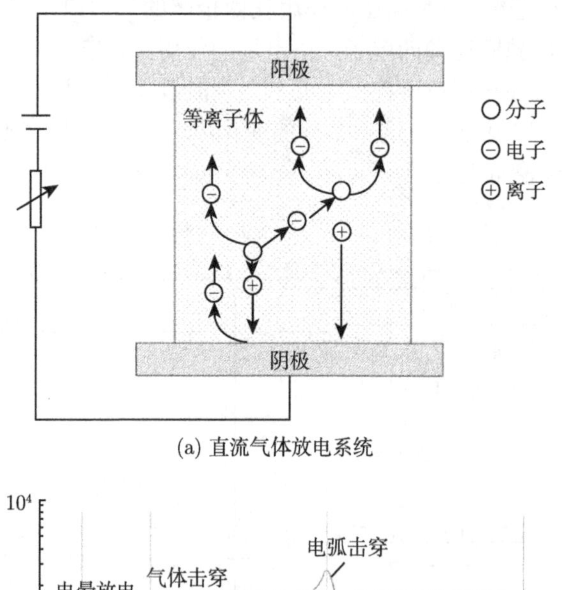

(a) 直流气体放电系统

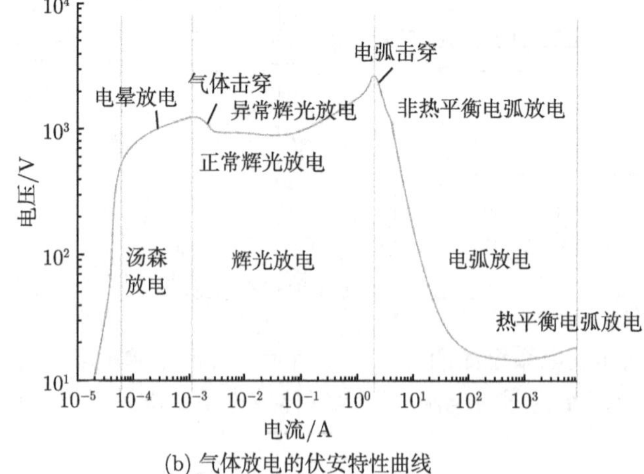

(b) 气体放电的伏安特性曲线

图 3.1.2　直流气体放电系统和气体放电的伏安特性曲线

电晕放电 (corona discharge) 阶段一般出现于汤森放电的后期，此时电场强度较高的电极尖端部位开始出现一些跳跃的电晕光斑。在汤森放电之后，气体突然发生放电击穿 (breakdown) 现象，电路的电流显著增加，同时放电电压大幅度下降。这一阶段存在明显的辉光，原因是导电粒子的数目大大增加，碰撞过程中的能量也足够高。气体被击穿时，随着电离程度的增加，气体的内阻明显下降。击穿前，放电区只集中于阴极的边缘和不规则处；击穿之后，整个电极都成了放电区。

电流继续增加时，辉光区域扩展到整个放电区域，辉光亮度进一步提高，电压也随着开始增大。主要原因是，放电拓展到整个电极区域后，只有增加电压才能使电流增加。

上述两个辉光放电 (glow discharge) 阶段分别被称为正常辉光放电和异常辉光放电。一般溅射方法采用的是异常辉光放电。辉光放电之后进入弧光放电阶段，电压突然下降，电流却快速增加。

辉光放电时，电极之间可划分为七个发光强度不同的放电区域，如图 3.1.3 所示，从阴极至阳极分别是阴极辉光区、阴极暗区、负辉光区、法拉第暗区、阳极柱区、阳极暗区和阳极辉光区。离子和电子从暗区的电场获取能量加速后，在辉光区发生碰撞、复合、电离。

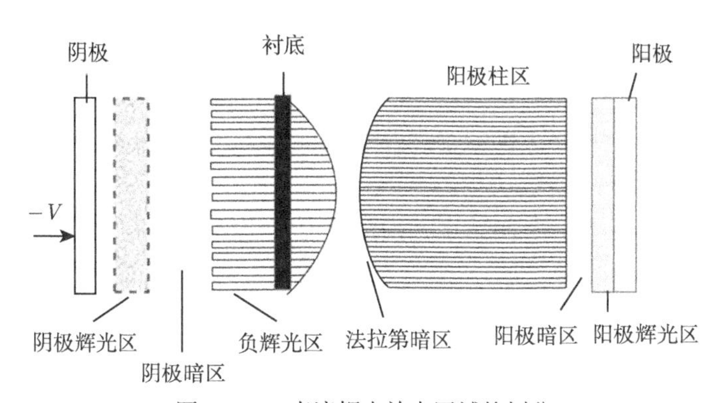

图 3.1.3　直流辉光放电区域的划分

在阿斯顿暗区从阴极表面发出的电子，刚从阴极跑出，能量较低，不足以使气体原子激发或者电离。当向阴极运动的正离子与阳极发射出的二次电子发生复合时就会产生阴极辉光，即阴极附近亮的发光层。二次电子和离子主要在阴极暗区加速，这个区域的电压几乎决定了整个放电电压。已获加速的电子与气体原子发生碰撞而电离的区域是负辉光区，该区域有大量的激发发光和复合发光，因此此区域的光最强。阴/阳极的电位降主要发生在负辉光区之前，维持辉光放电的电离大部分发生在阴极暗区。控制两极板之间的电压不变，仅改变距离，发现阴极到负辉光区的距离几乎不变，变化的主要是阳极光柱的长度。因为两极间的电位降主要发生在负辉光区之前，所以阳极 (基板) 至少应放在负辉光区以外远离阴极的一侧。

上面对于放电区域的划分只是一种比较典型的情况，实际情况中也可根据放电容器的尺寸、气体的种类、气压、电极的布置、电极材料的不同对放电区域进行划分。在图 3.1.3 中，由于靠近阴极，衬底实际上已被浸没在负辉光区中。辉光放电产生的条件：① 放电开始前，放电间隙中电场基本是均匀的；② 放电主要靠阴极发射电子的方式来维持；③ 放电气压 P 一般需要保持在 $4\sim10^2$Pa，太高可能出现弧光放电，太低则不能产生放电现象；④ 辉光放电的电流密度一般为 $10^{-1}\sim10^2$mA/cm^2，而电压为 300～5000V，属于高电压、小电流密度放电。

气体被击穿后具有了一定的导电性，通常把这类具有一定导电能力的气体称为等离子体，它由离子、电子，以及中性原子和原子团组成，宏观上呈电中性，它对外显示出像液体一样的整体连续性，这是因为等离子体中各种带电粒子之间存在静电相互作用。当发生辉光放电时，等离子体中粒子能量和密度较低、放电电压较高，等离子体中粒子质量较大的重粒子包括离子、中性原子和原子团，其能量远远低于电子的能量。因此，辉光放电的等离子体处于非热平衡状态。

以 4Pa 气压下的辉光放电为研究对象，应用理想气体定律 [3]，可以得到电子、离子与中性粒子的总密度应该是 3×10^{14} 个/cm^3，其中电子和离子占的比例大约为万分之一。经计算，等离子体中电子的平均动能为 2eV，对应的温度为 23000K。因此，离子及中性粒子仍处于低能状态，只有电子能量的百分之一到百分之二，相当于温度只有 300~500K。离子在通过电场时加速，获得了部分能量，因而离子能量略高于中性粒子的能量。

由于电子与离子具有不同速度，出现了排斥电子的等离子鞘层，使得处于等离子体中的物体相对于等离子体都呈现负电位，在物体的表面附近积聚正电荷。处于等离子体中的靶材和衬底表面会受到其中各种粒子的轰击，轰击靶材和衬底表面的各种粒子的密度取决于粒子的速度。轰击靶材和衬底表面的电子数远大于离子数，这是由于电子的质量远小于离子，因此靶材和衬底表面将出现多余的负电荷而呈现负电位，它们将会吸引离子并且排斥电子，从而到达靶材和衬底表面的离子数增加，电子数减少，直至到达靶材和衬底表面的离子数等于电子数，靶材和衬底表面才趋于平衡。这导致浸没在等离子体中的包括阴极和阳极的物质将在其表面形成一个等离子体鞘层，该鞘层的厚度与电子的密度和温度有关，典型厚度为 100μm 左右。图 3.1.4 是直流辉光放电的电位分布和等离子体鞘层示意图，由于外电场的叠加，阴极鞘层增大，阳极鞘层减小。

在辉光放电等离子体中，电子起了重要作用，它的速度与能量均高于离子，它不仅是等离子体导电过程中的主要载流子，而且在粒子的相互碰撞、电离过程中也做出了贡献。在整个放电通道中，电子起主要的导电和碰撞、电离的作用。暗区由电子构成，这是由于鞘层中电子密度较低，碰撞、电离概率较小。

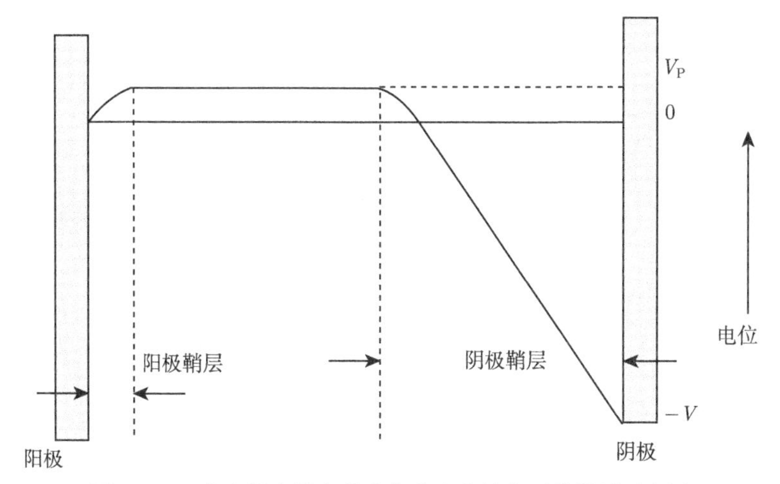

图 3.1.4 直流辉光放电的电位分布和等离子体鞘层示意图

3.1.3 基本概念

与溅射特性密切相关的参数主要有溅射阈值、溅射率、溅射原子的能量与速度等，以下介绍这几个参数的基本概念。

1. 溅射阈值

引起靶材原子溅射的入射离子的最小能量称为溅射阈值 [4]。随着测量技术的进步，已经可以测出低于 10^{-5} 个原子或离子的溅射阈值。不同入射离子的溅射阈值差距不大，但不同靶材的溅射阈值却有很大的不同。对处于元素周期表同一周期中的元素，溅射阈值随着原子序数的增加而减小。某些金属元素的阈值能量如表 3.1.1 所示。

2. 溅射率

通常采用 S 表示溅射率，溅射率又称为溅射产额或溅射系数，它的定义是正离子轰击靶阴极时，每个正离子平均能从靶阴极上打出 (溅射出) 的原子数 [4]。入射离子的种类、能量、角度，以及靶材的类型、温度、晶格结构、表面状态、升华热等因素都会影响溅射率。对于单晶靶材来说，晶面取向也会影响溅射率的大小。

1) 靶材料与溅射率的关系

在其他条件相同的情况下，利用同一种离子轰击不同元素的靶材，溅射率会有所不同。靶材的溅射率一般随靶材元素原子序数的增大而增大，呈现周期性变化，图 3.1.5 给出了溅射率和靶材元素原子序数的关系。从图中可以看出，铜、银、金、锰的溅射率较大；碳、硅、钛、铌、钽、硼等元素的溅射率较小。当用 400eV 的 Xe^+ 进行溅射时，金的溅射率最大，碳的溅射率最小。

表 3.1.1　某些金属元素的阈值能量　(单位：eV)

原子序数	元素	入射离子				原子序数	元素	入射离子			
		Ne^+	Ar^+	Kr^+	Xe^+			Ne^+	Ar^+	Kr^+	Xe^+
4	Be	12	15	15	15	41	Nb	27	25	26	22
11	Na	5	10	—	30	42	Mo	24	24	28	27
13	Al	13	13	15	18	45	Rh	25	24	25	25
22	Ti	22	20	17	18	46	Pd	20	20	20	15
23	V	21	23	25	28	47	Ag	12	15	15	17
24	Cr	22	15	18	20	51	Sb	—	3	—	—
26	Fe	22	20	25	23	73	Ta	25	26	30	60
27	Co	20	22	22	—	74	W	35	25	30	30
28	Ni	23	21	25	20	75	Re	35	35	25	30
29	Cu	17	17	16	15	78	Pt	27	25	22	22
30	Zn	—	3	—	—	79	Au	20	20	20	18
32	Ge	23	25	22	18	90	Th	20	24	25	25
40	Zr	23	22	18	26	92	U	20	23	25	22

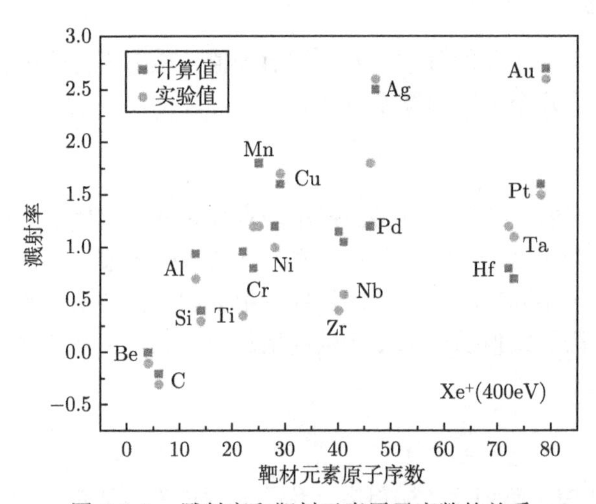

图 3.1.5　溅射率和靶材元素原子序数的关系

图 3.1.6 给出了用不同能量的 Ar^+ 轰击不同金属靶材时得到的溅射率曲线。具有六方晶格结构 (如镁、锌、钛等) 和污染表面 (如氧化层) 的金属的溅射率，低于具有面心立方结构 (如镍、铂、铜、银、金等) 和清洁表面的金属的溅射率；高升华热的金属的溅射率低于低升华热的金属的溅射率。从原子结构的角度进行分析，上述规律与原子的 3d、4d、5d 电子壳层的填充程度有关。表 3.1.2 给出了部分元素的溅射率。

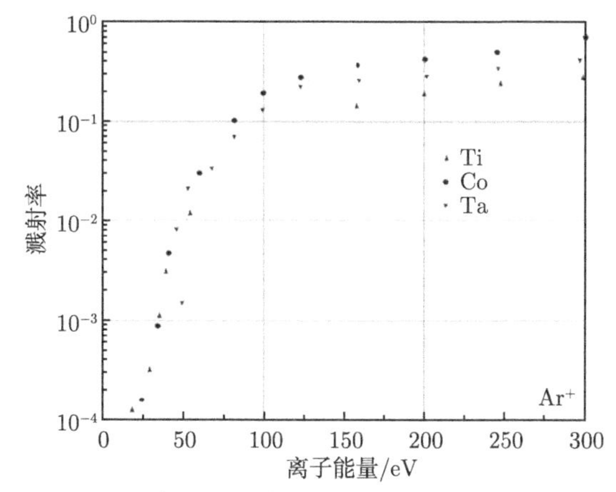

图 3.1.6　Ar^+ 轰击不同金属靶材时得到的溅射率曲线

表 3.1.2　部分元素的溅射率

元素	Ne^+				Ar^+			
	100eV	200eV	300eV	400eV	100eV	200eV	300eV	400eV
Be	0.012	0.10	0.26	0.56	0.074	0.18	0.29	0.80
Al	0.031	0.24	0.43	0.83	0.11	0.35	0.65	1.24
Si	0.034	0.13	0.25	0.54	0.07	0.18	0.31	0.53
Ti	0.08	0.22	0.30	0.45	0.081	0.22	0.33	0.58
V	0.06	0.17	0.36	0.55	0.11	0.31	0.41	0.70
Cr	0.18	0.49	0.73	1.05	0.30	0.67	0.87	1.30
Fe	0.18	0.38	0.62	0.97	0.20	0.53	0.76	1.26
Co	0.084	0.41	0.64	0.99	0.15	0.57	0.81	1.36
Ni	0.22	0.46	0.65	1.34	0.28	0.66	0.95	1.52
Cu	0.26	0.84	1.20	2.00	0.48	1.10	1.59	2.30
Ge	0.12	0.32	0.48	0.82	0.22	0.50	0.74	1.22
Zr	0.054	0.17	0.27	0.42	0.12	0.28	0.41	0.75
Nb	0.051	0.16	0.23	0.42	0.008	0.25	0.40	0.65
Mo	0.10	0.24	0.34	0.54	0.13	0.40	0.58	0.93
Ru	0.078	0.26	0.38	0.67	0.14	0.41	0.68	1.30
Rh	0.081	0.36	0.52	0.77	0.19	0.55	0.86	1.46
Pd	0.14	0.59	0.82	1.32	0.42	1.00	1.41	2.39
Ag	0.27	1.00	1.30	1.98	0.63	1.58	2.20	3.40
Hf	0.057	0.15	0.22	0.39	0.16	0.35	0.48	0.83
Ta	0.056	0.13	0.18	0.30	0.10	0.28	0.41	0.62
W	0.038	0.13	0.18	0.32	0.068	0.29	0.40	0.62
Re	0.04	0.15	0.24	0.42	0.101	0.37	0.56	0.9
Os	0.032	0.16	0.24	0.41	0.057	0.36	0.56	0.95
Ir	0.069	0.21	0.30	0.46	0.12	0.43	0.70	1.17
Pt	0.12	0.31	0.44	0.70	0.20	0.63	0.95	1.56
Au	0.20	0.56	0.84	1.18	0.32	1.07	1.65	2.43
Th	0.028	0.11	0.17	0.36	0.097	0.27	0.42	0.66
U	0.063	0.20	0.30	0.52	0.14	0.35	0.59	0.97

2) 入射离子能量与溅射率的关系

入射离子能量大小与溅射率关联密切。只有当入射离子能量高于溅射阈值时，才发生溅射。入射离子能量与溅射率之间的典型关系曲线如图 3.1.7 所示。

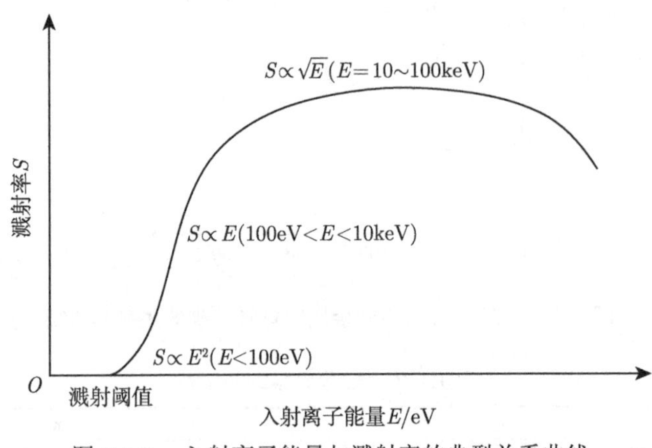

图 3.1.7　入射离子能量与溅射率的典型关系曲线

如图 3.1.7 所示，当入射离子能量较小时，溅射率随入射离子能量的增加而呈指数上升，之后，随入射离子能量的增加，即 $E >$ 数百电子伏，出现一个线性增大区，逐渐达到一个平坦的最大值并趋于饱和。入射离子能量进一步的增加就会使 S 值由于离子注入效应而下降。因此，曲线可分为三个区域 (E_r 为溅射阈值)，当 $E_\text{r} < E \leqslant 100\text{eV}$ 时，$S \propto E^2$；当 $100\text{eV} < E < 10\text{keV}$ 时，$S \propto E$；当 $10\text{keV} \leqslant E < 100\text{keV}$ 时，$S \propto \sqrt{E}$。用 Ar^+ 轰击铜时，离子能量与溅射率的关系如图 3.1.8 所示，图中离子能量最大为 100keV。图中关系曲线可分成三部分，第一部分是几乎没有溅射的低能区域；第二部分，离子能量从 100eV 至 10keV，

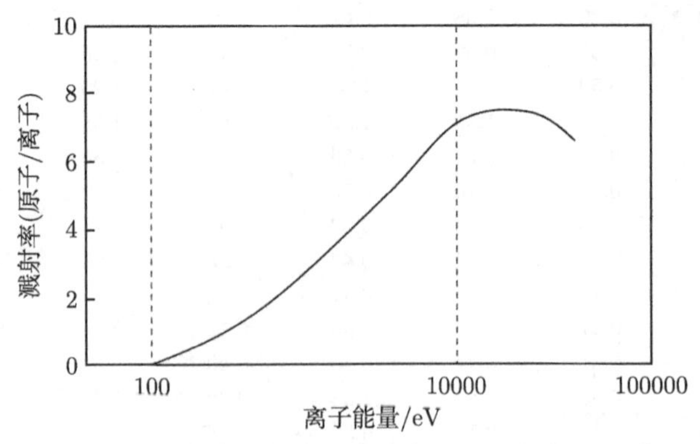

图 3.1.8　Ar^+ 轰击铜时离子能量与溅射率的关系

这是溅射率随离子能量增大而增大的区域，沉积薄膜时所用离子的能量大都在这一范围内；第三部分，离子能量在 30keV 以上，这时溅射率随离子能量的增加而下降，轰击离子会穿过靶材表面进入靶材内部，大量的能量损失在靶材内部，很少与靶材表面发生作用。

3) 入射离子种类与溅射率的关系

与溅射率和靶材元素原子序数之间的关系类似，入射离子种类与溅射率的关系呈现出原子量越大溅射率越高的规律。同时，溅射率也与入射离子的原子序数有关，表现出随着离子的原子序数周期性变化的规律。从图 3.1.9 可以推出，在元素周期表每一排中，溅射率最大的元素一般为电子壳层填满的元素，据此得出溅射率最高的元素为惰性气体的结论；在元素周期表每一列中，溅射率最小的元素处于每一列的中间部位，如 Al、Zr 等。因此，通常以惰性气体作为入射离子，Ar 经济实惠，所以大多设备选择以 Ar 作为工作气体。此外，惰性气体比较稳定，一般不与靶材发生化学反应。常用的入射离子的能量为 500~20000eV，研究表明，在这种条件下，各种惰性气体的溅射率大致相同。图 3.1.10 展示了 Ne^+、Kr^+、Xe^+ 以不同能量轰击同一个靶材的溅射率曲线，尽管有一定的差异存在，但大大低于同一种离子轰击不同靶材所得到的溅射率的差异。

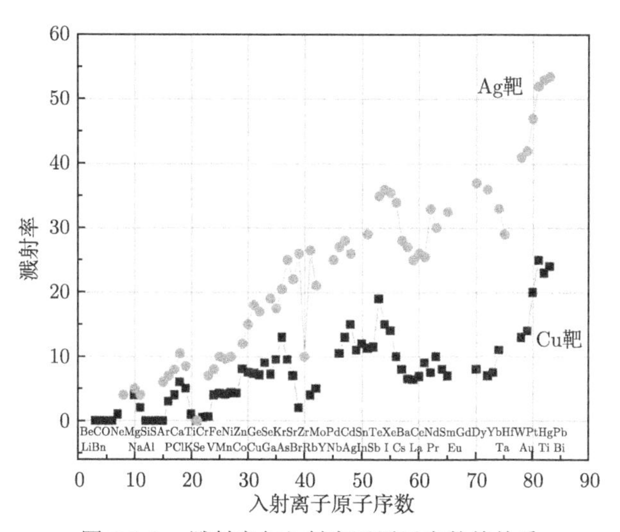

图 3.1.9 溅射率与入射离子原子序数的关系

4) 离子入射角与溅射率的关系

入射离子的方向与被溅射靶材表面法线之间的夹角称为入射角。图 3.1.11 展示了四种金属在 Ar^+ 溅射时相对溅射率与入射角的关系，从图中可以看出，相对溅射率随着入射角的增大而增大，入射角为 0° ~ 60° 时相对溅射率基本上遵循

$1/\cos\theta$ 的规律，即 $S(\theta)/S(0) = l/\cos\theta$，其中 $S(\theta)$ 和 $S(0)$ 分别为入射角为 θ 和垂直入射 ($\theta = 0$) 时的溅射率。$\theta = 60° \sim 80°$ 时，获得最大的溅射率，如果 θ 继续增加，溅射率便急剧下降，如图 3.1.12 所示，$\theta = 90°$ 时，溅射率归零。

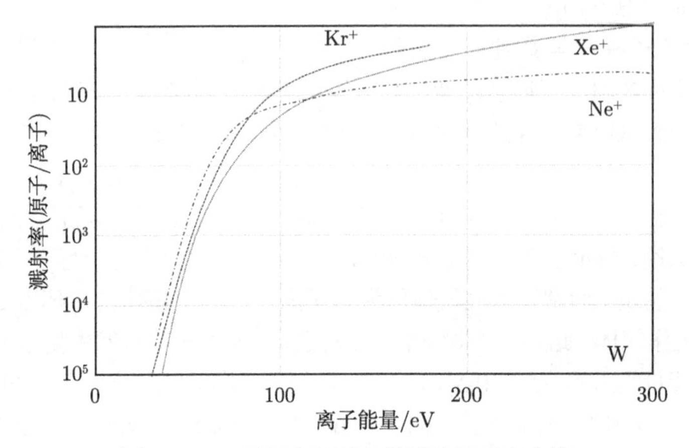

图 3.1.10　不同离子轰击钨靶的溅射率曲线

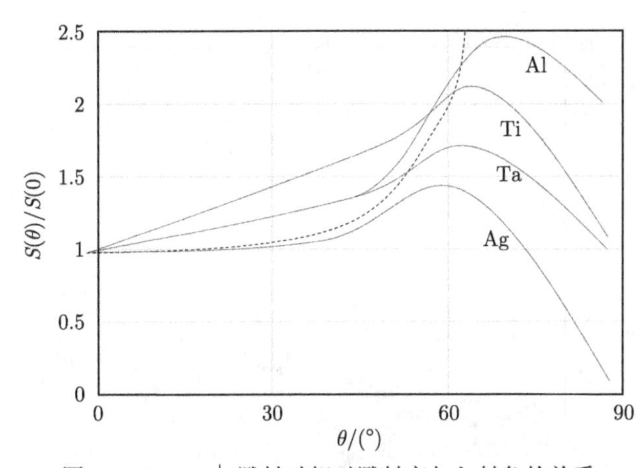

图 3.1.11　Ar^{+} 溅射时相对溅射率与入射角的关系

对于溅射率在入射角 θ 增大时急剧减小的现象，主要有以下两种解释。

(1) 入射角大时，离表面极近的表层范围内积聚着引起溅射的碰撞级联，而且在此范围内的碰撞级联由于入射粒子的背散射不能充分扩大，导致低能碰撞反冲原子的生成效率迅速下降，进而造成溅射产额迅速降低。

(2) 按接近平行于样品表面入射的情况考虑，大部分入射离子以与平面沟道相同的机制从表面反射，导致直接参与溅射的离子比例减小，从而引起溅射产额迅速降低。因此，对于不同的靶材和不同的入射离子而言，对应于最大溅射率的 S_m 值有一个最佳的入射角 θ_m。

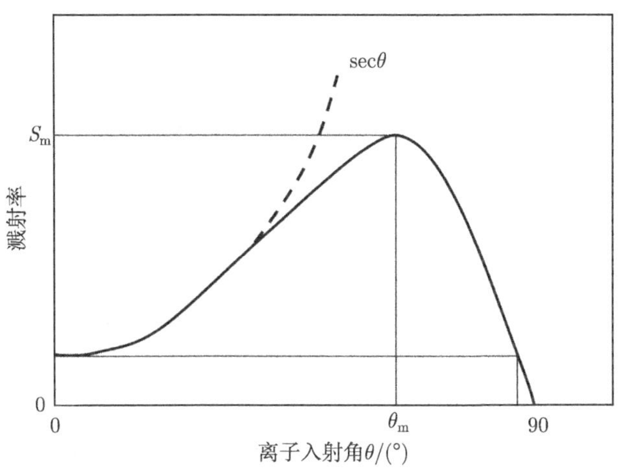

图 3.1.12 溅射率与离子入射角的典型关系曲线

5) 靶材温度与溅射率的关系

溅射率也受靶材温度的影响。对于给定材料，靶材的温度低于某一个数值时，溅射率没有变化，靶材的温度高于这一数值时，溅射率会快速增加。用 45keV 的离子 (Xe^+) 对几种靶材进行轰击时，所得溅射率与靶材温度的关系曲线如图 3.1.13 所示。

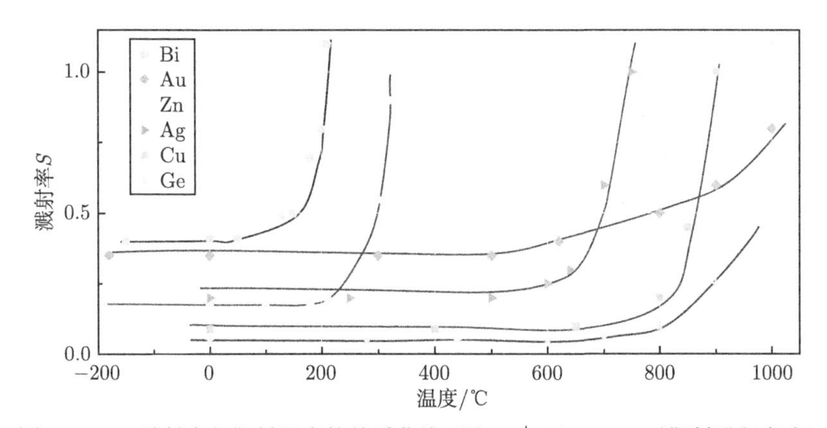

图 3.1.13 溅射率与靶材温度的关系曲线 (用 Xe^+ 以 45keV 对靶材进行轰击)

除了上述 5 种因素，溅射率还与靶材的结构和晶体取向、表面形貌、溅射压强等因素有关。在溅射镀膜过程中，应尽可能降低工作气体的压强，从而提高靶材溅射率和薄膜的沉积速度，确保溅射薄膜的质量。

6) 溅射率理论预测的数学表述

由上述内容可知，影响溅射率的因素较多，下面分三种情况给出溅射率的数学表达式。

(1) 离子能量 $E < 1\text{keV}$。

垂直入射时溅射率 S 为

$$S = \frac{3}{4\pi^2}\frac{\alpha T_{\mathrm{m}}}{V_0} \tag{3.1.2}$$

式中，$T_{\mathrm{m}} = \dfrac{4m_1m_2}{(m_1+m_2)^2}E$ 为最大的传递能量，对级联碰撞来说，T_{m} 也是溅射过程中最大的反射能量；V_0 为靶材元素的势垒高度，也是靶材元素的升华能；α 为 m_2/m_1 的函数，m_1 和 m_2 分别为靶原子和入射离子的能量。α 因子与质量比 m_2/m_1 的关系如图 3.1.14 所示。

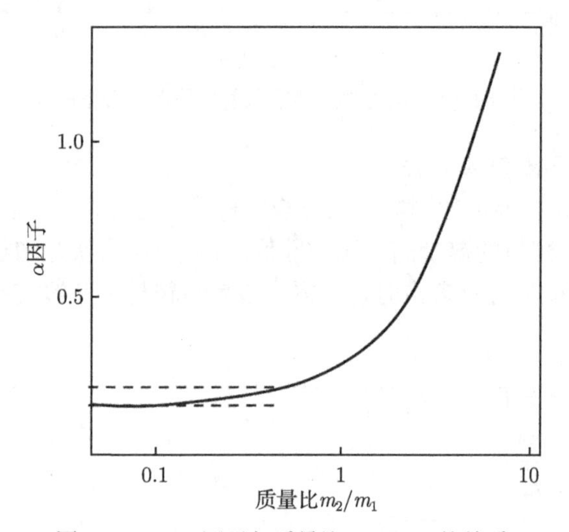

图 3.1.14　α 因子与质量比 m_2/m_1 的关系

(2) 离子能量 $E > 1\text{keV}$。

垂直入射时溅射率 S 为

$$S = 0.042\alpha S_{\mathrm{n}}(E)/V_0(\text{Å}^2) \tag{3.1.3}$$

式中，1Å=0.1nm；α 和 V_0 的定义与情况 (1) 相同；$S_{\mathrm{n}}(E)$ 由下式给出：

$$S_{\mathrm{n}}(E) = 4\pi Z_1Z_2e^2\alpha_{12}[m_1/(m_1+m_2)]S_{\mathrm{n}}(\varepsilon) \tag{3.1.4}$$

式中，Z_1 为轰击离子的原子序数；Z_2 为靶材的原子序数；e 为单位电荷电量；ε 为折合质量，是一个无量纲参数，$\varepsilon = \dfrac{m_1E/(m_1+m_2)}{Z_1Z_2e^2\alpha_{12}}$，$\alpha_{12} = 0.8853\alpha_0(Z_1^{2/3} +$

$Z_2^{2/3})^{-1/2}$ 为汤姆孙–费米屏蔽半径，α_0= 0.0529nm 为玻尔半径；$S_n(\varepsilon)$ 为核阻止截面。ε 与 $S_n(\varepsilon)$ 的关系如表 3.1.3 所示。

表 3.1.3　ε 与 $S_n(\varepsilon)$ 的关系

ε	$S_n(\varepsilon)$	ε	$S_n(\varepsilon)$	ε	$S_n(\varepsilon)$
0.002	0.120	0.004	0.154	0.01	0.211
0.02	0.261	0.04	0.311	0.1	0.372
0.2	0.403	0.4	0.405	1.0	0.356
2.0	0.291	4.0	0.214	10	0.128
20	0.081	40	0.493	—	—

(3) 一般情况。

可利用式 (3.1.5) 计算溅射率：

$$S = W \times 10^5/(mIt) \tag{3.1.5}$$

式中，W 为靶材的损失量 (g)；m 为原子量；I 为离子电流 (A)；t 为溅射时间 (s)。

W 可按式 (3.1.6) 计算：

$$W = RtAd \tag{3.1.6}$$

式中，R 为刻蚀速率 (cm/s)；A 为样品面积 (cm^2) ；d 为材料密度 (g/cm^3)。

离子电流 I 为

$$I = JA \tag{3.1.7}$$

式中，J 为离子电流密度 (A/cm^2)。根据以上各式，可得出一般情况下溅射率为

$$S = \frac{Rd}{mJ} \times 10^5 \tag{3.1.8}$$

3. 溅射原子的能量与速度

前面讨论了入射离子对溅射特性的影响，其实溅射原子所具有的能量和速度也是描述溅射特性的重要参数，该参数与靶材料、入射离子的种类和能量，以及溅射原子的方向性等都有关。高能离子入射后，与溅射原子发生能量交换，飞出来的溅射原子具有较大的动能，为 5~10eV，相比之下，一般由蒸发源蒸发出来的原子的能量仅为 0.1eV 左右，正是因为溅射原子的高动能，溅射法制膜才具有许多优点。图 3.1.15 所示为不同种类入射离子轰击不同的靶材时逸出原子的能量分布，溅射原子能量分布规律大致相同，但能量值所在的范围不同。图 3.1.16 所示为不同能量的 Hg^+ 轰击 Ag 单晶靶材时逸出 Ag 原子的能量分布情况，此分布与麦克斯韦分布相似，大部分原子的能量小于 100eV，高

能量部分并没有迅速归零，而是缓慢下降，平均能量为 10~40eV。轰击粒子的能量升高时，高能量处能量就下降得更慢，当入射离子的能量大于 1000eV 时，逸出原子的平均能量不再增大。图 3.1.17 给出了用能量为 1200eV 的 Kr^+ 轰击不同靶材时得到的逸出原子能量分布曲线。虽然 Rh、Pd、Ag 在元素周期表中是相邻元素，原子量大体相等，但它们作为溅射原子时，表现出了不同的特性。

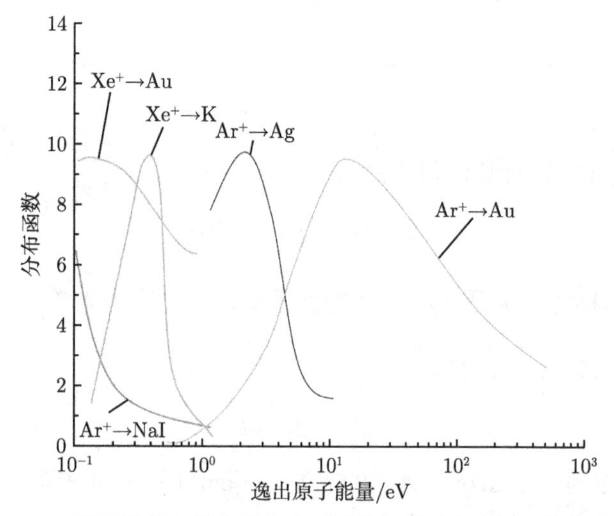

图 3.1.15　不同种类入射离子轰击不同的靶材时逸出原子的能量分布

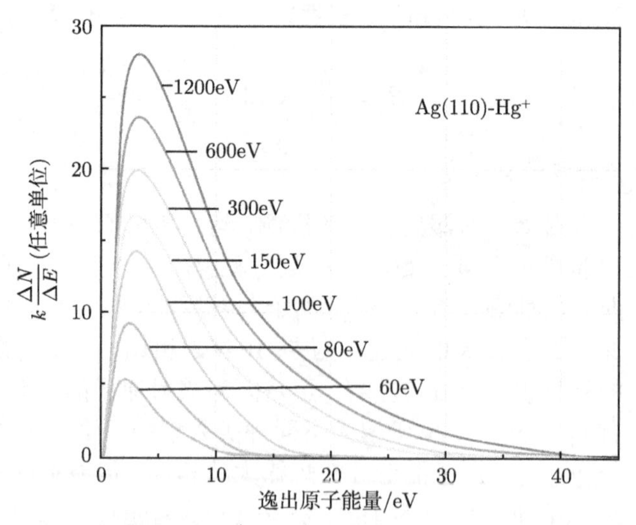

图 3.1.16　不同能量的 Hg^+ 轰击 Ag 单晶靶材时逸出原子的能量分布

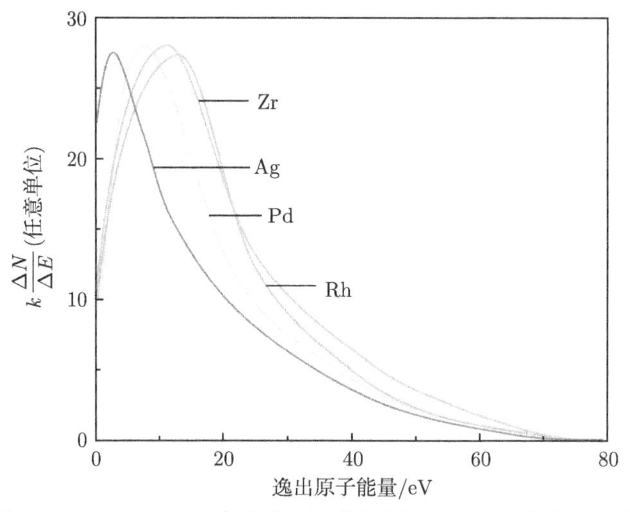

图 3.1.17　1200eV Kr^+ 轰击不同的靶材时逸出原子的能量分布

图 3.1.18 给出了同一离子轰击不同靶材时溅射原子的平均逸出能量 E(eV)，图 3.1.19 给出了同一离子轰击不同靶材时溅射原子的平均逸出速度 v_{ms}。根据这两个图得出的结论是，对于原子序数 $Z>20$ 的元素，各元素的平均逸出能量有较大差异，而平均逸出速度的差别则较小。

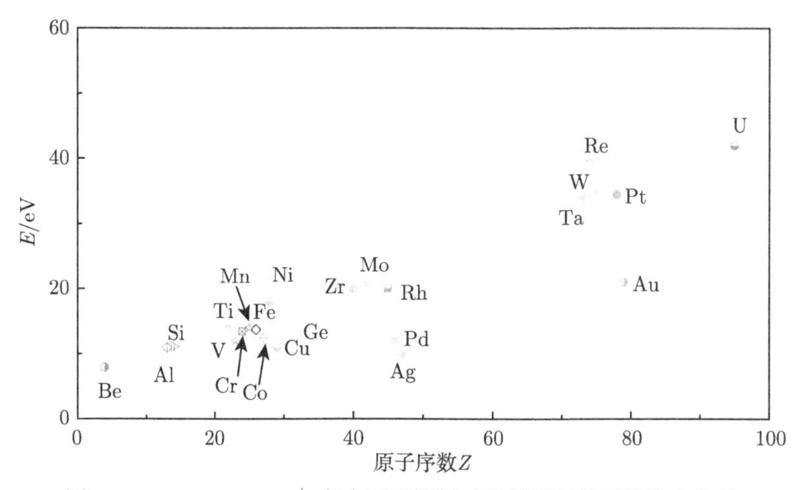

图 3.1.18　1200eV Kr^+ 轰击不同靶材时溅射原子的平均逸出能量

溅射镀膜中溅射原子的能量和速度具有以下四个特点：

(1) 不同靶材具有不同的原子逸出能量，靶材的取向和晶体结构对原子逸出能量影响不大，而溅射率较高的靶材的平均原子逸出能量通常较低；

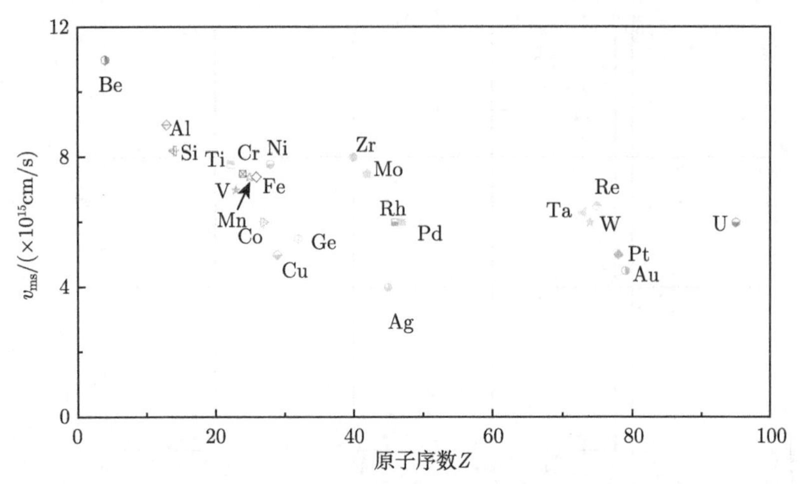

图 3.1.19　1200eV Kr^+ 轰击不同靶材时溅射原子的平均逸出速度

(2) 轻元素靶材的原子逸出速度较高，从重元素靶材中溅射出来的原子的逸出能量较高；

(3) 随着入射离子能量的增大，溅射原子的平均逸出能量也增加，当入射离子能量大于 1keV 时，平均逸出能量逐渐趋于恒定值；

(4) 在相同轰击能量下，随着入射离子质量的增加，原子逸出能量线性增加，轻入射离子溅射出的原子具有较低的逸出能量，约为 10eV，重入射离子溅射出的原子具有较大的逸出能量，平均在 30eV。

4. 溅射原子的角度分布

最初，溅射原子角度分布遵循余弦定律，因此 Knudsen 研究的观点被广泛接受。后来，人们经过进一步研究发现，有时逸出原子的角度分布不遵循余弦分布定律。例如，用低能离子轰击时，靶表面法线方向逸出的原子数与按余弦分布时逸出的原子数大不相同，如图 3.1.20 所示。不同的靶材料具有不同的角分布与余弦分布的偏差，而且当轰击离子的入射角发生变化时，逸出原子数在入射的正反射方向显著增加。Wehner 等在 1960 年得到了溅射原子角分布的实测结果，如图 3.1.21 所示。在垂直入射的情况下，当入射离子的能量降低时，溅射原子的角分布由余弦关系变为低于余弦的关系。人们进行了多次实验，证实了如图 3.1.21 所示的关系，后来该关系也得到了理论上的证明。

溅射原子的主要逸出方向也会影响溅射率，其与晶体结构有关。对于单晶靶材，原子排列最紧密的方向是最主要的逸出方向，其次是次紧密方向。例如，对于面心立方结构晶体，[110] 晶向为主要的逸出方向，其次为 [100]、[111] 晶向。多晶靶材与单晶靶材溅射原子的角分布有明显的不同，对于单晶靶材可观察到溅射原子有明显的择优取向，而多晶靶材基本上显示出余弦分布。

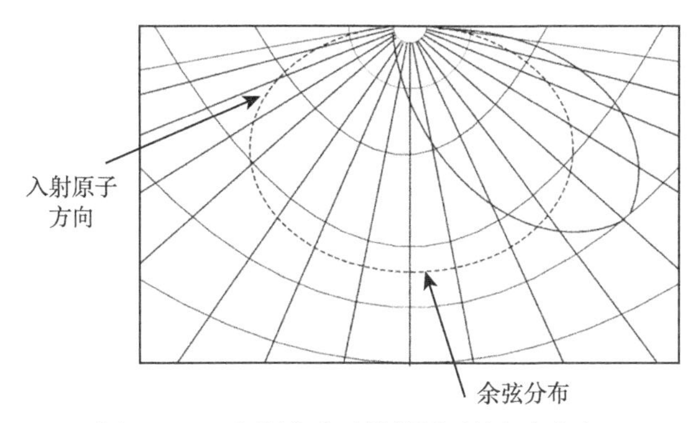

图 3.1.20 倾斜轰击时溅射原子的角度分布

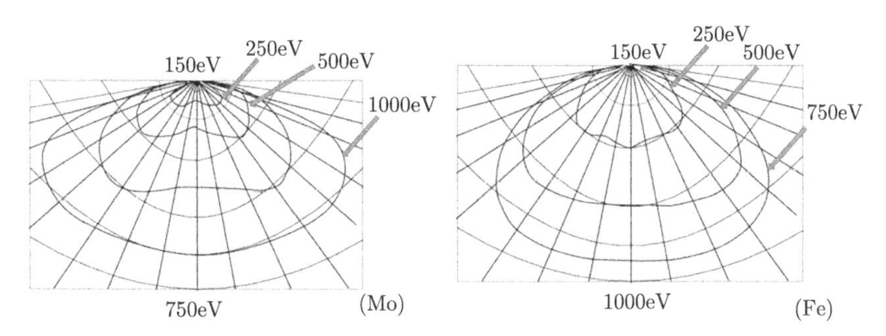

图 3.1.21 能量为 100~1000eV 的 Hg^+ 垂直入射时铁和钼的溅射原子角分布

3.1.4 溅射过程与溅射机制

1. 溅射过程

溅射过程十分复杂，主要包括靶材的溅射、逸出粒子的形态、溅射粒子向基片的迁移和在基片上成膜等过程。

入射离子到达靶材表面后，会将动能传递给靶材表面上的原子，当靶材表面上的原子获得的能量超过其结合能时，靶材原子就有可能发生溅射，这一过程十分关键。事实上，当高能入射离子轰击靶材表面时，会发生许多复杂的物理效应。这些复杂的效应如图 3.1.22 所示。例如，入射离子可能在飞向靶材表面时捕捉电子后成为中性原子或分子再从靶材表面反射；入射离子有可能从表面直接反射；入射离子轰击靶材时，可能会使靶材表面产生二次电子，即靶材表面逸出电子；有可能发生离子注入效应，即离子到达靶材表面后，继续深入到靶材内部，入射离子束中离子具有巨大的能量，通常为几万电子伏，当这样的离子到达靶材表面之后，一部分在靶材表面发生了背散射再次回到真空中，另一部分进入靶材内部，这些进入靶材内部的离子经过非弹性和弹性散射，最终在靶材内部趋于静止，这样的离子称为注入离子；离子轰击还有可能使靶材表面的结构和组分发生变化；或者靶材表面吸附的气体解吸；或者在高能离子轰击时产生辐射电子等一系列复杂的现象。

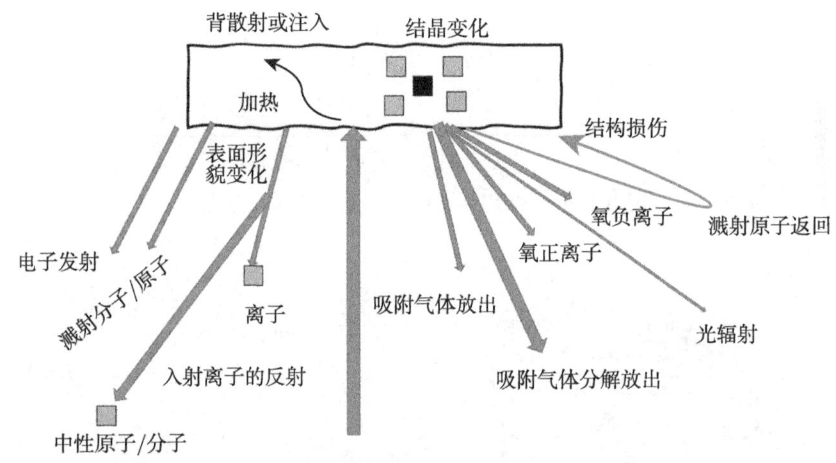

图 3.1.22　入射离子轰击靶材表面所引起的各种效应

靶材中的中性粒子 (原子、分子) 最终沉积成薄膜。除此之外，其他的物理效应也会影响溅射膜层的生长，如固体材料的种类、入射离子种类及能量等造成离子轰击固体表面所引起的各种效应。当用能量为 10~100eV 的 Ar^+ 对某些金属表面进行轰击时，平均每个入射离子所产生各种效应及其发生概率的大致情况如表 3.1.4 所示。

表 3.1.4　离子轰击固体表面时平均每个入射离子所产生各种效应及其发生概率

效应	参数名称	发生概率
溅射	溅射率 S	$S = 0.1 \sim 10$
离子溅射	一次离子反射系数 ρ	$\rho = 10^{-4} \sim 10^{-2}$
离子溅射	被中和的一次离子反射系数 $\rho_{\rm m}$	$\rho_{\rm m} = 10^{-3} \sim 10^{-2}$
离子注入	离子注入系数 a	$a = 1 - (\rho - \rho_{\rm m})$
离子注入	离子注入深度 d	$d = 1\sim10\text{nm}$
二次电子发射	二次电子发射系数 r	$r = 0.1\sim1$
二次电子发射	二次电子发射系数 k	$k = 10^{-5} \sim 10^{-4}$

入射离子在靶材内部的散射机制原理图如图 3.1.23 所示，入射离子和靶材表面的原子发生经典的弹性散射，或者与靶材中的电子发生非弹性散射，随着入射角度的变化和能量的损失，入射离子逐渐注入靶材内部。图 3.1.23 中的理论公式 (其中 v 为入射粒子速度) 给出了这两种散射过程的微分散射截面和能量损失的定量关系，图 3.1.23(a) 为弹性散射，图 3.1.23(b) 为非弹性散射。

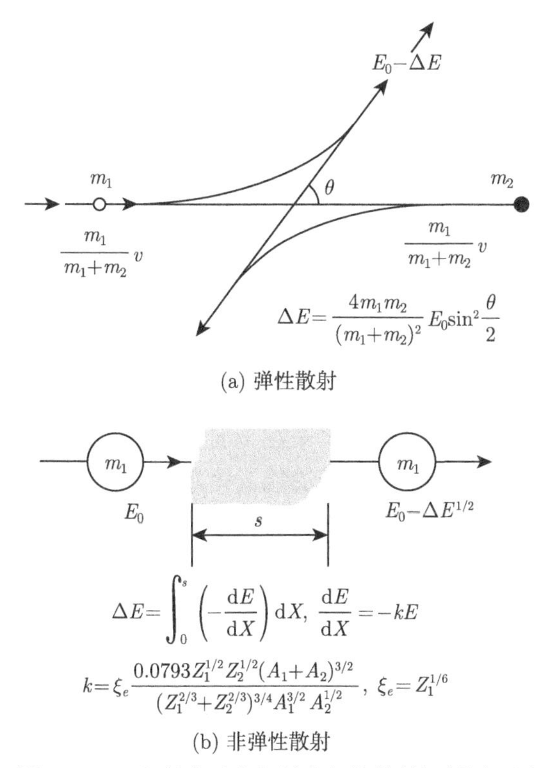

图 3.1.23　入射离子在靶材内部的散射机制原理图

在溅射过程中，靶材上出现的图 3.1.22 所示的各种效应，同样地，在基片上也可能发生。在辉光放电的镀膜过程中，基片的自偏压如同接地极一样，相对于周围环境，其电压为负。因此，可以将基片视为溅射靶去考虑基片在溅射过程中发生的现象，但是在基片上和在靶材上发生的程度有很大不同。

2. 迁移过程

靶材受到离子轰击时会逸出粒子，这些粒子中，由于反向电场的作用，正离子不能到达基片表面，剩下的粒子都会向基片移动。中性原子或分子在放电空间飞行过程中将与工作气体分子发生碰撞，其平均自由程为

$$\lambda_1 = c_1/(v_{11} + v_{12}) \tag{3.1.9}$$

式中，c_1 为溅射粒子的平均速度；v_{11} 为溅射粒子相互之间的平均碰撞次数；v_{12} 为溅射粒子与工作气体分子的平均碰撞次数。通常情况下，溅射粒子的密度远远小于工作气体分子的密度，故有 $v_{11} \ll v_{12}$，式 (3.1.9) 可化为

$$\lambda_1 \approx c_1/v_{12} \tag{3.1.10}$$

式中，v_{12} 为工作气体分子密度 n_2、工作气体分子平均速度 c_2、溅射粒子与工作气体分子的碰撞面积 Q_{12} 的函数：

$$v_{12} = n_2 Q_{12}\sqrt{c_1^2 + c_2^2} \tag{3.1.11}$$

溅射粒子的速度比工作气体分子的速度大得多，因此，可认为式 (3.1.11) 中的 $v_{12} = Q_{12}c_1n_2$，则溅射粒子的平均自由程可近似地表示为

$$\lambda_1 \approx 1/\pi\left(r_1 + r_2\right)^2 n_2 \tag{3.1.12}$$

通常溅射镀膜的气压为 0.1~10Pa，可以得到溅射粒子的平均自由程为 1~10cm，所以基片与靶材的距离应与该数值一致，以保证溅射粒子在飞行过程中不会产生多次碰撞。从靶材中逸出的原子在飞向基片时，会与工作气体分子碰撞导致能量降低，但由于溅射出靶材原子的能量比蒸发原子的能量高得多，因此溅射镀膜过程中沉积在基片上的靶材原子的能量仍相对较高，甚至可达蒸发原子能量的上百倍。

3. 成膜过程

这里主要介绍靶材粒子入射到基片上形成薄膜的过程中需要考虑的三个问题：沉积速率 D、沉积薄膜的纯度、沉积过程中污染的避免。

1) 沉积速率

从靶材上溅射出来的物质，在单位时间内沉积到基片上的厚度称为沉积速率，用 D 表示，D 与溅射率 (用 S 表示) 的关系为

$$D = CSI \tag{3.1.13}$$

式中，C 为与溅射装置有关的特征常数；I 为离子电流。从式 (3.1.13) 可以看出，对于同一个溅射装置和固定的工作气体，C 为一个固定值，要想有效提高沉积速率，只能提高离子电流 I，如果不增加电压，只能通过改变工作气体的压强来增加 I 值。溅射率与 Ar 气体压强的关系如图 3.1.24 所示。从图中可以看出，压强刚开始增加时，溅射率几乎不变化，但当压强超过一定数值时，溅射率开始快速下降。出现这种情况的原因是靶材粒子的背反射和散射增强。因此，应选择合适的气压，既保证合适的溅射率，又保证成膜质量。

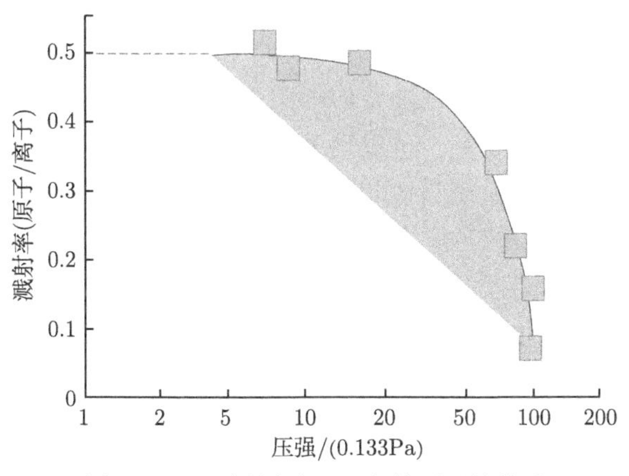

图 3.1.24 溅射率与 Ar 气体压强的关系

2) 沉积薄膜的纯度

薄膜的纯度可通过减少沉积到基片上的杂质 (主要是指残余气体) 而得到改善。大概会有百分之几的溅射气体分子注入薄膜中，尤其是当基片加偏压时。设真空室容积为 V，残余气体分压为 P_{C}，氩气分压为 P_{Ar}，真空室中残余气体量为 Q_{C}，氩气量为 Q_{Ar}，则有

$$Q_{\mathrm{C}} = P_{\mathrm{C}}V, \quad Q_{\mathrm{Ar}} = P_{\mathrm{Ar}}V \tag{3.1.14}$$

即

$$P_{\mathrm{C}} = P_{\mathrm{Ar}}Q_{\mathrm{C}}/Q_{\mathrm{Ar}} \tag{3.1.15}$$

从式 (3.1.13) 可以得到，要想通过降低残余气体的压强 P_{C} 使薄膜质量提高，可以提高本底真空度和增加氩气量。

3) 沉积过程中污染的避免

薄膜沉积过程中，应使真空室处于高真空环境 (低于真空度 10^{-4}Pa)，即使处于高真空环境下，许多污染源也有可能继续存在，以下列出了三种污染源及减少这些污染的措施：① 在真空腔的器壁上或者其他零部件上可能有气体吸附，也可能存在水汽和二氧化碳，在辉光放电时，经过电子和离子的轰击，这些物质有可能释放出来。为了防止这种情况的发生，需要对可能接触到辉光的表面进行冷却或者在获得真空的过程中进行高温烘烤。② 在溅射气压下，扩散泵油可能发生回流导致污染。避免这种污染的方法为使用高质量的真空阀门作为节气阀或者采用低温冷阱。③ 基片表面颗粒物质的存在也会对薄膜造成污染，所以在进行溅射镀膜之前，要对基片进行彻底清洗，尽可能保证基片表面干净。

4. 溅射机制

溅射过程极为复杂，是一个涉及很多因素的物理过程。人们为了解释溅射现象，对溅射过程做了很多研究，也提出了很多理论，但还没有一套完整的理论和模型对所有实验结果进行系统阐述和定量计算。目前，热蒸发机制和动量转移机制是主要溅射理论。

1) 热蒸发机制

1926 年 Hippel、1935 年 Sommermeyer、1944 年 Townes 三人分别提出了热蒸发机制。这个理论认为溅射是这样一个过程：电离气体的高能正离子，在电场的作用下加速并轰击靶表面，碰撞处的原子得到能量，在靶表面碰撞区域产生瞬间强烈的局部高温，使这个区域的靶材熔化，靶材原子蒸发。显然，这一过程是一个“标量”过程，即能量转移过程。热蒸发机制的优点是可以解释溅射的某些规律和现象，如溅射原子遵循余弦分布，溅射率与靶材料的蒸发热和轰击离子的能量有关联。但热蒸发机制仍然存在不足：① 溅射原子的角分布并不像热蒸发原子那样严格遵循余弦规律；从单晶靶溅射出的原子主要集中在晶体原子密排方向。② 影响溅射产额的因素有三：轰击离子的能量，轰击离子质量与靶原子质量之比，轰击离子的入射角。需要注意，不同的入射角下可以得到不同的溅射原子的角分布。③ 当离子能量很高时，溅射产额反而会减少。④ 溅射原子的能量远高于热蒸发原子可能具有的能量。

2) 动量转移机制

相比于热蒸发机制，动量转移机制更为人们普遍接受。在对溅射进行了更为深入的研究之后，人们逐渐发现溅射是一个动量转移过程。1908 年 Stark、1934 年 Compton 等分别提出了动量转移理论。当入射粒子与靶表面碰撞时会发生动量传递而引起溅射。低能的离子碰撞靶材时，由于能量太低不足以把原子从固体表面溅射出来，而是把动量转移给被碰撞的原子，于是在晶格点阵上引起了原子的连锁式碰撞。这一过程是“矢量”过程，即动量转移过程，这种动量转移沿着晶体点阵的各个方向进行。由于碰撞最为有效的方向便是原子最紧密排列的点阵方向，所以晶体表面的原子从邻近原子那里得到越来越多的能量，当这个能量大于原子的结合能时，原子就从固体表面被溅射出来。

通过下面介绍的弹性碰撞机制可以更好地理解动量转移机制的工作原理。

弹性碰撞模型中，靶原子间的相互作用假定为刚体弹性碰撞。经过理论计算得：两球体之间发生碰撞时有动量和能量交换。若两个球体碰撞前后的动能、动量保持平衡，则碰撞后，能量就从一个球体转移到另一个球体。设两个球体的质量分别为 m_1、m_2，假设 m_2 静止，m_1 以速度 v_1 从 θ 角方向与 m_2 发生碰撞, 如图 3.1.25 所示。碰撞前 m_1 的能量为 E_1，碰撞后 m_2 的能量为 E_2，则

$$\frac{E_2}{E_1}=\frac{\frac{1}{2}m_2v_2^2}{\frac{1}{2}m_1v_1^2}=\frac{4m_1m_2}{(m_1+m_2)^2}\cos^2\theta \tag{3.1.16}$$

如果是正面碰撞，即 $\theta=0$，则

$$\frac{E_2}{E_1}=\frac{4m_1m_2}{(m_1+m_2)^2}$$

是能量转移系数；

当 $m_1=m_2$，$\lambda=1$，$E_2=E_1$ 时，靶原子能获得最大能量。

当 $m_1<m_2$，$\lambda=4\dfrac{m_1}{m_2}<1$，$E_2<E_1$ 时，只有极少能量转移到靶原子，表明电子不能产生溅射作用。

当 $m_1>m_2$，$\lambda=4\dfrac{m_2}{m_1}<1$，$E_2<E_1$ 时，重元素粒子轰击轻元素粒子，轻元素粒子的速度为碰撞前的两倍。

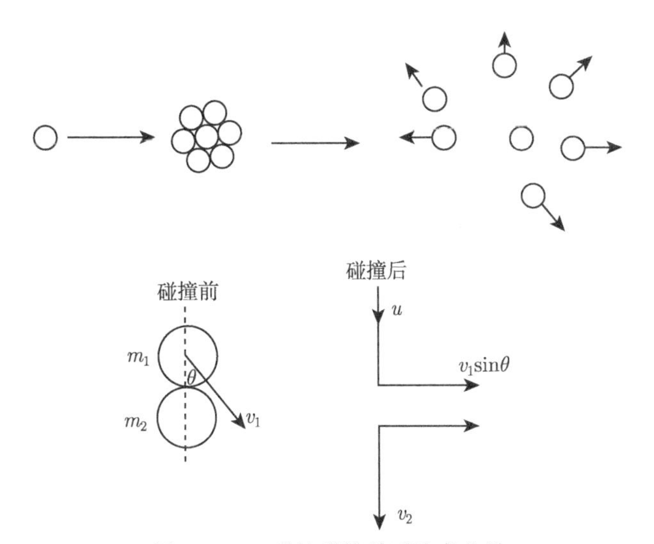

图 3.1.25 弹性碰撞前后速度分量

大约只有 1%的入射能量转移到了从靶表面逸出的溅射原子上，大部分入射能量通过级联碰撞被消耗在靶的表面层，转化为晶格的热振动。

热蒸发机制曾一度占统治地位。然而，经过人们更深入的研究之后，特别是 1942 年 Fetz 和 1954 年 Wehner 等的大量研究工作，人们逐渐放弃了热蒸发机制，目光转向了动量转移机制。

3.2 溅射方式

溅射镀膜装置种类繁多，根据电极的结构、电极的相对位置及溅射镀膜的过程，分为直流二极溅射、三极 (或四极) 溅射、磁控溅射、对向靶溅射、电子回旋共振 (ECR) 等离子体溅射等。在这些基本溅射镀膜方式的基础上，经过进一步改进，产生如下种类：① 反应溅射：在 Ar 中混入反应气体，如 O_2、N_2、CH_4、C_2H_2 等，则可制得靶材料的氧化物、氮化物、碳化物等化合物薄膜。② 偏压溅射：在成膜的基板上施加负电压，通过离子轰击膜层成膜，使膜层致密，改善膜的性能。③ 射频溅射：利用电子和离子运动特征的不同，施加射频电压，在靶表面感应出负的直流脉冲，产生溅射。该方法实现了绝缘体的溅射镀膜。④ 自溅射：不导入氩气，通过部分被溅射原子 (如 Cu) 自身变成离子，对靶产生溅射实现镀膜。⑤ 离子束溅射：在高真空下，利用离子源发出的离子束对靶进行溅射，实现薄膜沉积。表 3.2.1 简单介绍了溅射镀膜的种类。

表 3.2.1 溅射镀膜的种类

序号	溅射方式	溅射电源	Ar 气压/Pa	特征
1	二极溅射	DC 1~7kV, 0.15~1.5mA/cm^2 RF 0.3~10kW, 1~10W/cm^2	1.33	构造简单，在大面积的基板上可以制取均匀的薄膜，放电电流随气压和电压的变化而变化
2	三极或四极溅射	DC 0~2kV；RF 0~1kW	6.65×10^{-2} ~ 1.33×10^{-1}	实现低气压、低电压溅射，放电电流和轰击靶的离子能量独立调节控制。可进行射频溅射
3	磁控溅射	0.2 ~ 1kV；3~30W/cm^2	10^{-6} ~10	在与靶表面平行的方向上施加磁场，利用电场与磁场正交，减少电子对基板的轰击，实现高速低温溅射
4	对向靶溅射	DC 或 RF; 0.2 ~ 1kV； 3~30W/cm^2	1.33×10^{-4} ~ 1.33×10^{-1}	两个靶对向放置，在垂直于靶表面的方向上施加磁场，可以对磁性材料进行高速低温溅射
5	ECR 等离子体溅射	0 ~ 数千伏	1.33×10^{-3}	采用 ECR 等离子体，可在高真空中进行各种溅射沉积。靶可以做得很小
6	射频溅射	RF 0.3~10kV；0~2kW	1.33	最初是为了制取绝缘体，如石英、玻璃、Al_2O_3 的薄膜而研制的；也可溅射镀制金属膜。靶表面加磁场可以进行磁控射频溅射
7	偏压溅射	在 0~500V，使基板对阳极处于正或负电位	1.33	镀膜过程中同时清除基板上轻质量的带电粒子，从而使基板中不含有不纯气体 (H_2O、N_2 等)

续表

序号	溅射方式	溅射电源	Ar 气压/Pa	特征
8	非对称交流溅射	AC 1～5kV，0.1～2mA/cm^2	1.33	大振幅半周期内对靶进行溅射，小振幅半周期内对基板进行离子轰击，清除吸附的气体，获得高纯度的膜
9	吸气溅射	DC 1～5kV；RF 0.3～10kW	1.33	利用吸气靶溅射粒子的吸气作用，除去不纯物的气体，能获得高纯度的薄膜
10	自溅射	靶表面的磁通密度为 50mT，7～10A(靶直径为 100mm)	≈ 0	溅射时不用氩气，沉积速率高，被溅射原子飞行轨迹呈束状
11	反应溅射	DC 0.2～7kV；RF 0.3～10kW	根据具体反应来确定	制作阴极物质的化合物薄膜，如 TiN、SiC、AlN、Al_2O_3 等。Ar 中混入 O_2 等活性气体
12	离子束溅射	引出电压：0.5～2.5kV；离子束电流为 10～50mA	10^{-2} ～10^2	在高真空下，利用离子束溅射镀膜，是非等离子体状态下的成膜过程。靶也可以接地电位

3.2.1　二极溅射

二极溅射，顾名思义，有两个电极，其中阴极为待溅射的靶材，阳极为成膜的基片 [5]。图 3.2.1 为二极溅射装置示意图。对于二极溅射，使用射频电源时称为射频二极溅射，使用直流电源时则称为直流二极溅射，又称为阴极溅射，这是由于溅射过程发生在阴极 (靶)。二极溅射还可以根据靶和基片固定架分类：如果靶和基片固定架都是平板状的，则称为平面二极溅射，如果二者是同轴圆柱状布置的，就称为同轴二极溅射。

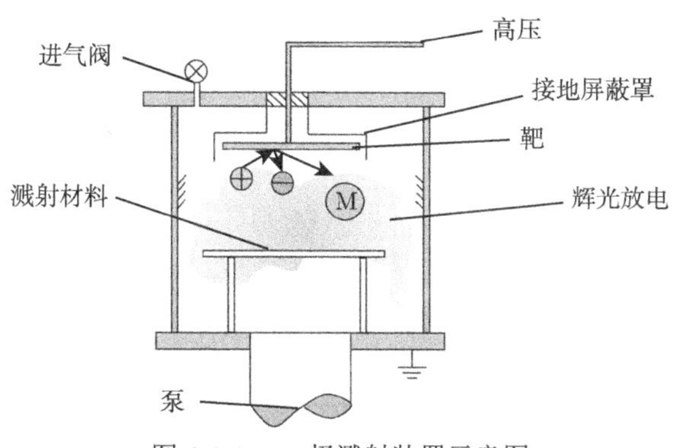

图 3.2.1　二极溅射装置示意图

图 3.2.2 为溅射镀膜原理图，为了在辉光放电过程中保证靶表面存在可控的负高压，要求靶材必须是导体。工作时，首先将真空室预抽到 10^{-5}Pa 的高真空，然后通入工作气体氩气，并使工作室的气压维持在 1～10Pa，接通电源，阴极和阳极之间将产生异常辉光放电，建立一个等离子体区，其中带正电的氩离子在电

场的作用下加速并轰击阴极靶，使靶材由表面被溅射出，并以分子或原子状态沉积在基体 (基片) 表面，形成薄膜。在不影响辉光放电的前提下，靶基距 (靶材和基片之间的距离) 应尽量小以提高淀积速率。然而，就膜厚分布而言，在阴极遮蔽最强的中心部位的薄膜厚度最小。因此，靶基距为阴极暗区的 3～4 倍较为适宜。

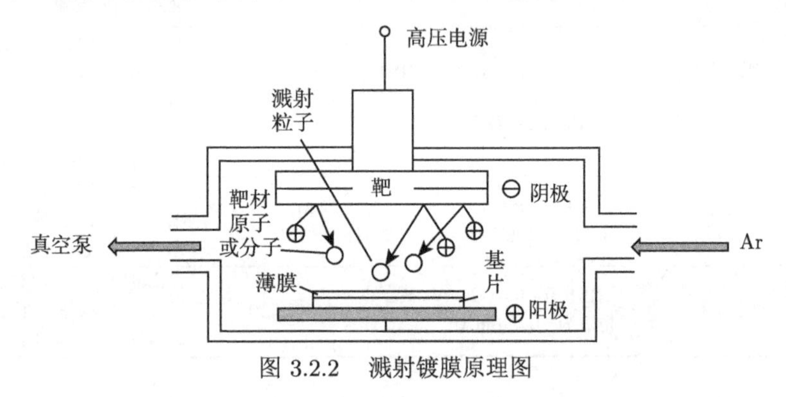

图 3.2.2　溅射镀膜原理图

直流二极溅射的工作参数主要有溅射功率、放电电压、气体压力和电极间距。溅射时主要控制功率、电压和气压参数。图 3.2.3 所示为当电压一定时，直流二极溅射电流与气体压强的关系。图 3.2.4 所示是溅射产额和相对沉积速率与工作气体压强的关系曲线，图中沉积速率是根据放电电流 (曲线 A) 和溅射产额 (曲线 B) 确定的。

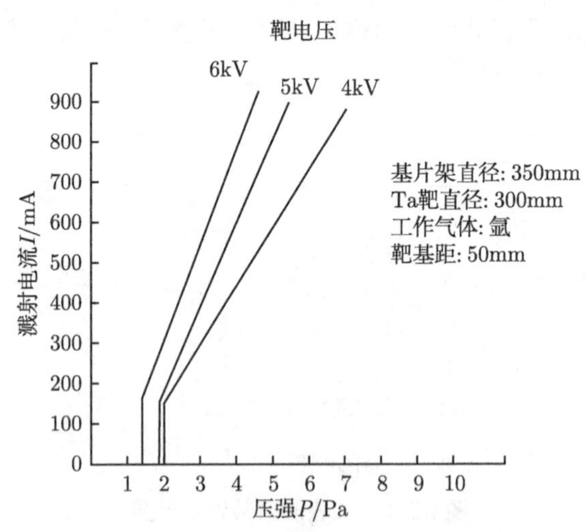

图 3.2.3　直流二极溅射电流与气体压强的关系

直流二极溅射具有许多优点：结构简单，操作方便，得到的膜薄厚均匀。同时有许多不足：溅射参数不能独立控制，工艺重复性差；残留气体对膜层污染严重，薄膜纯度差；基片温度高，淀积速率低；对材料要求高，靶材必须是良导体。

克服这些不足的方法：提高真空度形成高密度等离子体，加强靶的冷却，选择适当的入射离子能量等。虽然有许多不足，但由于装置的基本构造简单，直流二极溅射早期应用广泛，现在使用较少。

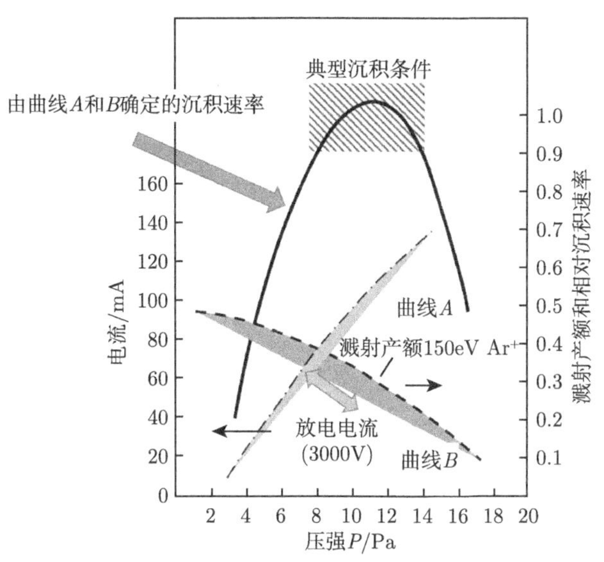

图 3.2.4 溅射产额和相对沉积速率与工作气体压强的关系曲线

3.2.2 偏压溅射

在二极溅射的基础上，基片上施加一个直流偏压就成了直流偏压溅射 [5]，其原理如图 3.2.5 所示。施加偏压之后，在薄膜沉积过程中，基片表面都将受到气体

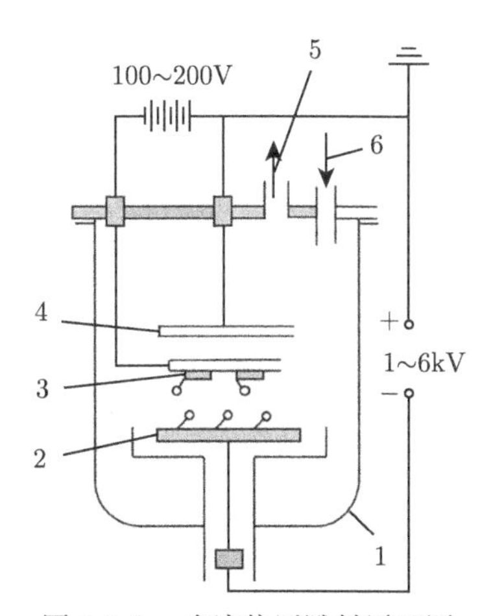

图 3.2.5 直流偏压溅射原理图

1-溅射室；2-阴极；3-基片；4-阳极；5-排气系统；6-氩气进口

离子的稳定轰击，从而达到将可能进入薄膜表面的气体加以清除和提高薄膜纯度的目的，此外，还能增大在成膜中到达基片的原子能量，从而提高薄膜的附着力。偏压溅射中施加不同的偏压有可能改变所制备薄膜的结构。

图 3.2.6 所示为钽膜的电阻率与基片偏压关系。偏压在 −100V 至 +10V 范围，膜层电阻率较高，属 β 相 Ta 薄膜，即四方晶结构。当负偏压超过 100V 时，电阻率迅速下降，钽膜从 β 相转变为正常体心立方结构。这可能是因为对基片加上正偏压后，大量电子流向基片，引起基片发热。

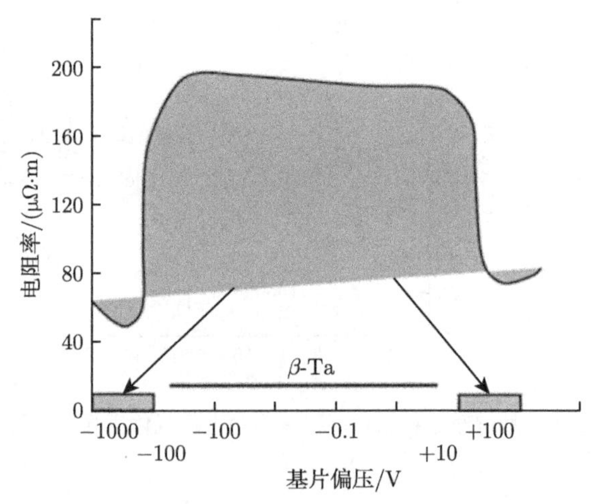

图 3.2.6　钽膜的电阻率与基片偏压关系

3.2.3　三极溅射和四极溅射

二极直流溅射依靠离子轰击阴极时所发射的二次电子来维持辉光放电，因此其只能在较高气压下工作。如果在真空室内附加一个热阴极来发射电子并和阳极产生等离子体，便成了三极溅射。三极溅射既能使溅射速率有所提高，又能使溅射参数的控制更为方便，可以制取高纯度的薄膜，在原来二极溅射的气压、电压、电流三要素中，电流可以独立于电压做一定的调整，这有利于参数调节和稳定。发射热电子的热阴极的电位比靶电位更负，能充分供应维持放电用的热电子。它穿越放电空间时，可增加工作气体原子的电离数量，从而有助于增加入射离子密度。因此，在 10^{-1} ~10^{-2}Pa 的低气压下也能进行溅射镀膜。

在三极溅射的基础上，若要使引入的热电子稳定放电，则继续增加一个稳定变化电极——第四电极，就成了四极溅射，图 3.2.7 为四极溅射原理示意图，在发射热电子的灯丝 (热阴极) 和吸引热电子的辅助阳极之间形成低电压 (约 50V) 大电流 (5~10A) 的等离子体弧柱。弧柱中电子碰撞气体电离，产生大量离子。由于溅射靶处于负电位，因此它会受到弧柱中离子的轰击而引起溅射。靶上可接直流电源，也可用电容耦合到射频电源上。有时为了更有效地引出热电子，并使稳定放电，在热灯丝附近加一个正 200~300V 的稳定化栅网，这样可使弧柱的“点火”容易在低压力下实现。否则，需要先在较高压力下“点火”，再逐步降低压力，增大电流，慢慢过渡到低压力的工作点，一旦灭弧，还需重新点火。稳定化栅网上要限流并选用钼、钨等耐热材料。

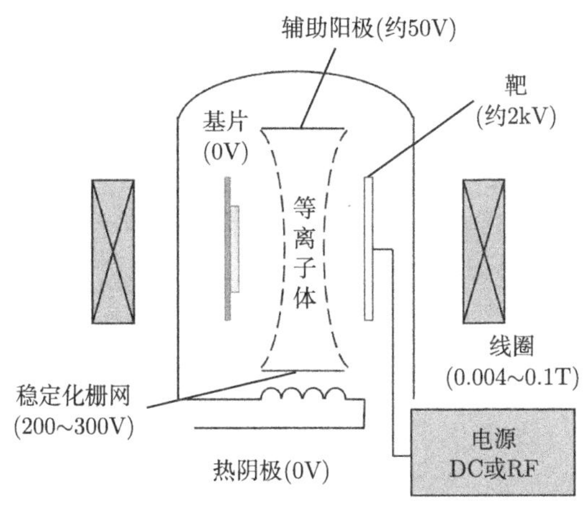

图 3.2.7 四极溅射原理示意图

图 3.2.8 所示为四极溅射装置放电电流强度和气体压力的关系。从图中可以看出，若从 E 点降低气体压力，放电电流会逐渐降低，F 点到 G 点放电停止。提高气体的压力即可使放电重新开始。值得注意的是，当稳定化栅网加上 $E_s=300V$ 的电压时，气体压力只升高到 T 点，放电即可重新开始，也就是说，稳定化栅网的存在使稳定放电的范围从 D 处降低到了 T 处，放电气压降低一个数量级以上。

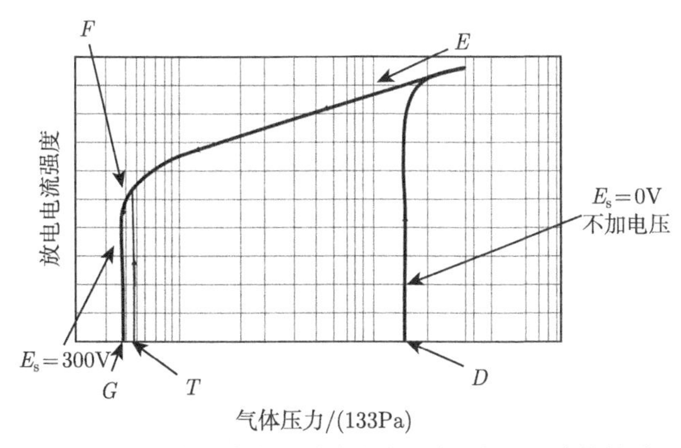

图 3.2.8 四极溅射装置放电电流强度和气体压力的关系

在四极溅射装置中，靶电流主要取决于辅助阳极电流而非靶电压。三、四极溅射的优势在于靶电流和溅射电压可独立调节，其溅射装置可以在一百伏到数百伏的靶电压下工作，对基片的溅射损伤小，适用于半导体器件和集成电路的制备。然而，在三极和四极溅射中，由于无法抑制由靶产生的高速电子对基片的轰击，因此基片的温度仍比较高，薄膜易受到污染，此外，还存在灯丝寿命短、不能连续工作、灯丝中的杂质造成膜层污染等问题。三、四极溅射方式不适用于反应溅射，如果用氧气作为反应气体，灯丝的寿命将大大缩短。

3.2.4　射频溅射

把直流二极溅射装置的直流电源换成射频电源就构成了射频溅射装置，如图 3.2.9 所示。对于射频溅射，当靶是绝缘体时，由于撞击到靶上的离子会使靶带电，靶的电位上升，结果离子不能继续对靶进行轰击。射频溅射不仅适用于各种金属和非金属材料的沉积，还适用于包括导体、半导体、绝缘体在内的几乎所有材料的沉积。

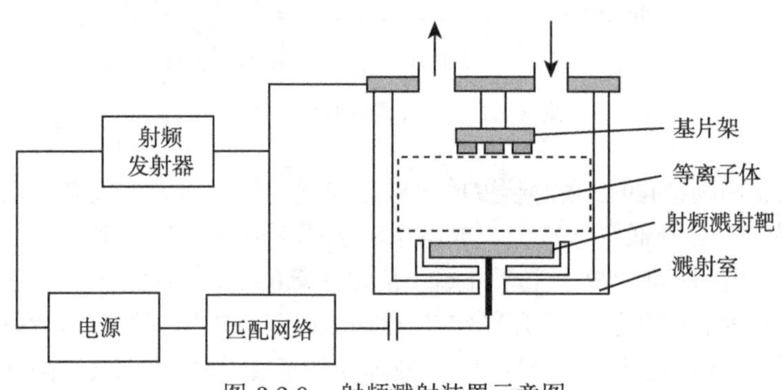

图 3.2.9　射频溅射装置示意图

对于射频溅射而言，若靶材是绝缘体，当正离子轰击靶表面时靶就会带正电，从而使电位上升，离子加速电场减小，辉光放电和溅射均会停止。射频溅射能对绝缘靶进行溅射镀膜的主要原因是在绝缘靶表面建立起了负偏压。如果在靶上施加射频电压，当溅射靶处于上半周时，由于电子的质量远小于离子的质量，故电子的迁移率非常高，因此其可以在很短时间内飞到靶面，中和靶面上的正电荷，从而实现绝缘材料的溅射。电子飞向靶面，靶面上迅速积累了大量的电子，使其表面因空间电荷呈现负电位，导致在射频电压的正半周也吸引离子轰击靶材。因此，溅射在正、负半周中均可产生。

图 3.2.10 为射频溅射原理图。假设靶上施加的是矩形波电压 u_{m}，在电源的正半周，由于绝缘体的极化作用，其表面迅速吸引附近等离子体中的电子，导致表面与等离子体之间产生了相同的电位，正半周靶表面电位变化如 u_{s}。上述过程

是电压 u_{m} 的电容充电过程。在电源的负半周，绝缘体靶表面实际的电位变化如 u_{s}，u_{s} 的最小值近似等于靶上所加负电压的两倍，此时离子射向绝缘体靶的表面，发生溅射。由于离子质量比电子质量大，离子迁移率较低，不能像电子那样迅速向靶表面集中，因此靶表面的电位上升缓慢，换句话说，由电子充电的电容器放电缓慢，下一个正半周又会重复上述的充电过程，结果就如同在绝缘体靶上加了一个大小为 u_{b} 的直流偏压，这样对绝缘体也可以进行溅射。若绝缘体靶上所施加的是正弦波，则偏压 u_{s} 也是正弦波，即由于所用电源是射频的，射频电流可以通过绝缘体靶两面间的电容而流动，故能对绝缘体靶进行溅射。

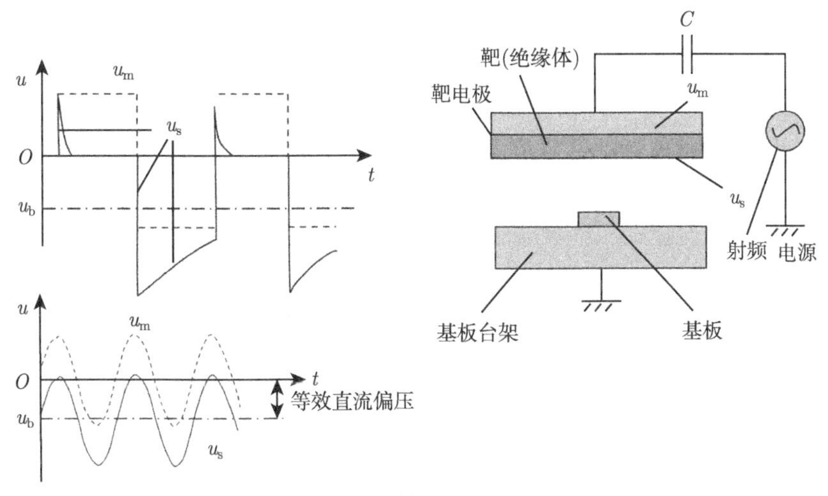

图 3.2.10　射频溅射原理图

接下来估算一下靶电位的上升速度，设靶的静电电容为 C、电位为 u、向靶入射的电流为 I。由于靶上积蓄的电量是 C_u，故

$$\Delta(C_u) = I\Delta t \tag{3.2.1}$$

式中，t 为时间。由于 C 与时间无关，则式 (3.2.1) 可以写成：

$$\Delta t = C\Delta u/I \tag{3.2.2}$$

因此，若设 $C \approx 10^{-12}\mathrm{F}$，$\Delta u \approx 10^{3}\mathrm{V}$，$I \approx 10^{-2}\mathrm{A}$，根据式 (3.2.2) 可以算出 Δt:

$$\Delta t \approx 10^{-7}\mathrm{s} \tag{3.2.3}$$

由此得到，在有 10mA 电流流动的状态下，电位上升 1kV，只需要 0.1μs 的时间。在溅射镀膜法中，大多数情况下，离子加速时的电压为 1kV 左右。假设在 1kV

下加速，经 0.1μs 的时间后，离子就不能继续对靶进行轰击。相反，如果在频率大约为

$$f = 1/\Delta t \approx 10^7\text{Hz} = 10\text{MHz} \tag{3.2.4}$$

的每个周期中，交换靶电位的正负极，消除由离子引起的靶带电现象，就可以避免靶电位上升。由此可以进一步定量地看出采用射频电源的必要性。商用溅射装置中，多用 13.56MHz 的射频电源。当用金属靶时，与上述绝缘靶不同的是，金属靶上没有自偏压作用的影响，只有靶处在负电位的半周期内时溅射才能发生。因此，在一般的射频溅射装置中，应在靶上串联一个电容，以隔断直流分量，使金属靶也能受到自偏压作用的影响。

在射频溅射的情况下，等离子体的产生是由于射频辉光放电。在射频装置中，等离子体中的电子易吸收射频场中的能量并在电场内振荡，这大大增加了电子与工作气体分子碰撞和电离的可能性，导致击穿电压和放电电压均明显降低，其数值约为直流溅射的十分之一。由于溅射条件下气体分子的存在，电子在振荡过程中与气体分子碰撞的可能性也大大增加，其运动由简谐运动变为无规则的杂乱运动。

由于电子可以不断地从电场中吸收能量，即使在电场较弱时，也可以在不断碰撞中积累足够的能量使气体分子电离，因此射频溅射相较于直流溅射可以在很低的电压下维持放电。射频维持放电的气体压力比直流放电低 1~2 个数量级。然而，由于射频放电开始前压力太低，电子数量不足，放电难以开始。因此，应尽量供应电子，或者在溅射室内安装彼此相对靠近的电极，其间加上高压进行放电；或者装置灯丝，进行加热使其放出热电子。

射频溅射不需要利用二次电子来维持放电。但是，如果离子能量高达数千电子伏，绝缘靶上发射的二次电子数量将相当多，由于靶的高负电位，电子通过辉光暗区时被加速，成为高能电子轰击基片，导致基片发热带电，并破坏镀膜的质量。为此，须将基片放置在不会被二次电子直接轰击的位置上，或者利用磁场使电子偏离基片。

利用射频溅射装置制备薄膜时，当基片也是绝缘体时情况又如何呢？事实上，基片经常以各种形式固定在接地的金属支架上，因而会产生漏电，基片上不会有太高的偏压。然而，靶之外的部分会由于自偏压而带负电。结果在放电过程中，基片会受到离子的轰击，基片上的薄膜也会受到一定程度的溅射而脱离基片，这种现象称为反溅射。反溅射随溅射条件的不同而异。

射频溅射 (包括反应射频溅射) 可采用任何材料的靶，在任何基片上沉积任何薄膜。采用磁控靶，则还可实现高速溅射沉积。这无论是从新材料研究开发考虑，还是从批量生产经济性考虑，都有非常重要的意义。

3.2.5 磁控溅射

普通溅射沉积方法有两个缺点：薄膜的沉积速度较低；溅射所需的工作气压较高，可能造成气体分子对薄膜的污染。为了提高沉积速度、降低工作气体压力，发展了磁控溅射技术。

20 世纪 20 年代，磁场和电场相互垂直布置的圆柱状磁控管在真空测量和微波振荡管中得到了应用，后来在溅射离子泵中也得到了应用。借鉴其在低气压下也能产生辉光放电的原理，1935 年 Penning 尝试利用磁控溅射制备薄膜，他所用的装置如图 3.2.11 所示，中央电极为阴极，阳极与阴极同轴，磁场方向与电场方向相垂直。这套装置的优点是成膜速度加快，溅射气压可以降低五分之一到六分之一，但是这套装置当时并没受到人们的关注。自 1969 年以来，柱状磁控溅射技术获得了很快的发展。Clarke 于 1971 年首次发布了 S-枪式磁控溅射源的专利。Chapin 于 1974 年首次发表了关于平面磁控溅射镀膜的论文。在接下来的几十年中，由于磁控溅射的很多优势，这种方法开始引起人们的关注，已研制出各种类型的磁控溅射装置 [6]。

磁控溅射与普通二极、三极溅射相比，沉积速率快，基片的温升低，对膜层的损伤小，因此这种方法又称为低温高速溅射。同时，磁控溅射也继承了一般溅射的优点：沉积的膜层均匀、致密、针孔少、纯度高、附着力强，应用的靶材广等，可进行反应溅射，可制取成分稳定的合金膜等。此外，磁控溅射具有工作压力范围广、操作电压低这些显著特点。图 3.2.12 是磁控溅射的工作原理示意图。

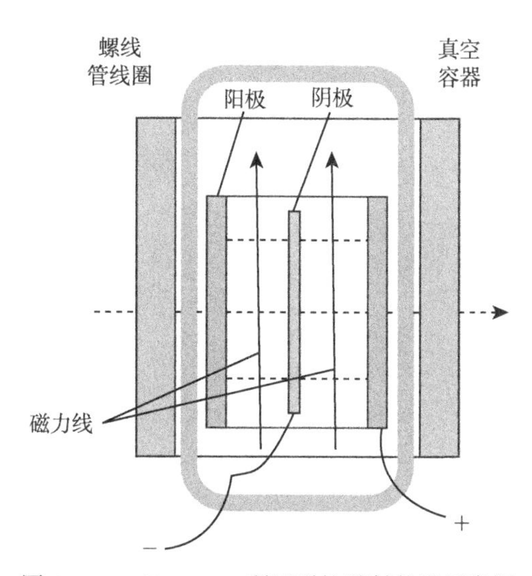

图 3.2.11 Penning 所用磁控溅射装置示意图

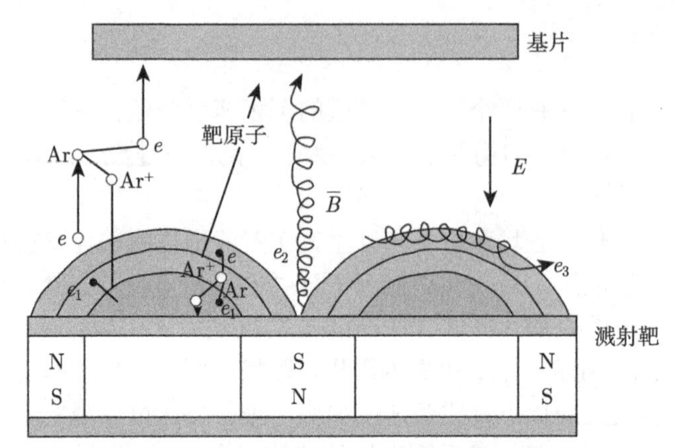

图 3.2.12　磁控溅射的工作原理示意图

磁控溅射不仅可得到很高的溅射速率，而且在溅射金属时还可避免二次电子轰击而使基片保持接近“冷态”，这对使用单晶和塑料基片具有重要意义。磁控溅射电源可为直流也可为射频，故可以制备各种材料。

1. 靶表面的电子运动

不同磁控溅射源在结构上存在一定的差异，但它们都必须满足两个条件：① 磁场与电场垂直；② 磁场方向与阴极 (靶) 表面平行，并组成环形磁场。

外加磁场对气体放电产生很大影响。靶材受离子轰击要放出二次电子，电场和磁场垂直布置，从而实现对二次电子的有效控制，进而产生了磁控溅射的一系列特点。以平面溅射源为例，为了进一步了解磁控溅射中二次电子的行为，下面以简化的模型为例，建立二次电子的运动模型。

如图 3.2.13 所示，设在电场强度为 E、磁感应强度为 B 的电磁场中，有一质量为 m、电荷为 q、速度为 v 的运动粒子，其运动方程式为 $m\dfrac{\mathrm{d}v}{\mathrm{d}t} = q\left[E + (v \times B)\right]$，其中 t 为时间。

选取如图 3.2.13 所示的直角坐标系，使 E 与 x 轴反平行，B 沿 z 轴，有

$$\frac{\mathrm{d}v_x}{\mathrm{d}t} = \frac{q}{m}(E + Bv_y) \tag{3.2.5}$$

$$\frac{\mathrm{d}v_y}{\mathrm{d}t} = -\frac{q}{m}Bv_x \tag{3.2.6}$$

$$\frac{\mathrm{d}v_z}{\mathrm{d}t} = 0 \tag{3.2.7}$$

z 方向的运动简单，可以不必考虑。

由 x 运动方向的方程对 t 进行微分，代入 y 方向运动方程得

$$\frac{\mathrm{d}^2 v_x}{\mathrm{d}t^2}=\frac{-q^2B^2}{m^2}v_x \tag{3.2.8}$$

所以 x 方向的速度和位移分别为

$$v_x=v_0\sin\left(\frac{qB}{m}t+\delta\right) \tag{3.2.9}$$

$$x=x_0-\frac{mv_0}{qB}\cos\left(\frac{qB}{m}t+\delta\right) \tag{3.2.10}$$

同理，可以计算出 y 方向的速度和位移：

$$v_y=v_0\cos\left(\frac{qB}{m}t+\delta\right)+\frac{E}{B} \tag{3.2.11}$$

$$y=y_0+\frac{mv_0}{qB}\sin\left(\frac{qB}{m}t+\delta\right)+\frac{E}{B}t \tag{3.2.12}$$

式中，v_0、δ 为由初始条件决定的常数。令

$$\omega\equiv qB/m \tag{3.2.13}$$

式中，ω 为粒子回转角频率。若用电子的电量 e 代替式 (3.2.13) 中的 q，得到的 $\omega\equiv eB/m$ 称为电子的回转频率。电子运动轨迹如图 3.2.13 所示，可以求得电子的回旋半径为

$$r_{\mathrm{L}}=\frac{mv_0}{eB} \tag{3.2.14}$$

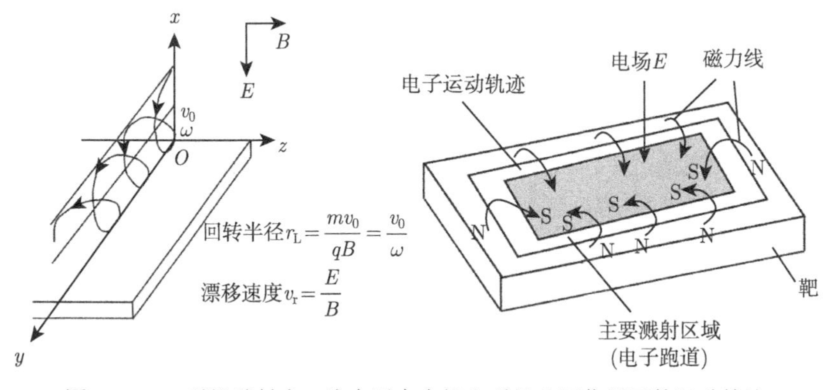

图 3.2.13 磁控溅射中二次电子在电场和磁场共同作用下的运动轨迹

由 y 方向的位移公式可得，电子的漂移速度为

$$v_{\mathrm{r}} = \frac{E}{B} \tag{3.2.15}$$

假定电子的初始运动速度 v_0 与电子在固体内部的热运动速度大致相等，即

$$v_0 = \sqrt{\frac{kT}{m}} \tag{3.2.16}$$

将 $m = 9.1 \times 10^{-31}\mathrm{kg}$, $k = 1.4 \times 10^{-23}\mathrm{J/K}$, $e = 1.6 \times 10^{-19}\mathrm{C}$, $T = 300\mathrm{K}$, $B = 1.0 \times 10^{-2}\mathrm{T}$ 代入式 (3.2.16) 中，得到：$v_0 \approx 6.7 \times 10^4\mathrm{m/s}$，$r_{\mathrm{L}} \approx 3.8 \times 10^{-5}\mathrm{m}$，$\omega_e = 18 \times 10^9\mathrm{rad/s}$。

可以看出，在电场和磁场的共同作用下，二次电子的回转频率很高，回转半径很小。图 3.2.13 中，环形磁场区域一般称为跑道，磁力线由跑道的外环指向内环，横贯跑道。靶面发出的二次电子，在相互垂直的电场力和磁场力的共同作用下，沿着跑道跨越磁力线做旋轮线形的跳动，并以这种形式沿着跑道转圈，增加与气体原子碰撞的机会。由此可得，磁控溅射的基本原理就是通过磁场来改变电子的运动方向，实现对电子运动轨迹的束缚和延长，进而增加电子对工作气体的电离概率，实现对电子能量的高效利用。其结果是使正离子对靶材轰击所引起的溅射更加有效。因此，磁控溅射可从根本上克服上述二极、三极溅射的缺点，其理由如下。

(1) 能量较低的二次电子以旋轮线的形式在靠近靶的封闭等离子体中来回运动，距离足够远，增加了每个电子使原子电离的机会，而且电子只有在能量耗尽以后才能脱离靶表面，且落在阳极 (基片) 上。这是基片温升低、损伤小的主要原因。

(2) 电磁场将高密度等离子体束缚在靶面附近，不与基片接触，从而电离产生的正离子能对靶面进行有效的轰击，基片也避免了等离子体的轰击。

(3) 由于提高了电离效率，工作压强可降低到 $10^{-1} \sim 10^{-2}$ Pa 数量级甚至更低，从而可减少工作气体对被溅射出原子的散射作用，提高沉积速率，并增加膜层的附着力。

(4) 进行磁控溅射时，电子与气体原子的碰撞概率高，气体离化率大大增加。相应地，放电气体 (或等离子体) 的阻抗大幅度降低。因此，直流磁控溅射与直流二极溅射相比，即使工作压强由 $10^{-1}\mathrm{Pa}$ 变化到 $10^{-1} \sim 10^{-2}\mathrm{Pa}$，溅射电压由几千伏降低到几百伏，溅射效率和沉积速率也会呈数量级增加。

图 3.2.14 是几种不同的磁控溅射源示意图。图 3.2.14(a)、(b) 所示为圆柱状磁控溅射源，适合于制作大面积溅射镀膜；图 3.2.14(c) 所示为平面磁控溅射源，可以制成小靶，适合于贵重金属靶材的溅射；图 3.2.14(d) 所示是磁控溅射枪 (S

枪)。S 枪结构比较复杂，它不仅具有磁控溅射“低温”和“高速”的特点，而且由于其特殊的靶形状与冷却方式，还具有靶材利用率高、膜厚分布均匀、靶功率密度大和易于更换靶材等优点。

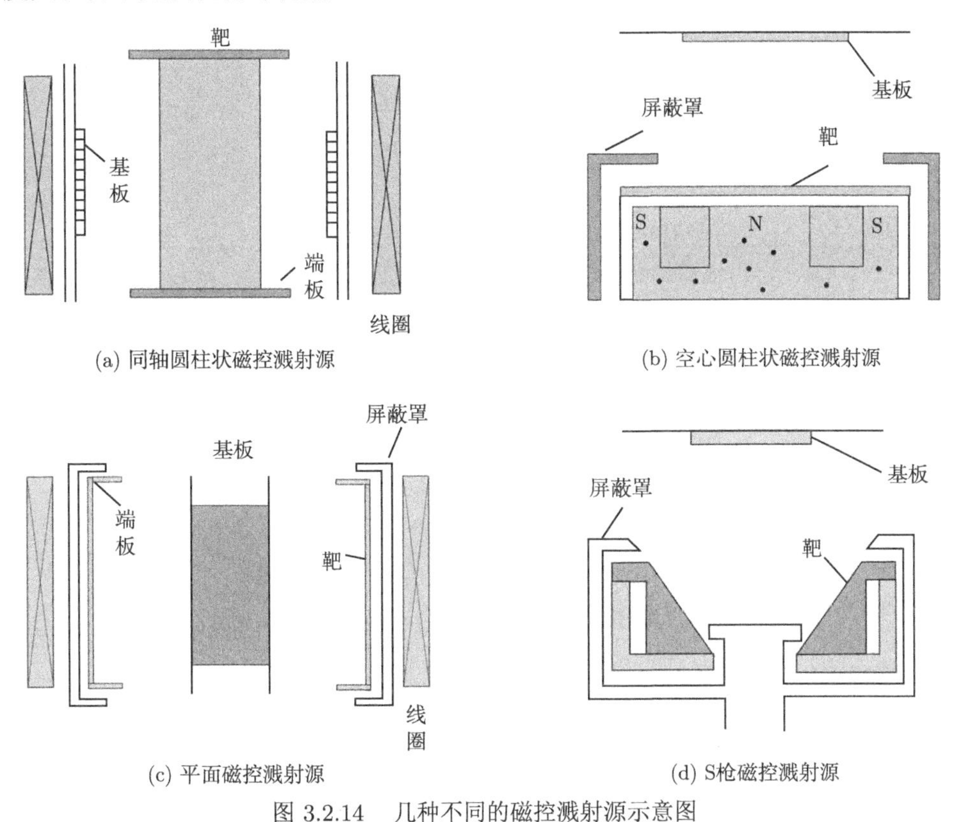

(a) 同轴圆柱状磁控溅射源　(b) 空心圆柱状磁控溅射源

(c) 平面磁控溅射源　(d) S枪磁控溅射源

图 3.2.14　几种不同的磁控溅射源示意图

2. 磁控溅射的特点——低温、高速

1) 低温溅射

普通二极溅射基板温升严重，有时甚至能达到几百摄氏度，这是一个很大的缺点。可以根据表 3.2.2 估算单位沉积速率时基板上的入射功率密度。靶面的热辐射和二次电子的轰击约占基片入射功率的 95%。对靶材进行直接水冷和利用磁场减小电子能量的同时，再辅以电子捕集器以减弱电子对基板的轰击，从而降低入射功率，由此发展了低温溅射装置。图 3.2.15 为同轴磁控低温溅射原理图。辐条栅格形电子捕集器按圆周状布置在靶和基板之间靠基板一侧，若靶发射的二次电子进入电子捕集器就会被捕集，这并不影响被溅射原子向基板方向的入射。图 3.2.16 给出了在有无电子捕集器的情况下，低温溅射时基板的温升情况。从图中最下面一条线可以看出，溅射 Cr 时，在 7nm/min 的沉积速率下，经过 10min

溅射，基板温升不到 10℃。若采用其他方法，如采用射频溅射电源，则温升会变大。基板温升的主要原因是阳极 (包括基板架) 在处于射频波的负半周时会有离子入射。

表 3.2.2　基板上的入射功率密度

入射功率来源	单位沉积速率时入射功率密度/((mW/cm^2)/(nm/min))		磁控溅射时基板单位面积的入射功率/(mW/cm^2)
	射频平板二极溅射	同轴电极直流磁控溅射	
靶面的热辐射	11.4(61.98%)	—	—
二次电子轰击	6.1(33.16%)	2×10^{-4}(约 0%>)	0.0015
溅射原子的动能	0.014(0.08%)	0.23(95.4%)	1.6
其他	0.88(4.78%)	0.011(4.56%)	0.0083
合计	18.394(100%)	0.241(100%) 0.48(实测值)	1.7 3.4(实测值)

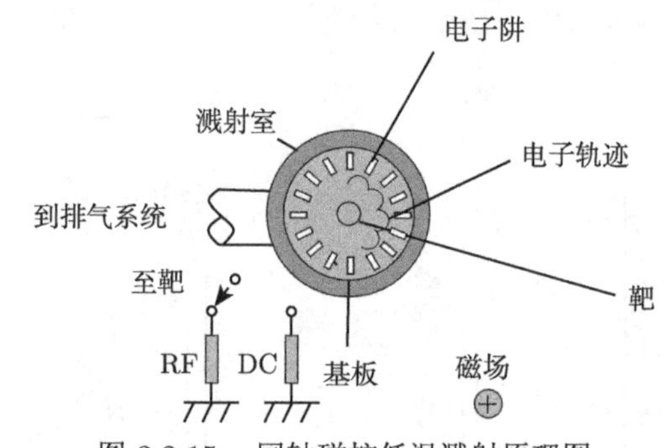

图 3.2.15　同轴磁控低温溅射原理图

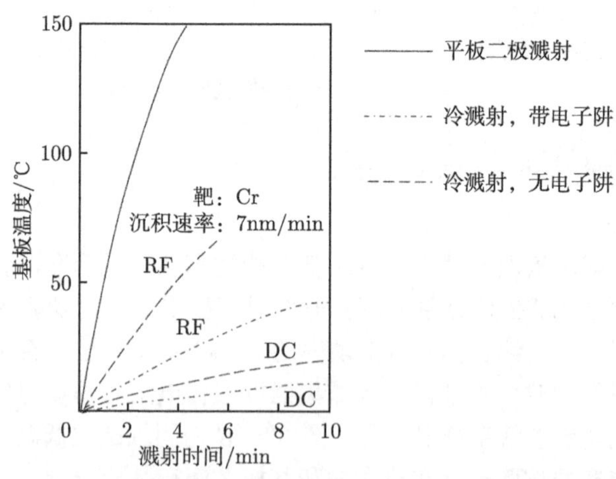

图 3.2.16　低温溅射时基板的温升 (0.5mm 厚 Cu 基板)

上述同轴磁控低温溅射装置中，向基片加速运动的电子做螺旋运动，电子携带的能量变小。因为电场并非完全呈辐射状而是具有相当多的轴向分量，所以电子在轴向电场中被加速，而且其大部分流入垂直于纸面的上、下真空容器中，即图 3.2.17 中的 A、B 部分，基片上几乎没有电子流入。但是，因为使用了电子捕集器电极，温度也会升高。

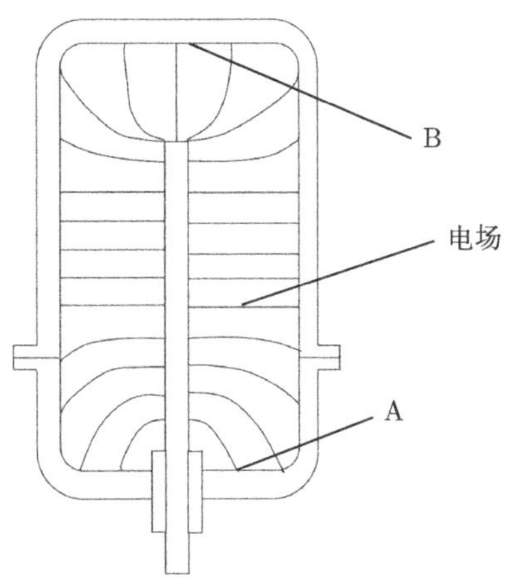

图 3.2.17 低温溅射中的电场

从表 3.2.2 中入射功率来源、单位沉积速率时入射功率密度可以看出，采用上述同轴磁控低温溅射装置入射基片的功率较低。此外，沉积在基片上的被溅射粒子所带的能量构成了入射基片能量的绝大部分 (约占 95.4%)。也就是说，入射基片的能量已经减少到了不能再减的程度。基片温升随沉积速率的提高而增大，图 3.2.18 所示为基片温度上升速率和沉积速率之间的关系。

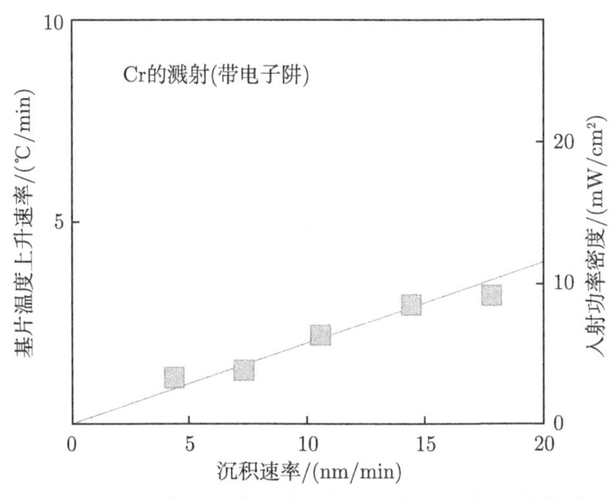

图 3.2.18 基片温度上升速率和沉积速率之间的关系

由于上述低温溅射装置的基片温升很低，塑料制品上也能溅射沉积附着强度良好的薄膜，而且可以做到不发生任何变形。另外，在要求埃量级加工精度的某些超精密部件 (温升要限制在尺寸偏差允许的范围内) 上，也成功沉积了符合要求的薄膜。

2) 高速低温溅射

在低温溅射的基础上，为了满足大批量生产镀膜的需求，提高沉积速率有以下几种思路：

(1) 尽量加大投入到靶上的功率；

(2) 提高溅射沉积的功率效率 (在相同功率的条件下，使溅射沉积速率提高)；

(3) 减少溅射原子或分子向靶的逆扩散 (二极溅射中，约 1/2 原子或分子在溅射后又返回靶)。

下面对这几种思路分别进行具体介绍。

(1) 尽量加大投入到靶上的功率。

在靶表面附近造成一个高密度的等离子体区，使其流过大的离子流，从而实现大功率化。为此，利用磁场和电场正交的磁控管放电，并使运动电子沿着靶表面附近做旋轮线运动。这一点通过具有连续轨道的平板磁控靶 (图 3.2.19 所示的圆盘形或方形靶) 或具有电子返回电极的同轴磁控管 (图 3.2.20) 实现，与图 3.2.17 不同的是，低温溅射电场中的电子在端板附近返回，被封闭在靶附近。正因为如此，靶的功率密度可以增大到 25W/cm^2，与一般射频二极溅射时的 4.4W/cm^2 相比，约增加 5 倍。

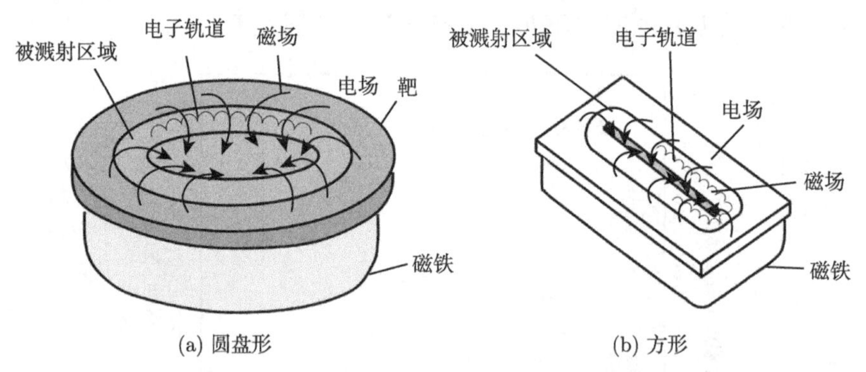

图 3.2.19　电子在平板磁控靶表面沿跑道做旋轮线运动

(2) 提高溅射沉积的功率效率。

靶的溅射减薄速率与靶的功率密度之比，称为溅射的功率效率。它是比较溅射效率的实用指标，可以根据溅射产额的数据做定量分析。考虑单位面积靶上每秒有 a 个离子在加速电压 U_i 下入射。设离子的电荷为 e，入射离子能量为 200~500eV 时，溅射的功率效率最高，它是溅射镀膜的最佳工艺参数，则入射功率为 $U_i ae$。

设溅射产额为 Y [原子/离子]，则被溅射的原子或分子数为 Ya 个。设 N_A 为阿伏伽德罗常数，μ 为摩尔质量，ρ 为密度，则在面积为 1cm^2、厚度为 1nm 的体积中原子或分子数为 $[N_A/(\mu/\rho)] \times 10^{-7}$ 个。因此，如果以 nm 为单位表示单位入射功率下靶溅射减薄的厚度 t，则 t 可由下式给出：

$$\begin{aligned} t &= \left\{Ya/\left[N_A/(\mu/\rho)\right] \times 10^{-8}\right\}/(U_i ae) \\ &= 6.25 \times 10^3 (Y\mu/U_i\rho)(\mathrm{nm}/(\min\cdot\mathrm{W})) \end{aligned} \tag{3.2.17}$$

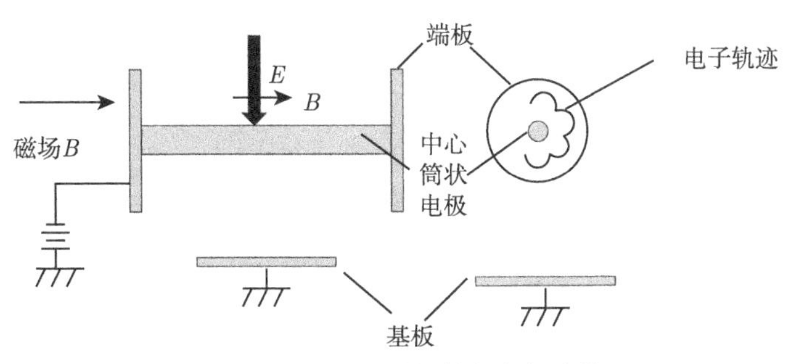

图 3.2.20　同轴磁控管的电极结构

根据式 (3.2.17) 对已知的溅射产额和离子能量等数据进行整理，就可以获得溅射减薄的功率效率，其单位是 nm/(min·W)，这是衡量溅射效率的实用指标。图 3.2.21 所示为溅射减薄的功率 (靶入射单位功率的溅射减薄速率) 与入射离子能量的关系。从图中可以看出，对于大多数金属来说，溅射功率效率的含义是入射功率贡献给溅射的份额，其他的份额则贡献给了靶材发热、γ 光子和 X 射线发射、二次电子发射等，这些能量消耗对于溅射来说，可以看成是“无功的”，所以在同样的功率输入时，功率效率越高，溅射效率越高。对于溅射装置来说，虽然不能保持离子能量一定，但如果将离子能量的平均值与靶电压的 1/2 相对应，则靶电压取 0.2~1.0kV 是合适的。磁控溅射的靶电压一般为 200~800V，典型值为 600V，正好处在功率效率最高的范围内。相比之下，二极溅射的靶电压为 1~3kV，处在功率效率下降的区域，也就是说，过高的入射离子能量只会使靶过分加热，对溅射的贡献反而下降。

还可以利用放电空间的阻抗特性 (溅射过程中放电电流和溅射电压的关系) 来对比不同溅射方法的溅射效率和沉积效率，溅射放电属于异常辉光放电，异常辉光放电对应于不同的溅射模式，只能在相应的一个电压电流区间稳定，否则不是放电熄灭，就是过渡到破坏性的弧光放电。不同电压、电流辉光放电区间取决于气体压力。图 3.2.22 给出了各种溅射方法所对应靶的平均电流密度。

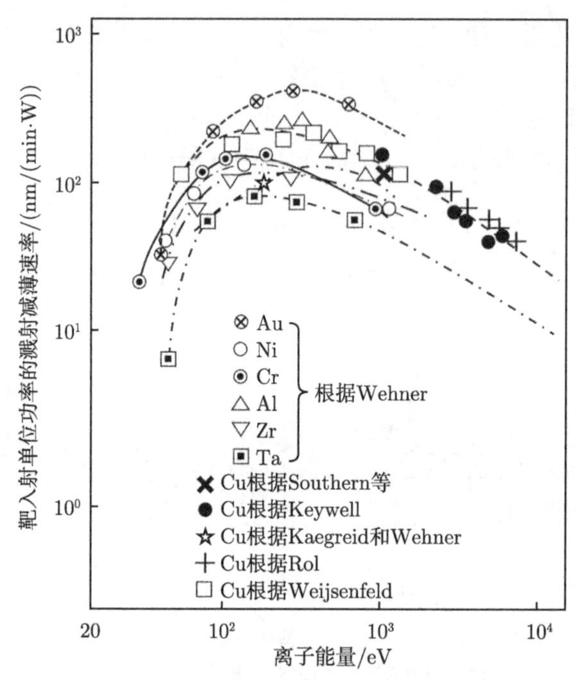

图 3.2.21　溅射减薄的功率与入射离子能量的关系

通常情况下，溅射过程中放电电流 I 与溅射电压 U 的关系 (异常辉光放电的伏安特性) 可表示为

$$I = AU^n \tag{3.2.18}$$

式中，A 是常数；溅射方法不同，则 n 的值不一样，n 在很大的范围内变化。n 的大小由二次电子的状态和运动方式决定。一般情况下，在射频二极溅射中，n 为 0.5~1.5；在直流磁控溅射中，n 为 5~7；在射频磁控溅射中，n 为 1.5~5。可得磁控溅射法的 n 值较大。n 值的不同反映了不同溅射方法下参数的不同，实质上反映了放电空间的阻抗特性。二极溅射中 n 很小，即放电空间的阻抗大，相对来说是高电压、小电流的工作模式；磁控溅射中 n 较大，即放电空间的阻抗小，相对来说是低电压、大电流的工作模式。从图 3.2.22 可以看出，在磁控溅射的工作电压范围内，其电流超过二极溅射 10~100 倍，因此磁控溅射除了抵消由于电压低、溅射产额较低造成的影响，还会使溅射速率大大超过二极溅射。

从以上两点分析可以看出，提高等离子体区的离子密度和降低放电阻抗，对于实现高速溅射至关重要，磁控溅射正是在这两点上实现了突破。

(3) 减少溅射原子或分子向靶的逆扩散。

减少溅射原子或分子向靶的逆扩散可通过降低溅射压力和使靶小型化来实现。磁控溅射一般在 0.0999Pa 量级进行，而自溅射中导入的溅射气体压力甚至可以降低到零。如图 3.2.20 所示，若使中心部分的筒状电极变细，则从空间看靶的立体角非常小，从而可以减少溅射原子逆扩散。这就是同轴电极磁控溅射在溅射功率效率方面优于平板形电极射频溅射的原因。

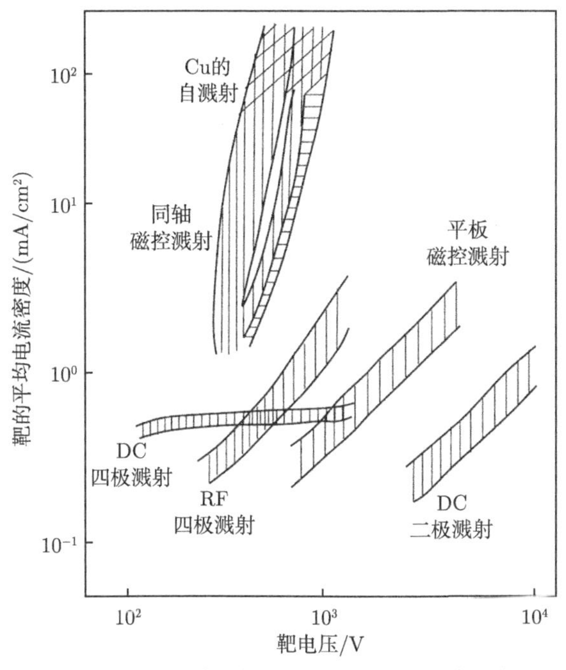

图 3.2.22　各种溅射方法中靶的平均电流密度

图 3.2.23 所示是普通射频二极溅射和磁控溅射中基片温升的对比曲线。很明显，磁控溅射中基片温升小很多，沉积速率越高越明显。由于磁控溅射中相互正

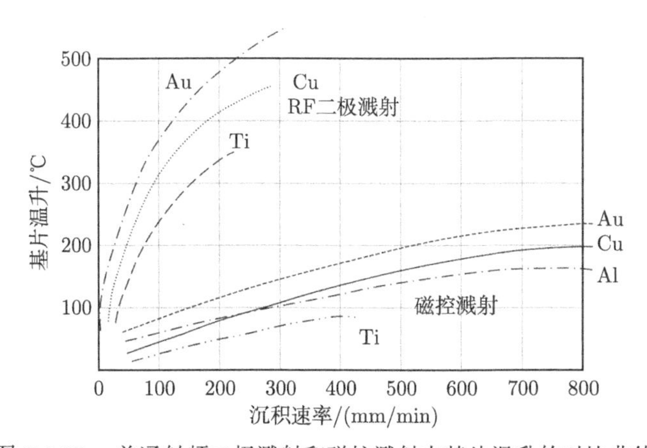

图 3.2.23　普通射频二极溅射和磁控溅射中基片温升的对比曲线

交的电磁场可以束缚二次电子，能避免高能电子对基片表面膜层的轰击，因而可以获得低损伤、高品质的膜层。

3. *磁控溅射的应用*

磁控溅射具有很多优点，如高速、低温、低损伤，尤其是可以连续制备大面积膜层，方便实现自动化和大批量生产。近年来磁控溅射大放异彩，在大规模集成电路、电子元器件、磁及光磁记录、平板显示器，以及光学、能源、机械工业等产业化领域均得到广泛应用。

工业的需求和表面技术的发展，使得新型磁控溅射，如高速溅射、自溅射等，成为磁控溅射领域新的发展趋势。高速溅射沉积速率减短了镀膜溅射时间，从而使工业生产效率提升。目前的电镀工艺对环境有污染，而磁控溅射有可能替代它。在溅射率非常高的情况下，自溅射就有可能发生，被溅射材料的离子化及减少甚至取消惰性气体，会显著影响薄膜形成的机制，加强沉积薄膜过程中合金和化合物形成中的化学反应，由此可能制备出新的薄膜材料，发展新的溅射技术。高速溅射和自溅射都具有较高的靶功率密度。高速溅射在特定的条件下才能保持高速溅射。溅射靶的冷却制约了高速沉积薄膜。高速率磁控溅射通过产生大量的溅射粒子来达到高的薄膜沉积速率，这代表着高速粒子流飞向基片，使得沉积过程中大量粒子的能量被转移到生长薄膜上，引起沉积温度明显增加。阴极冷却水带走了溅射离子的大部分能量，并限制薄膜的最大溅射速率。冷却不仅要有足够的冷却水循环，还要求良好的靶材导热率及较薄的靶厚度。同时，高速率磁控溅射中典型的靶材利用率低，因而提高靶材利用率也是有待解决的一个问题。

3.2.6　ECR 溅射

利用电子回旋共振 (ECR) 等离子体放电的溅射称为 ECR 溅射。利用 ECR 等离子体放电原理搭建的装置既可以镀膜，也可以进行溅射刻蚀。图 3.2.24 是一个用于晶圆刻蚀的 ECR 装置，在 ECR 源对面的晶圆架上放置需要刻蚀的晶圆，施加射频电压，便可对晶圆进行刻蚀。用于溅射镀膜的装置与图 3.2.24 所示装置相似，只需要用圆筒状靶取代图中的等离子体萃取环，基片放置于晶圆位置。

ECR 溅射具有很多优点：① ECR 等离子体密度高，即使在 10^{-3} Pa 的低气压下也能维持放电。② ECR 等离子体由 ECR 源输出，ECR 源、靶、基片三者的参数可独立控制与调节，放电、溅射和成膜都很稳定。③ 等离子体由微波引入，且被磁场约束。由于不采用热阴极，不受周围环境的污染，因此等离子体纯度高，适用于高质量膜层沉积。④ 通过调节约束磁场，可以按要求控制等离子体的分布。

近年来，ECR 溅射得到了多方面的应用，如大规模集成电路制作、微电子与机械系统 (microelectronics mechanical system, MEMS) 加工。

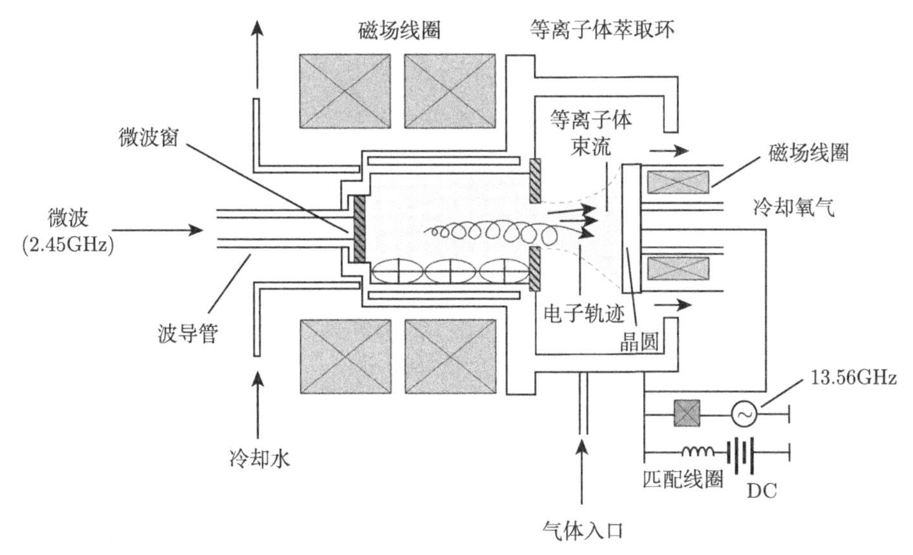

图 3.2.24 用于晶圆刻蚀的 ECR 装置

3.2.7 对向靶溅射

对于磁性材料，如果要实现低温、高速溅射镀膜，需要满足特殊要求。如果采用磁控溅射制备磁性薄膜，由于磁阻很低，磁场几乎完全从靶中通过，平行于靶表面的强磁场不会形成，并且基片温度也会升高。为了对强磁性靶实现低温、高速溅射镀膜，可采用对向靶溅射法。

图 3.2.25 为对向靶溅射原理图。顾名思义，对向靶溅射中，两个靶材相对安置，所施加的磁场垂直于靶表面，且磁场与电场相互平行。阳极放置在与靶面垂直的位置，通过阳极和磁场一起约束等离子体。二次电子从靶面飞出后，在垂直靶的阴极电位下降区的电场作用下加速。电子在向阳极运动过程中受到磁场作用，但因为在两靶上加有较高的负偏压，部分电子几乎沿直线运动，到对面靶的阴极电位下降区被减速，然后向相反方向加速运动，加上磁场的作用，由靶产生的二次电子就被有效地束缚在两个靶之间，形成柱状等离子体。电子在两个电极之间来回反射，加长了电子运动的路程，提升了和氩气碰撞电离的概率，从而增加了两个靶之间气体的电离化程度，增加了氩离子密度，因而加快了沉积速率。

二次电子受到两个力的作用，一个是磁场的约束，另一个是很强的静电反射作用。在这两种作用下，等离子体被紧紧地约束在两个靶面之间，避免了高能电子对基片的轰击，使基片温度不会升高。因此，对向靶溅射可沉积磁性薄膜，并具有溅射速率高、基片温度低的特点。

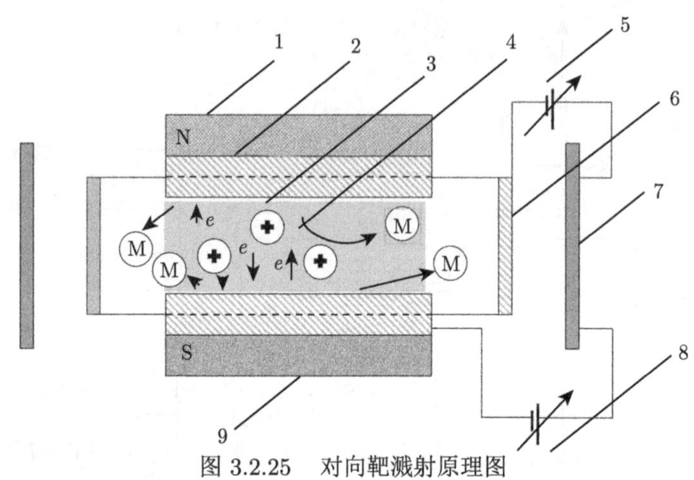

图 3.2.25　对向靶溅射原理图

1-磁场 N 极；2-对向靶阴极；3-阴极暗区；4-等离子体区；5-基片偏压电源；6-基片；7-阳极 (真空室)；8-靶电源；9-磁场 S 极

3.2.8　反应溅射

发明射频溅射装置后，可以很容易获得蒸气压比较低的绝缘体薄膜，如 SiO_2、Al_2O_3、Si_3N_4、TiO_2 和玻璃等。但是，当人们制备化合物薄膜时，多数情况下所获得薄膜的成分与靶化合物的成分发生偏离。例如，制备 SiO_2 薄膜时，利用 Ar 进行射频溅射时，薄膜成分中往往氧含量不足，这是因为从靶中被溅射出的氧气有一部分被排走，从而氧气的有效分压降低，为了解决这个问题，在放电气体 Ar 中适当地混入 O_2，以补充 O_2 的不足，调整工艺参数使制出薄膜的成分与靶的成分相同，这种方法称为反应溅射法。

反应溅射法逐渐普及，采用金属靶，积极地在放电气体中混入活性气体。通过这种方法，不仅可以制备氧化物薄膜，还可以制备氮化物、碳化物、硫化物、氢化物等薄膜，薄膜的成分和性质也能进行精准控制。反应溅射，既可以使用射频溅射，也可以使用直流溅射，对于绝缘体薄膜，一般采用射频溅射。

化合物薄膜是溅射原子与活性气体在基片上进行反应而形成的。随气体导入量的增加，薄膜的沉积速率在某一分压之下会急剧变小。基于这一事实，在放电气氛中引入了活性气体，活性气体在靶上也会发生反应。图 3.2.26 为反应溅射过程示意图。在靶材表面氩离子引起的溅射和活性气体引起的反应同时进行。随着溅射原子与活性气体在基片上反应过程的进行，逐渐形成化合物薄膜。搞清楚了这两个过程，便可了解反应溅射。

靶材表面氩离子引起溅射和活性气体引起反应这两个过程中，发生在靶上的溅射和活性气体的反应最为重要，这里的溅射主要是物理溅射，如果化合物性质不同，也会引起化学溅射。化学溅射、物理溅射的主要区别在于化学溅射可在离子能量较低时发生。离子能量的升高，也会使物理溅射加入，因此溅射速率会随溅射电压成比例增加。为了说明反应溅射的原理，提出了几种模型：① 在靶面上由表面沿厚度方向的反应模型；② 由吸附原子在靶面上的反应模型；③ 被溅射原子的捕集模型。这些模型着眼于发生在靶面上的反应过程，都是以与沉积速率、活性气体压力密切相关的实验结果为依据，试图通过对比进行说明。产生反应的必要条件：反应物分子必须有足够高的能量，以克服分子间的势垒 $\bar{V}_0$。势垒与能量之间的关系为

$$E_{\mathrm{a}} = N_{\mathrm{A}}\bar{V}_0 \tag{3.2.19}$$

式中，E_{a} 为反应活化能；N_{A} 为阿伏伽德罗常数。反应过程基本上发生在基片表面，气相反应几乎可以忽略。受离子轰击的靶面原子变得活泼，加上靶面温度会有一定程度的升高，使得靶面的反应速度大大增加，所以溅射时靶面的反应不能忽略。因此，这时靶面同时存在溅射和反应两个过程，如果溅射率大于化合物的生成速率，则处于溅射状态；反之，则有可能会使溅射停止。

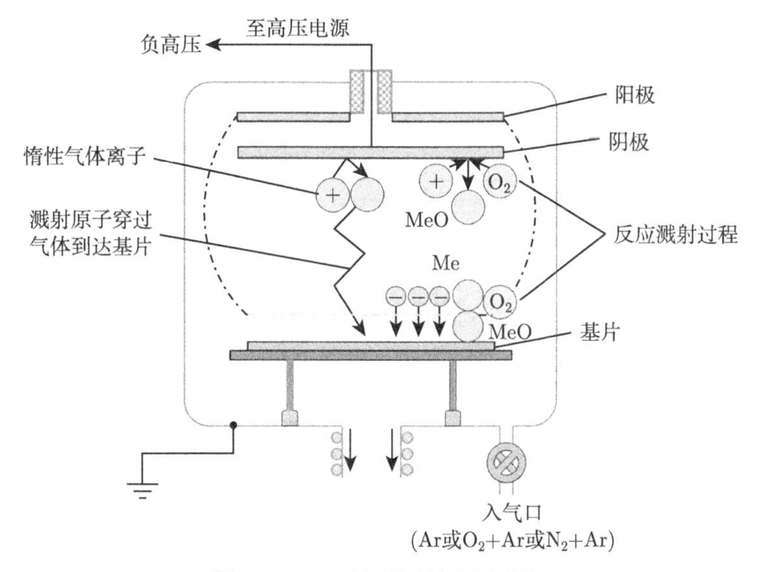

图 3.2.26 反应溅射过程示意图

必须控制入射到基片上的金属原子与气体分子的反应速率，以保证在基片上形成化合物的反应充分进行。在其他条件一定时，溅射功率越小，反应越充分，因此通过调节溅射功率和反应气体压强可获得高质量薄膜。

通过改变溅射反应气体与惰性气体的比例，就可以改变薄膜的性质。金属化合物的形成几乎全部发生在基片上，并且基片温度越高，薄膜沉积速率也越快。

3.2.9 零气压溅射

降低溅射气压可减少膜中杂质气体，如 Ar、O_2 和 N_2 等，同时减少散射作用，提高孔底涂覆率，改善耐电迁移特性。因此，通过降低溅射气压的方式可明显改善膜层质量，提高膜层特性。于是，在很多应用方面，人们希望实现零气压溅射，并投入了大量的研究。

1. 准直溅射

准直溅射是在普通溅射压力的基础上，增设准直电极，对沿不同方向运动的溅射原子加以选择，以改善大深径比微细孔的膜层埋入，而不降低溅射压力。图 3.2.27 为准直溅射沉积的原理图。从图中可以看出，只有从基板垂直方向飞来的溅射原子才能到达基板，从其他方向飞来的溅射原子将会附着到准直电极上。因此，大深径比的微细孔底部也能良好地附着膜层。图 3.2.28 为准直溅射与平板磁控溅射中孔底涂覆率同深径比关系的对比。虽然随着接触孔直径的变小，孔底涂覆率逐渐变小，但与通常的平板磁控溅射相比，准直溅射还是能获得更优良的孔底涂覆效果。准直溅射方法已经得到了应用，但它又有一些缺点：如果采用较大的准直电极或准直电极使用时间较长，会产生有可能造成污染的颗粒源。因此，人们在努力研究在不采用准直电极的情况下能提高孔底涂覆率的技术。

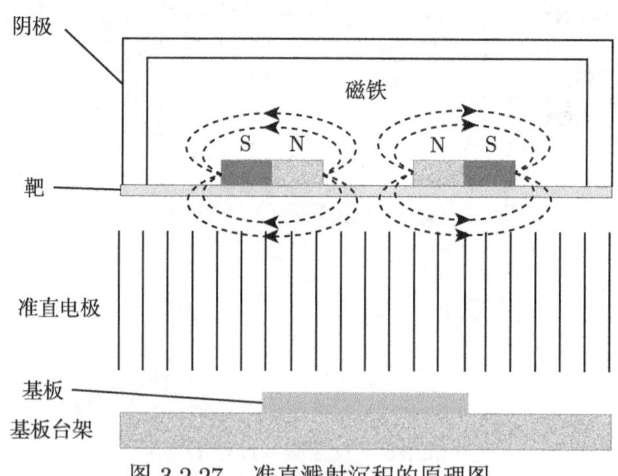

图 3.2.27　准直溅射沉积的原理图

2. 低气压溅射——长距离溅射

有人将基板—靶之间的距离增大到 300mm，大约是原来的 4 倍，并改善了磁场分布及强度，使溅射气压降低到 3.5×10^{-2}Pa，成功实现了低气压溅射，并大幅度改善了孔底涂覆率 (图 3.2.29、图 3.2.30)。

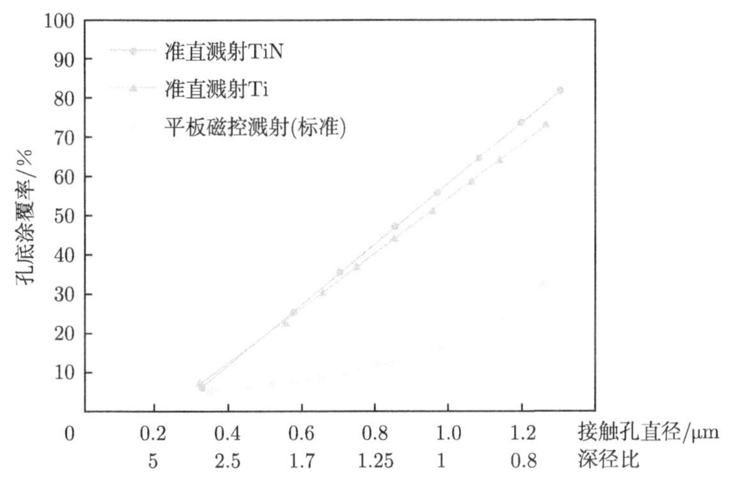

图 3.2.28 准直溅射与平板磁控溅射中孔底涂覆率同深径比关系的对比

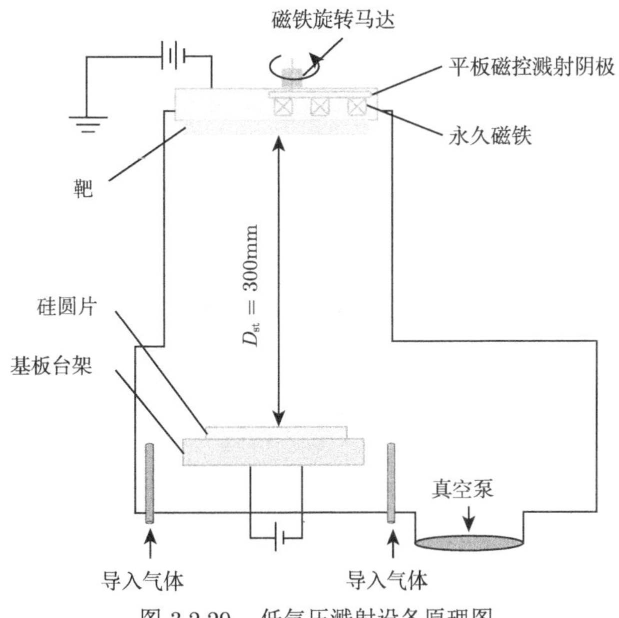

图 3.2.29 低气压溅射设备原理图

3. 高真空溅射

平板磁控溅射只有压强达到 10^{-1}Pa 时才能够放电，而溅射离子泵中采用的潘宁放电在 10^{-10}Pa 超高真空下也可以进行。为了解决这个问题，人们发展了高真空溅射技术。最开始，放电一旦停止等离子体便消失，为此人们设计了各种各样的电极结构，如图 3.2.31 所示。在平板磁控电极的基础上，增设防止等离子体扩散的阻挡壁，就得到图 3.2.31(a) 和 (b) 所示结构。图 3.2.31(c) 是在靶面上设置沟槽的同时，增大磁通密度。图 3.2.31(d) 是进一步将磁体由铁氧体改为稀土永磁体，以增大磁通密度。以上四种电极，均不能实现低气压下的放电。最终，同时强化电场和磁场，实现了高真空溅射，从而实现了等离子体放电的低气压化。

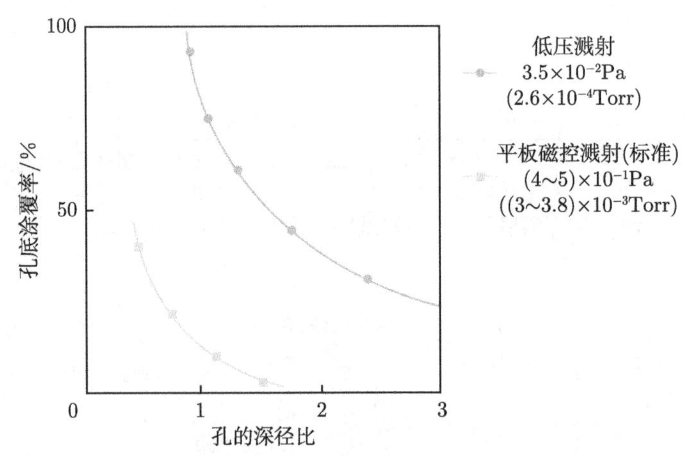

图 3.2.30　不同溅射气压下孔底涂覆率随孔的深径比的变化关系

1Torr≈133.322Pa

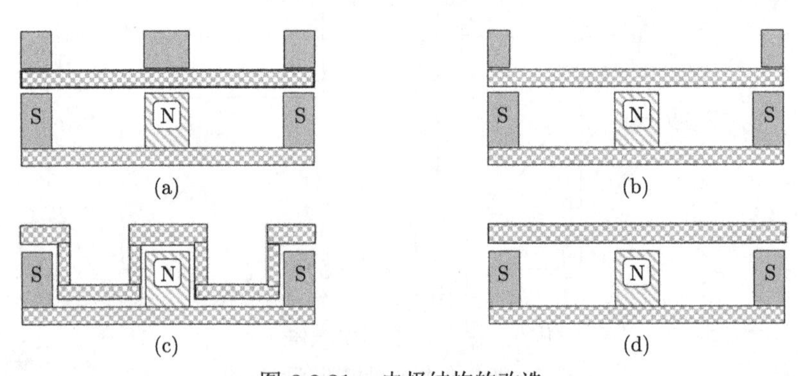

图 3.2.31　电极结构的改造

图 3.2.32 为实验中使用的直径约 170mm 的高真空磁控电极结构。增设了辅助磁体后，获得了最大为 360mT 的磁通密度，采用的溅射电源最高电压可达 6.8kV。

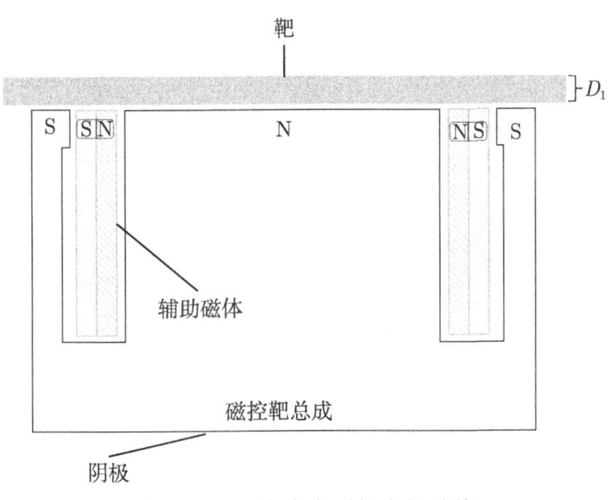

图 3.2.32 高真空磁控电极结构

图 3.2.33 所示为溅射沉积速率与压强的关系，利用最适合的溅射沉积条件得到了曲线 B。如图所示，若采用高真空溅射装置，在 10^{-1}Pa 的普通磁控溅射压力下，溅射沉积速率随压力减小按比例降低。近年来，高真空磁控溅射的应用范围越来越广，如在 MBE 等单晶膜生长领域及原子微组装 (atomic manipulation) 领域均获得了应用。

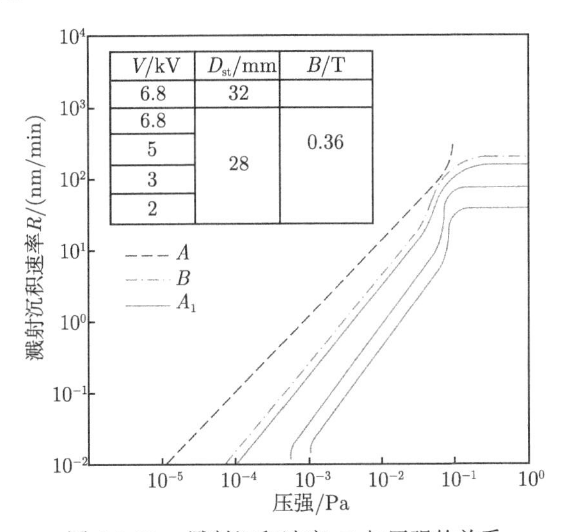

图 3.2.33 溅射沉积速率 R 与压强的关系

3.2.10 自溅射

高真空溅射技术的沉积速率很低，采用以前的溅射模式，把溅射沉积速率和压力的比值提高似乎比较困难。为了提高真空下的溅射沉积速率，有学者将同轴磁控管中实现的自溅射效应推广到平板磁控溅射方式，并研究了其应用于大深径比微细孔埋入的特性。研究表明，对于膜厚为 0.2μm 较薄的膜层，自溅射方式的孔底涂覆率可达 100%。对于与孔深差不多的较厚膜层，自溅射方式的孔底涂覆率接近 50%。与原来相比，孔底涂覆率明显改善。与长距离溅射 (低气压溅射) 相比，孔底涂覆率也有明显改善。改善的原因是，自溅射中溅射原子密度高，由于原子之间相互碰撞，飞行方向更容易集中成束状。

把溅射的原子变成离子进行溅射，称为自溅射，这种溅射没有受到氩原子的影响，所以溅射原子可以直线飞行，直接沉积到深孔里。自溅射与传统磁控溅射相比，电极结构几乎没有差别，只是自溅射对靶表面的磁通密度要求更严格，必须通过实验确定。例如，直径为 100mm 自溅射靶的表面磁通密度为 45~50mT，要求磁通量在紧贴靶表面上方的一个狭窄范围内均匀且集中地分布。

对于一般的溅射，通常是通过导入的氩气产生并持续放电，如图 3.2.34(a)

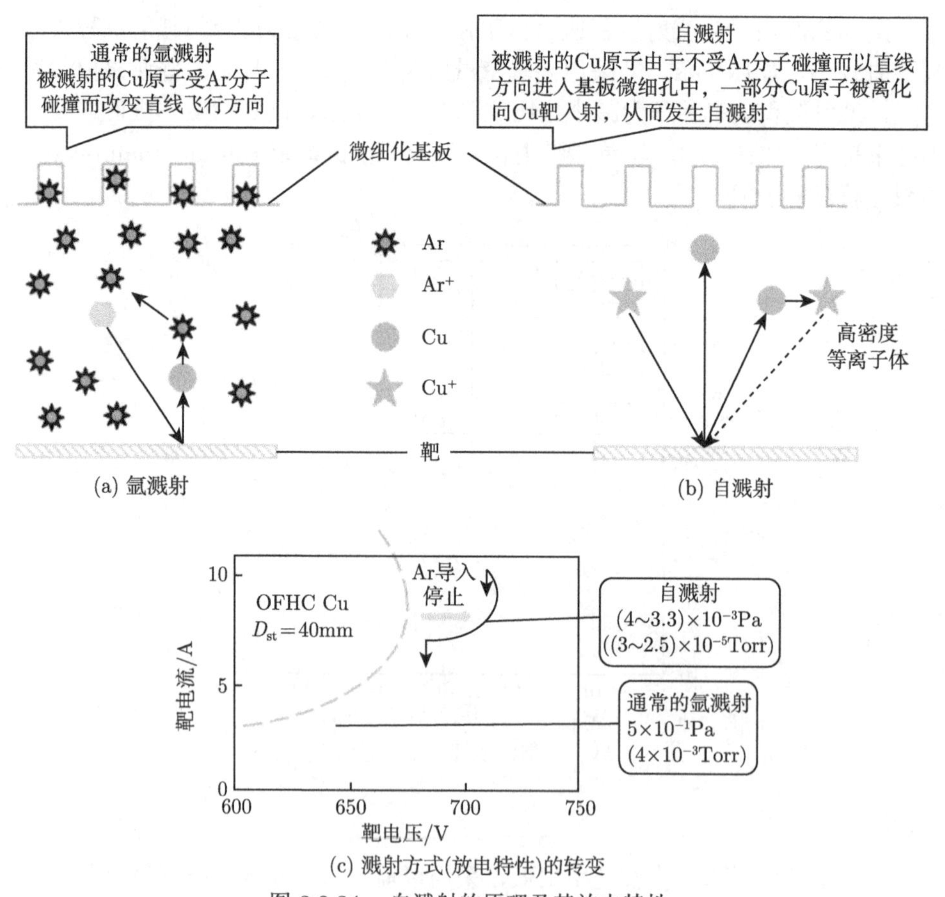

(a) 氩溅射　　(b) 自溅射

(c) 溅射方式(放电特性)的转变

图 3.2.34　自溅射的原理及其放电特性

所示。对于自溅射，是把被溅射的原子自身变成离子返回靶，产生自溅射，如图 3.2.34(b) 所示。在氩溅射 5×10^{-1}Pa 工作压强和自溅射大约 3.65×10^{-3}Pa 工作压强下，放电特性曲线如图 3.2.34(c) 所示，自溅射需要略高的电压和更大的电流。放电电流为 8A 的情况下，压强–靶电压的关系如图 3.2.35(a) 所示，V_1、V_2 曲线分别代表当靶表面平坦时和使用 2h 后的特性。在此实验后，放电即停止。图 3.2.35(b) 所示为溅射过程中靶电压随运行时间变化的特性曲线。

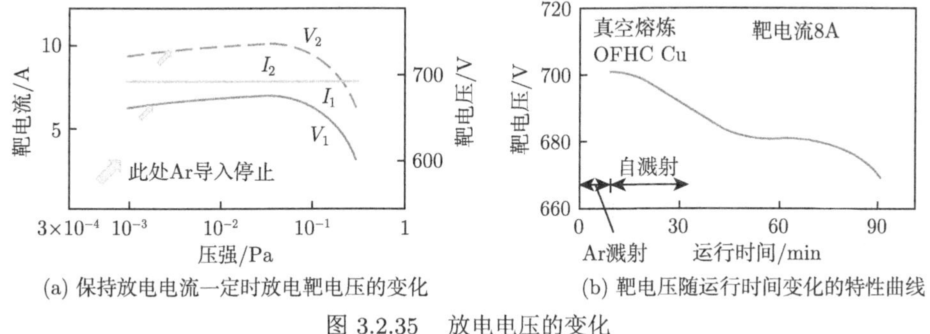

(a) 保持放电电流一定时放电靶电压的变化 (b) 靶电压随运行时间变化的特性曲线

图 3.2.35 放电电压的变化

从上面的结果可以看出，靶表面因为自溅射产生了比较深的溅射沟，放电停止，靶材不能再次利用。例如，Cu 在自溅射的情况下，寿命只有 1~2h。为了增加靶的寿命，可以预先在靶表面被刻蚀的部位设置凸环，如图 3.2.36 所示。在凸环 A 的情况下不能发生自溅射，但经过大约 lh 的氩气溅射之后，自溅射便可以自启。之后，靶表面凸环随时间按曲线 B、C 和 D 变化，最后靶失去使用的价值。采用这种措施，能够使自溅射靶使用 4h 后才失去价值。

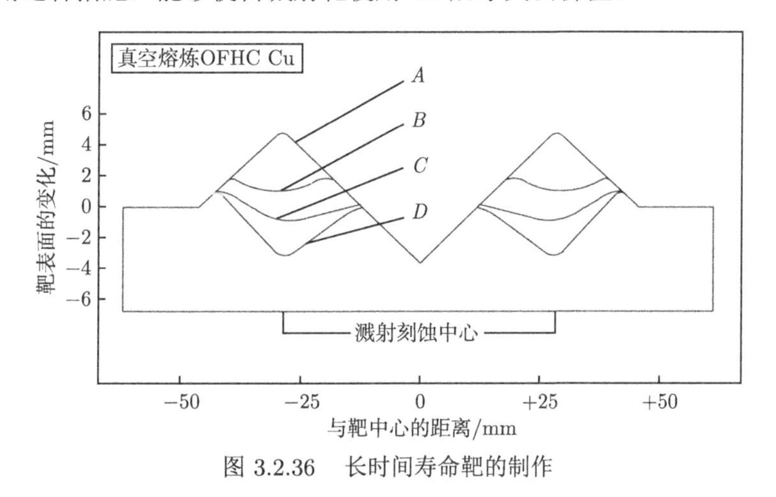

图 3.2.36 长时间寿命靶的制作

图 3.2.37 所示为采用标准 4in 平面磁控共溅射 (planar magnetron cosputtering，PMC)(直径 100mm) 方法，其放电电流同靶表面的磁通密度 (根据靶表面形成的凹环与预先测定的靶表面磁通密度 B 估算出的值)、放电电压之间的关系。由该图可以看出，发生自溅射的参数范围是相当窄的。目前，人们正在研究该参数范围同 PMC 结构及其大小的关系。图 3.2.38 所示为自溅射沉积速率分布随溅射时间的变化。图中三条曲线分别表示三个时段的平均自溅射沉积速率。将开始自溅射至达到靶寿命的时间分成三个区间，取各区间中部时段沉积速率的平均值。其中，A 曲线为 9.7%～26%时段，B 曲线为 42%～58%时段，C 曲线为 74% ～ 100%时段。从图中可以看出，随着自溅射的进行，曲线有逐渐变尖的趋势。这意味着，在溅射进行的同时，被溅射原子的飞行方向逐渐向溅射刻蚀中心的上方集中。由于溅射原子集中于放电空间的一部分 (溅射刻蚀中心的上方)，整个放电空间离子减少，从而成为放电停止的原因之一，当然还有许多其他原因。

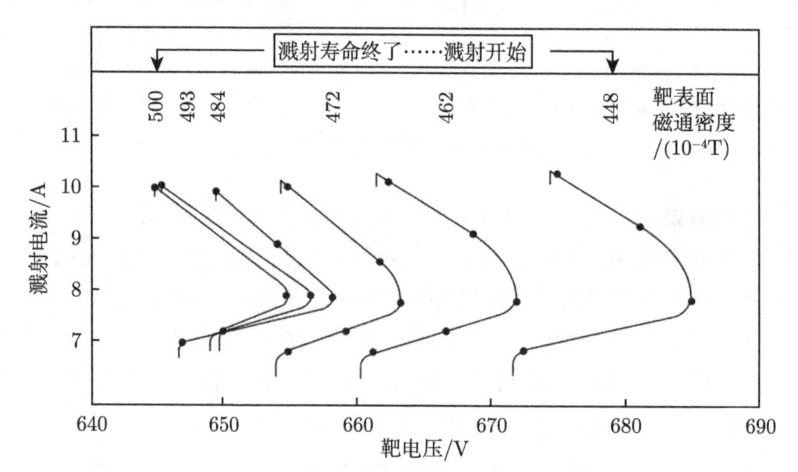

图 3.2.37 自溅射放电电流同靶表面的磁通密度、放电电压之间的关系

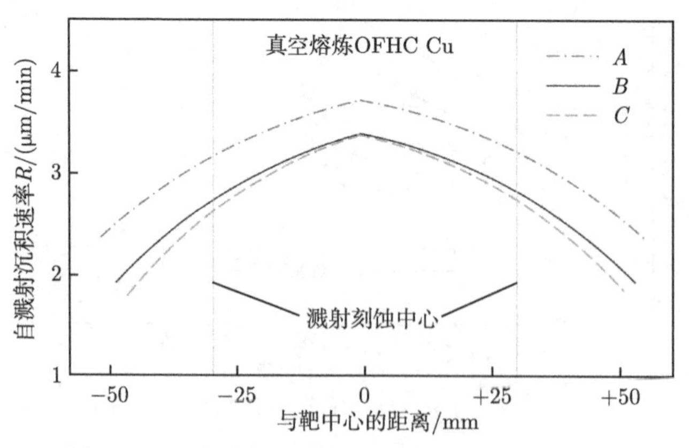

图 3.2.38 自溅射沉积速率分布随溅射时间的变化

3.2.11　离子束溅射

前面所述的溅射镀膜方法皆是把基片放在等离子体中。镀膜过程中，薄膜会受到周围气体原子和带电粒子的轰击，溅射离子到达基片之前，要与等离子体中的气体原子、带电粒子相互碰撞多次，依靠漂移、扩散才能到达基片，而且沉积粒子的能量还依基片电位和等离子体电位的不同而变化。因此，在等离子状态下所制备薄膜的性质往往有较大的差别。溅射条件、溅射气压、靶电压、放电电流等不能独立控制，导致不能对成膜条件进行严格控制。

利用离子束溅射 (ion beam sputtering，IBS) 法可以克服上述缺点，用离子源发出离子，经引出、加速 (或减速)、取焦，使其成为束状，用此离子束轰击置于高真空室中的靶，用溅射出的原子进行镀膜。图 3.2.39 为离子束溅射镀膜装置的原理示意图。IBS 镀膜装置与等离子体溅射镀膜法相比，结构复杂，成膜速率慢，却有下述优点。

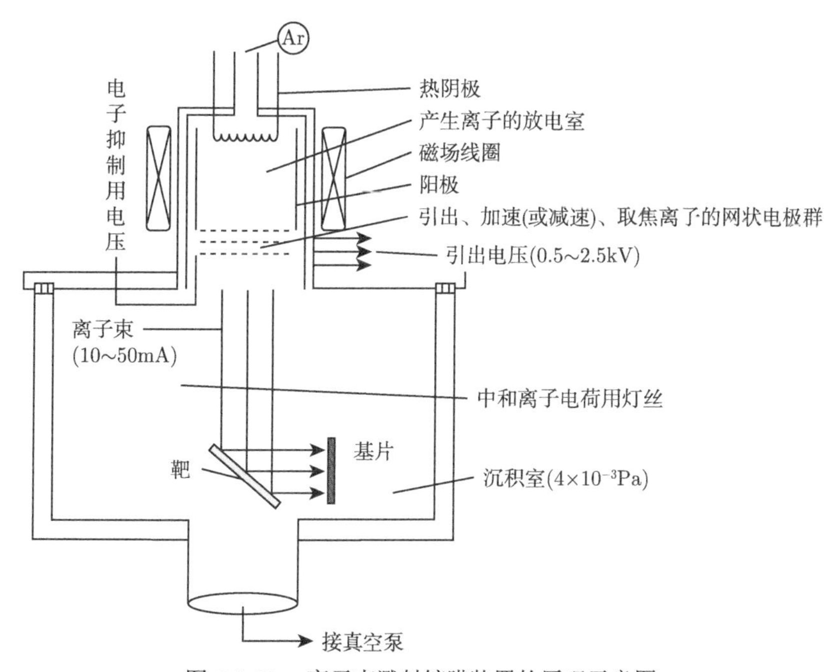

图 3.2.39　离子束溅射镀膜装置的原理示意图

(1) 薄膜纯度高，膜层与基片有较好附着力，通过改变射向基片的入射角，或者采用不同的掩模，能改变膜层的二维或三维结构。

(2) 可以独立地控制离子束能量和电流；可以使离子束精确聚焦和扫描；可以在保持离子束特性不变的情况下更改靶材和基片材料；离子束窄能量分布能够将溅射产额作为离子能量的函数来研究。

(3) 沉积发生在无场区域，靶上放出的电子或负离子不会对基片产生轰击作用；与等离子体溅射法相比，基片温升小，膜成分相对于靶成分的偏离小。

(4) 通过严格控制镀膜条件，从而控制膜的成分、结构和性能等。

(5) 靶处于正电位时也可以进行溅射镀膜。

(6) 离子束溅射的材料范围广泛，其中包括各种粉末、介电材料、金属材料和化合物等。

IBS 装置 (包括镀膜和刻蚀) 中最重要的部分就是离子源，它一般由产生离子的放电室、引出并加速 (或减速) 离子的网状电极群，以及中和离子电荷用的灯丝所构成。根据 IBS 装置使用的离子源类型，可将其划分为两种类型，分别为电子轰击型和双等离子体型。从形式上看，两种类型都是从阴极放出大量电子，利用这些电子促进电离。为了增加电子的飞行距离，通常要施加几万安培/米的磁场。离子束溅射的原理如图 3.2.40 所示。离子源 1 引出的惰性气体离子，入射在靶上产生溅射作用，利用溅射出的粒子沉积在基片上成膜。离子源 2 的作用主要是对形成的薄膜进行辐照，以便在更广范围内控制沉积薄膜的性质。

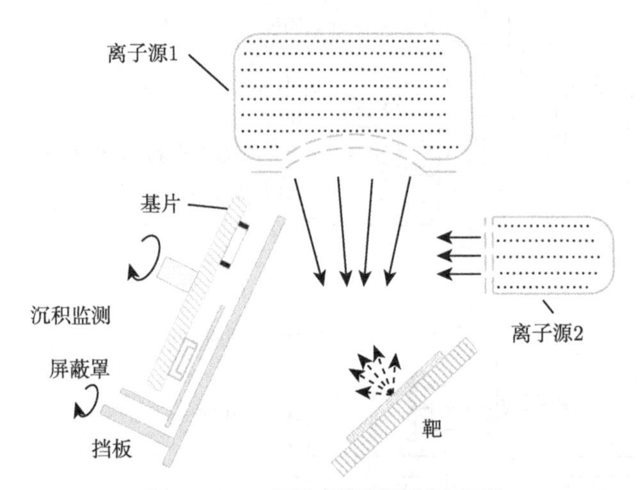

图 3.2.40　离子束溅射原理示意图

离子束溅射中，离子源可以是单源或者多源。这种制膜技术涉及的现象相对复杂，但通过对靶及离子的能量、种类等进行适当的选择，可较易制取各种不同的金属、氧化物及其他化合物薄膜，特别适合制作多组元金属氧化物薄膜。这一技术已在磁性材料、超导材料及其他电子材料的薄膜制备中得到应用。此外，由于离子束的方向性强，离子流的能量较容易控制，也可以用于研究溅射过程特性，如高能离子的轰击效应、单晶体的溅射角分布，以及离子注入和辐射损伤过程。

3.3　溅射镀膜的厚度均匀性分析

衡量薄膜质量和镀膜装置性能的一个重要指标是薄膜的均匀性，包括厚度均匀性和性能均匀性。通过一系列措施，如优化靶—基距离、改变基片运动方式、增加挡板和实行膜厚监控等，可提高薄膜厚度的均匀性。本节主要讨论的是二极溅射和磁控溅射时的膜厚均匀性问题。

3.3.1　二极溅射的膜厚均匀性分析

溅射镀膜的厚度分布与溅射粒子的角度分布、溅射粒子与气体分子的碰撞情况及靶的配置等多种因素有关。如果近似地认为溅射粒子角分布服从余弦规律，并忽略溅射粒子与气体分子的碰撞，对于如图 3.3.1(a) 所示的平行板靶，基片内膜厚的分布 d/d_0 可用下式表示：

$$\frac{d}{d_0}=\frac{(1+R/h)^2}{2(R/h)^2}\left\{1-\frac{1+(l/h)^2-(R/h)^2}{\sqrt{\left[1-(l/h)^2+(R/h)^2\right]^2+4(l/h)^2}}\right\} \tag{3.3.1}$$

式中，R 是靶的半径；h 是靶—基距离；d_0 是阳极中心处的膜厚；d 是与阳极中心的距离为 l 的膜厚。

若采用如图 3.3.1(b) 所示圆环靶，则膜厚分布为

$$\frac{d}{d_0}=\left[1+(R/h)^2\right]^2\frac{1+(l/h)^2+(R/h)^2}{\left\{\left[1-(l/h)^2+(R/h)^2\right]^2+4(l/h)^2\right\}^{3/2}} \tag{3.3.2}$$

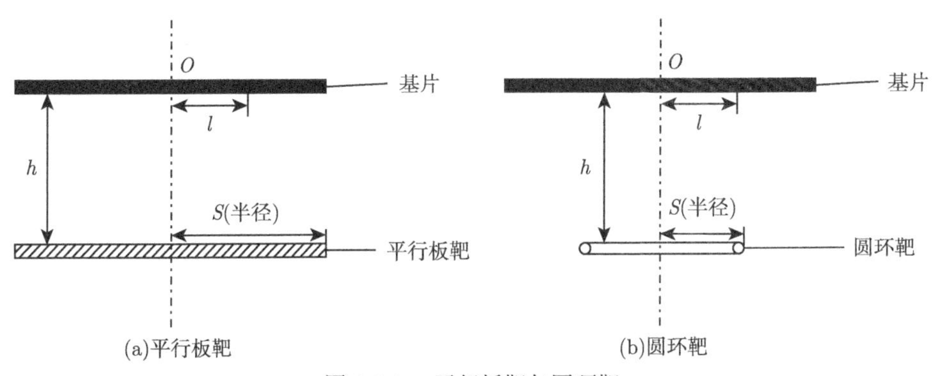

图 3.3.1　平行板靶与圆环靶

根据式 (3.3.2) 的计算结果，平行板靶与圆环靶的膜厚分布曲线如图 3.3.2 所示。

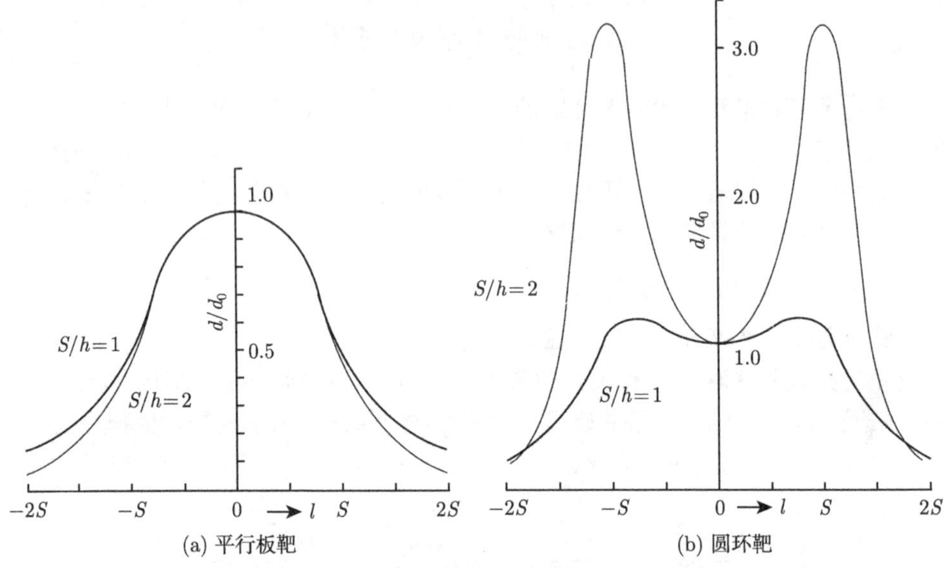

图 3.3.2 平行板靶与圆环靶的膜厚分布曲线

3.3.2 磁控溅射的膜厚均匀性分析

对于磁控溅射镀膜，电磁场 (特别是磁场) 的不均匀性所造成的不均匀的等离子体密度，将导致靶原子的不均匀溅射和沉积，因此膜厚不均匀性比较大。对于如图 3.3.3 所示的圆形平面磁控靶，由于磁控溅射存在对靶的刻蚀，其膜厚分布为

$$d=\frac{2Sh}{\pi\rho_0\left(R_2^2-R_1^2\right)}\int_{R_1}^{R_2}\frac{\left(h^2+A^2+R^2\right)R\mathrm{d}R}{\left[\left(h^2+A^2+R^2+2AR\right)\left(h^2+A^2+R^2-2AR\right)\right]^{3/2}} \tag{3.3.3}$$

式中，d 为基片上 P 点的膜厚；S 为磁控靶的溅射率；ρ_0 为靶材密度；h 为靶—基距离；R 为刻蚀位置的半径；R_1、R_2 分别为刻蚀区的内、外半径 (一般取为磁极间隙的内、外半径)；A 为镀膜区域与靶材中心位置的水平距离。当 $A=0$ 时，即可得到基片中心处的膜厚 d_0，比较 d 和 d_0，即可求得膜厚的相对变化，并可求得最佳靶—基距离 h。一般 $h\approx 2R_2$。

对于如图 3.3.4 所示的 S 枪磁控靶，其膜厚分布应为

$$d=\frac{2S}{\pi\rho_0\left(R_2^2-R_1^2\right)}\int_{R_1}^{R_2}\frac{h_0^2\left(h_0^2+A^2+R^2\right)R\mathrm{d}R}{\left[\left(h_0^2+A^2+R^2+2AR\right)\left(h_0^2+A^2+R^2-2AR\right)\right]^{3/2}} \tag{3.3.4}$$

式中，S 为 S 枪磁控靶的溅射率；ρ_0 为靶材密度；R_1、R_2 分别为 S 枪磁控靶刻蚀区的内、外半径；R 为丝状环形源半径；h_0 为丝状环形源到基片的垂直距离。

当 $A=0$ 时，即可求出 d_0，比较 d 和 d_0，即可求得膜厚的相对变化率 d/d_0，进而求得靶—基距离 h，一般 $h=1.5R_2\sim 2R_2$。

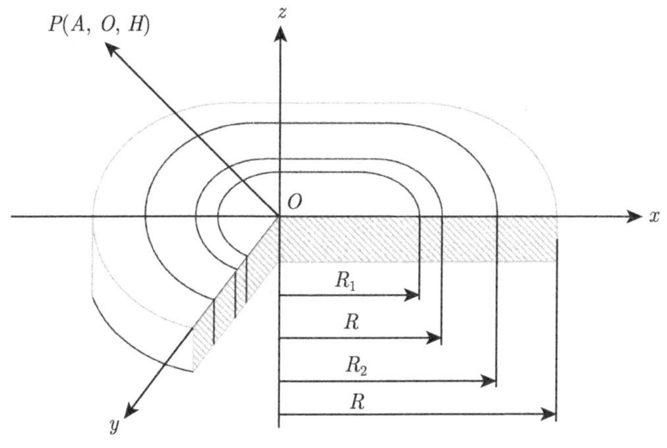

图 3.3.3 圆形平面磁控靶的几何参数

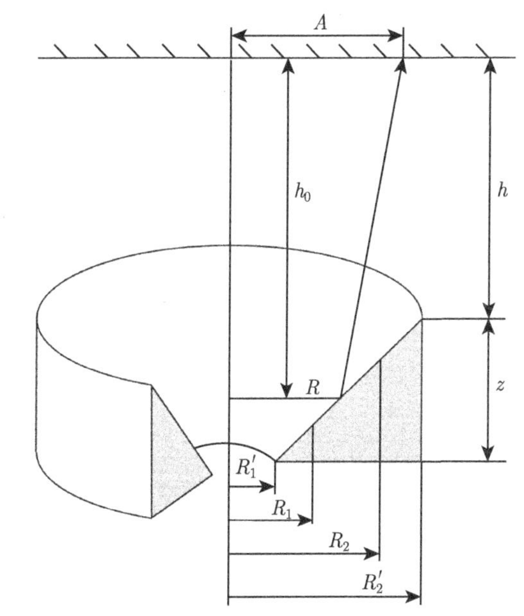

图 3.3.4 S 枪磁控靶的几何参数

3.4 溅射镀膜与真空蒸发镀膜的比较

溅射镀膜与真空蒸发镀膜的比较如下：

(1) 溅射率随入射离子能量的增加而增大，在离子能量增加到一定程度时，由于离子注入效应，溅射率将随之减小；

(2) 溅射率的大小与入射粒子的质量有关；

(3) 当入射离子的能量低于某一临界值 (阈值) 时，不会发生溅射；

(4) 溅射原子的能量比蒸发原子能量大许多倍；

(5) 入射离子能量比较低时，溅射原子角分布就不完全符合余弦分布规律，角分布还与入射离子方向有关；

(6) 因为电子的质量小，所以即使用具有极高能量的电子轰击靶材时，也不会产生溅射现象。

溅射镀膜和真空蒸发镀膜是两种非常重要的镀膜方法，这两种方法的原理不同，镀膜过程不同，应用范围也不完全一样。表 3.4.1 从沉积原理出发，对溅射镀膜和真空蒸发镀膜这两种薄膜制备方法的原理及特性进行了比较。在实际工作中，可根据不同的需要选用适合的制膜方法。

表 3.4.1　溅射镀膜与真空蒸发镀膜的原理及特性比较

溅射镀膜	真空蒸发镀膜
沉积气相的产生过程	
离子轰击和碰撞动量转移机制	原子的热蒸发机制
较高的溅射原子能量 (2～30eV)	低的原子动能 (温度 1200K 时约为 0.3eV)
稍低的溅射速率	较高的蒸发速率
溅射原子运动具有方向性	蒸发原子运动具有方向性
可保证合金成分，但有的化合物有分解倾向	蒸发时会发生元素贫化或富集，部分化合物有分解
靶材纯度随材料种类而变化	蒸发源纯度较高
气相过程	
工作压力稍高	高真空环境
原子的平均自由程小于靶与衬底间距，原子沉积前要经过多次碰撞	蒸发原子不经碰撞直接在衬底上沉积
薄膜的沉积过程	
沉积原子具有较高能量	沉积原子能量较低
沉积过程会引入部分气体杂质	气体杂质含量低
薄膜附着力较高	晶粒尺寸大于溅射沉积的薄膜
多晶取向倾向大	有利于形成薄膜取向

3.5 本 章 小 结

3.1 节首先介绍了溅射镀膜的原理。使用具有一定能量的粒子或者粒子束轰击固体表面，它的能量会有一部分传递给固体表面的原子，固体表面的原子会从表面脱离，这种现象被称为溅射。利用溅射现象制取各种薄膜的镀膜方法称为溅射镀膜。其次叙述了辉光放电，在真空度为几帕的稀薄气体中，放置两个电极，并在其之间加上电压，就会产生气体放电现象，这就是辉光放电。再次讲述了与溅射特性密切相关的基本参数，如溅射阈值、溅射率、溅射原子的能量和速度等。最后叙述了溅射过程与溅射机制，溅射过程实质上是入射离子通过与靶材碰撞，进行一系列能量交换的过程。靶材表面逸出的溅射原子从入射离子处获得的能量仅有百分之一左右，而大部分能量则通过级联碰撞消耗在靶的表面层中，并转化为晶格的热振动。

3.2 节对几种常见的溅射方式进行了简要介绍。溅射镀膜装置种类繁多，包括二极溅射、偏压溅射、三极和四极溅射、射频溅射、磁控溅射、ECR 溅射、对向靶溅射、反应溅射、零气压溅射、自溅射与离子束溅射等。

3.3 节主要讨论了二极溅射和磁控溅射的膜厚均匀性问题。衡量薄膜质量和镀膜装置性能的一个重要指标是薄膜的均匀性，包括厚度均匀性和性能均匀性。通过一系列措施，如优化靶—基距离、改变基片运动方式、增加挡板和实行膜厚监控等，可提高薄膜厚度的均匀性。

3.4 节对溅射镀膜与真空蒸发镀膜的特点进行了比较。溅射镀膜和真空蒸发镀膜是两种非常重要的镀膜方法，这两种方法的原理不同，镀膜过程不同，应用范围也不完全一样。在实际工作中，可根据不同的需要选用适合的制膜方法。

习 题

3.1 离子轰击固体表面时会产生哪些现象？

3.2 什么是溅射产额？其与哪些因素有关？

3.3 画出溅射产额与靶材原子序数的周期性关系，并对此加以解释。

3.4 说明溅射产额与离子入射角的关系。

3.5 画出被溅射原子的能量分布曲线，随着入射离子能量的提高，曲线如何变化？

3.6 根据真空镀膜的典型工艺参数，针对真空蒸镀和溅射镀膜方法，请定量比较沉积粒子所带的能量。

3.7 一般认为，离子溅射符合动量转移机制，而电子束轰击为能量转移机制。请阐明你的观点，并说明理由。

3.8 阐述直流二极溅射的工作原理，指出其工艺参数及主要缺点。

3.9 三 (四) 极溅射克服了直流二极溅射的哪些缺点，还存在哪些问题？

3.10 为什么直流二极溅射不能溅射绝缘体靶材制备介质膜，而射频溅射却可以？射频溅射的频率为什么一般为 13.56MHz?

3.11 设直流磁控溅射靶面的水平磁感应强度为 0.08T，求电子在靶表面上运动时与靶的碰撞频率。

3.12 设平面直流磁控溅射 Ti 靶表面的水平磁感应强度为 0.01T，垂直电场强度为 5000V/m，求室温下电子的：

(1) 回转 (圆周运动) 角频率；

(2) 回转 (圆周运动) 半径；

(3) 漂移 (直线运动) 速度。

3.13 针对靶表面的 Ti 离子，重新解习题 3.12。

3.14 如何才能实现高速、低温、低损伤溅射镀膜。

3.15 什么是自溅射，如何实现？自溅射薄膜沉积有什么优点？

3.16 与等离子体溅射镀膜法相比，离子束溅射 (IBS) 镀膜有哪些优点和缺点？

3.17 用溅射法制备符合成分及性能要求的合金膜，通常采用哪几种形式的靶？

3.18 对集成电路布线用 Al 及 Al 合金膜有哪些要求？若采用溅射镀膜法制备，应采取哪些措施才能达到这些要求？

3.19 用溅射镀膜法制作 ITO 膜和 YBaCuO 超导膜，如何保证膜层成分符合要求？

参 考 文 献

[1] 戚庆碧, 崔伟哲, 顾广瑞. 磁控溅射 CdTe 薄膜的光电学特性 [J]. 延边大学学报 (自然科学版), 2022, 48(3):217-221.

[2] 刘冲. 基于辉光放电的电气设备漏电检测研究 [D]. 淄博: 山东理工大学, 2021.

[3] 苏汝铿. 统计物理学 [M]. 2 版. 北京：高等教育出版社, 2004.

[4] 田民波. 薄膜技术与薄膜材料 [M]. 北京：清华大学出版社, 2006.

[5] 杨文茂, 刘艳文, 徐禄祥, 等. 溅射沉积技术的发展及其现状 [J]. 真空科学与技术学报, 2005, 25(3): 204-210.

[6] 孙洪涛. 磁控溅射制备类金刚石薄膜及性能研究 [D]. 哈尔滨: 哈尔滨工业大学, 2022.

第 4 章　离子束镀膜

离子束镀膜 (简称“离子镀”) 结合了辉光放电、等离子体技术与真空蒸发镀膜技术，具有多方面的优点，不仅可以显著提高镀层的各种性能，而且拓展了镀膜技术的应用范围。离子镀继承了真空蒸镀和真空溅射镀膜的优点，还有膜层的附着力强、绕射性好、可镀材料广泛等优点。离子镀是在真空条件下利用气体放电使气体或被蒸发物质离化，在气体离子或被蒸发物质离子轰击作用下，把蒸发物或其反应物镀在基底上。由于离子镀沉积速率高 (可达 75μm/min)，镀前清洗工序简单，对环境无污染，20 世纪末在国内外迅速发展，成为主要的镀膜技术之一。

离子镀主要包括两种技术：离子束沉积技术和离子注入成膜技术。离子镀 (ion plating, IP) 最早是 1963 年由美国 Sandia 公司 Mattox 提出的。后来 Chamber 等在 1971 年成功研发了电子束离子镀技术。1972 年 Bunshah 等研发了活性反应离子镀 (activated reactive evaporation，ARE) 技术，成功地沉积了超硬薄膜，如氮化钛、碳化钛等，使得离子镀技术进入了一个崭新的发展阶段。同年，学者们把空心热阴极技术用于镀层沉积，进一步发展了空心阴极放电 (hollow cathode discharge，HCD) 离子镀，它的突出优点是离化效率高。射频激励法离子镀在 1973 年由村山洋一等发明。之后，我国多弧离子镀设备在 1986 年通过鉴定投产。

4.1　离子镀原理

直流二极型离子镀是最简单的离子镀，其原理示意图如图 4.1.1 所示。衬底和被蒸发材料分别处于阴极和阳极，首先把真空室抽到 10^{-4}Pa 的高真空度，然后通入氩气或其他惰性气体使压强保持在 0.1Pa，接通高压电源，在蒸发源与基片之间建立起一个低压气体放电的等离子体区。由于基片处于负高压，被等离子体包围，会不断受到正离子的轰击，所以能有效去除基片表面的气体及污染物。此刻，镀材气化蒸发变成蒸发粒子进入等离子体区，和等离子体区中被激活的惰性气体原子、正离子及电子发生碰撞，碰撞之后，部分蒸发粒子变化为正离子，在负高压电场下加速，沉积到基片表面形成膜。由于能量不足而未离化的蒸发原子处于激发状态，从而发出特定颜色的光。离子镀中膜层的形核与生长需要能量，它不是靠加热方式获得的，而是通过离子溅射方式来激励的。被电离的镀材离子和气体离子受到电场的加速后，轰击基底或者镀层表面，这种作用会一直存在于离子镀的全部过程。由于电场是由蒸发材料指向基底的，所以在膜材原子沉积的同时，还存在正离子 (Ar^+ 或被电离的蒸发离子) 对基底的溅射作用。显然，只有当沉积作用超过溅射的剥离作用时，才能发生薄膜的沉积。

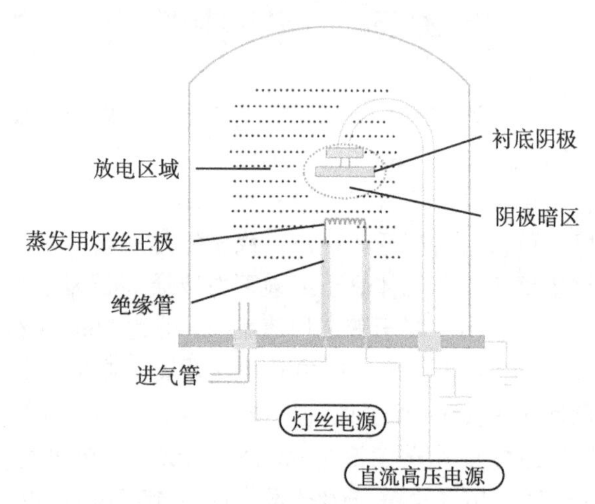

图 4.1.1　直流二极型离子镀原理示意图

在离子镀中同时存在两个过程：镀膜和溅射。下面讨论离子镀的成膜条件。假设辉光放电空间只有金属蒸发物质，并且只考虑蒸发原子的沉积作用，得到单位时间内入射到单位表面上沉积的金属原子数 n：

$$n = \mu \frac{10^{-4}\rho N_{\mathrm{A}}}{60M} \tag{4.1.1}$$

式中，μ 为原子在基底表面的沉积速率 (μm/min)；ρ 为薄膜的密度 (g/cm^3)；M 为沉积物质的摩尔质量；$N_{\mathrm{A}} = 6.022 \times 10^{23}$ 为阿伏伽德罗常数。

如果考虑剥离效应，则应考虑溅射率。如果轰击基底的为一价正离子 (如 Ar^+)，其离子电流密度为 j，则单位时间内轰击到基底表面的离子数 n_j 为

$$n_j = \frac{10^{-3}j}{1.6 \times 10^{-19}} = 0.63 \times 10^{16} j(\mathrm{cm}^2 \cdot \mathrm{S}) \tag{4.1.2}$$

式中，1.6×10^{-19} 是一价正离子的电荷量；j 是入射离子形成的电流密度 (mA/cm^2)。从式 (4.1.1) 和式 (4.1.2) 可以看出，如果想在离子镀过程中得到沉积薄膜，则需要使沉积效应优于溅射剥离效应，由此得到离子镀的成膜条件：$n>n_j$ (n_j 中还应包括附加气体产生的离子数)。相比于蒸发镀膜和溅射镀膜，离子镀膜主要有以下几个特点。

(1) 膜层的附着性好。离子镀过程中，利用辉光放电产生的大量高能粒子对基片表面产生阴极溅射效应，不仅在成膜初期可形成膜基界面“伪扩展层”，而且对基底表面进行净化清洗。

(2) 膜层的密度高。离子镀过程中，膜材离子和高能中性原子带有较高的能量，可以在基底上扩散、迁移，即使膜材原子在飞行过程中形成了蒸气团，到达基底时也能被离子轰击碎化，形成细小的核心，生长为细密的等轴结晶。高能离子对改善膜层结构、形成接近块材的密度值起了重要作用。

(3) 绕射性能好。一方面，膜材原子被离化后，将沿着电场的电力线方向运动，因此凡是电力线分布之处，膜材离子都能到达。工件是阴极，处于负高压，工件的各个表面都处于电场中，所以膜材离子可以到达工件的各个表面。另一方面，在较高的压强下 (>1Pa)，膜材离子的平均自由程小于源一基距，所以在到达基片前，会与惰性气体分子、电子及其他蒸气原子发生多次碰撞，从而产生定向的气体散射效应，使膜材粒子散射在整个工件的周围。

(4) 镀材范围广。可以在金属、非金属表面镀各种类型材料，且工件形状可任意。

(5) 有利于形成化合物薄膜。在离子镀中，蒸发金属的同时，向真空室通入某些反应气体，则可反应生成化合物。由于辉光放电中高能电子的电能可变成金属粒子的反应活化能，所以可在较低温度下形成在高温下才能形成的化合物。

另外，离子镀膜还有沉积速率高、成膜速度快、可镀薄膜较厚等特点。

4.2　离子镀对镀膜的影响

离子镀中入射到基底上的每个沉积粒子所带的能量比真空蒸镀和溅射镀膜要大得多。热蒸发原子能量为 0.2eV，溅射原子能量为 1~50eV，而离子镀中的轰击离子能量大概有几百到几千电子伏，同时还有大量高速中性粒子。离子镀膜区别于蒸发镀膜和溅射镀膜的许多特性均与离子、高速中性粒子参与镀膜过程有关。另外，在离子镀的整个过程中都存在离子轰击。

4.2.1　离化率

离化率是指被电离的原子数占全部蒸发原子数的百分比，它是一个用来衡量离子镀特性的重要指标，也是衡量活化程度的主要参量，在反应离子镀中特别重要。被蒸发原子和反应气体的离化程度对薄膜的各种性质都能产生直接影响。

(1) 中性粒子能量 ($W_{\rm v}$)。$W_{\rm v}$ 主要取决于蒸发温度的高低，其值为

$$W_{\rm v} = n_{\rm v} E_{\rm v} \tag{4.2.1}$$

式中，n_{v} 为单位时间在单位面积上所沉积的粒子数；E_{v} 为蒸发粒子的动能，$E_{\mathrm{v}}=3kT_{\mathrm{v}}/2$，$k$ 为玻尔兹曼常量，T_{v} 为蒸发物质的温度。

(2) 离子能量 (W_{i})。W_{i} 主要由阴极加速电压决定，其值为

$$W_{\mathrm{i}}=n_{\mathrm{i}}E_{\mathrm{i}} \tag{4.2.2}$$

式中，n_{i} 为单位时间内对单位面积轰击的离子数；E_{i} 为离子的平均能量，$E_{\mathrm{i}}\approx eV_{\mathrm{i}}$，$V_{\mathrm{i}}$ 为沉积离子的平均加速电压。

(3) 薄膜表面的能量活性系数 ε 可由下式近似计算：

$$\varepsilon=\frac{W_{\mathrm{v}}+W_{\mathrm{i}}}{W_{\mathrm{v}}}=\frac{n_{\mathrm{i}}E_{\mathrm{i}}+n_{\mathrm{v}}E_{\mathrm{v}}}{n_{\mathrm{v}}E_{\mathrm{v}}} \tag{4.2.3}$$

当 $n_{\mathrm{v}}E_{\mathrm{v}}\ll n_{\mathrm{i}}V_{\mathrm{i}}$ 时，可得

$$\varepsilon=\frac{n_{\mathrm{i}}E_{\mathrm{i}}}{n_{\mathrm{v}}E_{\mathrm{v}}}=\frac{eV_{\mathrm{i}}}{\frac{3kT_{\mathrm{v}}}{2}}\frac{n_{\mathrm{i}}}{n_{\mathrm{v}}}=C\frac{V_{\mathrm{i}}}{T_{\mathrm{v}}}\frac{n_{\mathrm{i}}}{n_{\mathrm{v}}} \tag{4.2.4}$$

式中，$n_{\mathrm{i}}/n_{\mathrm{v}}$ 为离化率；C 为可调参数。

从式 (4.2.4) 可以得到，离子镀中存在离子平均加速电压 V_{i}，即使离化率很低，也会影响离子镀的能量活性系数。轰击离子的能量由离子平均加速电压决定。对于溅射，所产生的中性原子也有一定的能量分布，其平均能量约为几电子伏；对于普通的电子束蒸发，若蒸发温度为 2000K，则蒸发原子的平均能量为 0.2eV，不同镀膜工艺的表面能量活性系数 ε 值如表 4.2.1 所示。从表中可以看出，在离子镀中，通过改变 V_{i} 和 $n_{\mathrm{i}}/n_{\mathrm{v}}$，可以使 ε 值提高 2~3 个数量级。图 4.2.1 所示为在典型的蒸发温度 T_{v} =1800K 时能量活性系数 ε 与离化率 $n_{\mathrm{i}}/n_{\mathrm{v}}$ 和 V_{i} 的关系。从图中可以看出，离化率在很大程度上影响了能量活性系数与离子平均加速电压的关系。

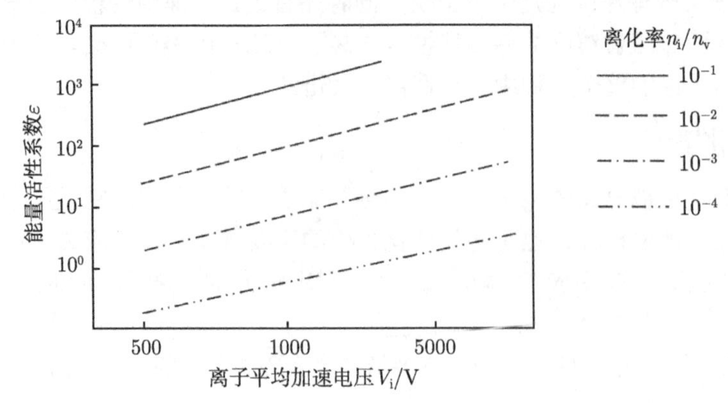

图 4.2.1 能量活性系数与离化率和离子平均加速电压 V_{i} 的关系

表 4.2.1　不同镀膜工艺的表面能量活性系数

镀膜工艺	能量活性系数	参数	
真空蒸发镀膜	1	蒸发粒子所具有的能量 $E_v \approx 0.2\text{eV}$	
溅射镀膜	5～10	溅射粒子所具有的能量 $E_s = 1 \sim 10\text{eV}$	
离子镀膜		离化率 n_i/n_v	平均加速电压 V_i/V
	1.2	10^{-3}	0
	3.5	$10^{-2} \sim 10^{-4}$	50～5000
	25	$10^{-1} \sim 10^{-3}$	50～5000
	250	$10^{-1} \sim 10^{-2}$	50～5000
	2500	$10^{-1} \sim 10^{-2}$	50～5000

4.2.2　沉积前离子轰击的效果

在薄膜开始沉积之前离子轰击对基底表面的作用主要包括以下几方面。

(1) 溅射是一个动量传递过程。入射粒子在近表面附近产生级联碰撞。级联碰撞中的离位原子与表面相互作用引起表面原子射出，即产生溅射。

一般来说，随着入射粒子质量和能量的增加，溅射产额提高，当大部分能量在表面区耗散得较大时，产生级联碰撞的主要部分不再和表面相互作用，致使溅射产额不再增加。溅射产额随着粒子入射方向与样品表面法线方向之间夹角的增加而增加，当此夹角超过 $60° \sim 70°$ 范围时，由于入射粒子所受表面反射作用增强，溅射产额又变小。溅射产额也是轰击剂量的函数，并随着轰击剂量的增加而增加，一直达到饱和。近表面区域引入缺陷和外来原子之后，减少了与原来原子之间的结合，所以溅射产额随剂量的增加而增加。溅射产额的变化也与轰击的环境有关。例如，如果真空室中残留气体的压力高，溅射出的较多原子会被反向散射回表面。当高能和高化学活性的轰击粒子与表面发生化学结合，产生易挥发、更容易被溅射的产物时，就引起了化学溅射，这一效果使表观溅射产额增加。

溅射清洗是指通过溅射对材料表面的清除作用，使用反应气体可对表面进行反应等离子刻蚀或反应等离子清洗。

(2) 粒子的相对质量决定了产生缺陷轰击粒子传递给晶格原子的能量 E_i：

$$E_i = \frac{4M_iM_t}{(M_i + M_t)^2}E \tag{4.2.5}$$

式中，E 为质量 M_i 的入射粒子的能量；M_t 为靶原子质量。如果传递的能量超过离位阈 (大约是 25eV)，则晶格原子可以被离位到间隙位置并形成点缺陷。如果传递的能量小于离位阈，则此能量变为热振动。热激发和离位的联合作用将产生迁移式间隙原子和空位等。这些缺陷聚集并形成位错网络。尽管有缺陷的聚集，但在离子轰击的表层区域，依然有高浓度的点缺陷。

(3) 结晶学破坏。如果离子轰击产生的缺陷十分稳定，则表面晶体结构将被破坏而变成非晶态结构。同时，气体的掺入也有破坏表面晶态结构的效果。通过表面结晶学的低能电子衍射仪研究，能充分了解这些现象。这些研究通常要求被轰击的表面进行充分的退火，以便恢复结晶结构。

(4) 改变表面形貌。无论是晶体还是非晶体，表面的离子轰击都会造成表面形貌变化，造成表面粗糙化并引起溅射产额的变化。通常，表面形貌与下列因素有很大的关系：轰击离子的计量、粒子能量、入射粒子的种类、入射角及表面状况，如结晶结构和杂质浓度等。

(5) 气体掺入。低能离子轰击会造成气体掺入，并沉积在表面下层的薄膜之中。在表面测温学和扩散研究中，有时要利用低能离子轰击将惰性气体掺入表面和薄膜之中。迁移率、捕集位置、温度及沉积粒子的能量决定了不溶性气体掺入表面或沉积膜晶格之中的能力。一般来说，非晶态材料捕集气体的能力比晶态材料强。例如，用 Ar^+ 进行偏压溅射沉积时，掺入气体的浓度可达百分之几，并在后续的退火中可能造成起泡现象。随着粒子能量的增加，气体的掺入量增加，直到轰击加热引起被捕集的气体释放为止。

(6) 温度升高，轰击粒子的大部分能量变成表面热。被轰击材料的整体温度取决于表面积与质量的比值、系统的热性能和系统的能量输入。如果被离子轰击表面下的原子具有大于或者等于离位阈 (大约是 -25eV) 的能量，就会发生离位。

(7) 表面成分变化。不考虑扩散的情况下，表面成分最开始是不稳定的，之后溅射将使靶材原子按确定的化学计量比从表面飞出。然而，溅射会造成表面成分与整体材料成分的不同，这是因为表面各组分具有不同的溅射产额。离子轰击也有可能造成表面成分的变化，因为存在择优返回和反弹效应 (或者反冲注入效应)。表面区域的扩散对成分影响明显。高缺陷浓度和高温会增强扩散。由于表面具有点缺陷尾闾的作用，缺陷的流动将使溶质偏析，并使小离子在表面富集。

(8) 近表面材料的物理混合。近表面材料的物理混合造成了“伪扩散层”，因为这种混合过程既不需要溶解度，又不需要扩散即可发生。反冲注入造成氧或碳被埋入表面区域。如果溅射原子被背散射返回样品表面，将会发生互混现象。一旦被溅射的原子电离并被加速返回样品表面，它们就被埋入表面区域。

4.2.3 离子轰击对薄膜生长的影响

离子镀存在两个进程，一个是镀材粒子沉积到衬底上，另一个是高能离子轰击表面，使一些离子溅射出来。当第一个进程的速率大于第二个，就会沉积薄膜。这一沉积与溅射的综合过程使膜基界面具有以下特点。

(1) 在溅射与沉积共存的基础上，由于蒸发粒子不断增厚，在膜基界面形成“伪扩散层”。这是一种膜基界面存在衬底元素和蒸发膜材元素的物理混合现象，即在基片与薄膜的界面处形成一定厚度的组分过渡层，这样可以使基片和膜层材料的不匹配性分散在一个较宽的厚度区域内，有利于提高膜基界面的附着强度。

(2) 离子轰击的表面形貌受到破坏，Movchan 和 Demchishan 提出的结构区域模式中区域的划分取决于衬底温度与被沉积材料熔点的比值，真空中沉积薄膜的结构与温度和压力的关系如图 1.5.1(a) 所示。图中，T_s 代表衬底温度，T_m 代表被沉积材料的熔点。I 区：温度低时，沉积原子的扩散不足以克服阴影的影响，从而得到 I 区的锥状结构。Ⅱ 区：沉积原子的扩散占统治地位，组成柱状结构的晶粒较大，但缺陷少，柱与柱之间有密度较高的边界，比 I 区有更多的尖角。Ⅲ 区：整体扩散和再结晶占统治地位，形成等轴结构，具有高密度晶界和大晶粒。

(3) 比未破坏的表面提供更多的成核位置，提高成核密度，为沉积的粒子提供良好的核生长条件。成核密度高有很多好处，有利于减少基片与膜层间的空隙，也可以提高膜基附着力。离子对膜层的轰击作用影响着膜的形态，组分离子的轰击会影响内应力，一方面粒子轰击使部分原子离开平衡位置并处于较高的能量状态，引起内应力的增加；另一方面粒子轰击使得基片表面产生自加热效应，这有利于原子的扩散。因此，恰当地利用轰击的热效应或进行适当的外部加热，可使内应力减小，也可提高薄膜的结晶性能。一般而言，蒸发沉积的薄膜有张应力，溅射沉积的薄膜有压应力，离子镀薄膜也具有压应力。

4.2.4 离子轰击对基体和镀层交界面的影响

1. 物理混合

高能粒子注入、被溅射原子的背散射和表面原子的反冲注入，会引起样品近表面区非扩散型的混合。高能粒子来源广泛，镀料原子在通过辉光放电的等离子体区时，可在离子源中离化，也可被电离和加速后经激励到达表面。这种互混效果将形成上述伪扩散型界面。

2. 增强扩散

由于表面是点缺陷的尾闾，小离子有使表面偏析的作用，则近表面区的高缺陷浓度和高温将有利于提升扩散率。

3. 改善成核模式

原子与表面的相互作用决定了原子凝结在基体表面上的特性。如果凝结原子与表面之间没有强的结合，那么原子将在表面进行扩散，一直到它被其他扩散原子碰撞或在高能位置成核为止，这被称为非反应性成核的成核模式。一般情况下，非反应性成核会造成核与核之间有较大的间隙。核在一起生长的过程中，这种间隙造成的界面气泡会引起非浸润型生长。只有当这些核到达一定厚度时，它们才开始生长到一起。此种形式的成核和生长即是电子显微镜观察到的小岛—沟道连续生成模型。

如果凝结原子和表面有强烈反应，那么表面的活动就会受到限制，使成核密度增加。想象一个极限情况：沉积原子会在基体表面形成连续多层膜，如果有扩散凝结和化学反应，原子将与表面反应，形成沿表面纵向和横向分布的化合物或合金膜。这种生长模式可以使界面区域的特性逐渐变化：减少界面气孔并“调和”界面区域。然而，过量的界面反应也有副作用，或形成气孔，或扩散速率不足，或厚界面化合物中产生高残余应力，从而使界面不再稳定。如果表面存在很薄的污染层，会使扩散–反应型成核模式转变，成为非反应型成核模式，这种情况一般得不到理想的界面区域。受离子轰击的表面由于形貌变化和其他破坏作用，可以提供更多的成核位置。因此，即使非反应性成核模式，也可以形成较高的成核密度。表面的离子轰击有助于清除阻碍扩散–反应型成核模式的污染层和阻挡层。被注入的原子也可以成为成核的中心。

4. 优先去除松散结合的原子

表面原子与表面的结合状态，决定了表面原子能否被溅射出。显而易见，如果对表面进行离子轰击，则可以溅射掉结合得较为松散的原子，这种效果在形成扩散–反应型界面时更为明显。例如，通过溅射镀膜的办法，在硅上沉积铅，而后再溅射掉过量的铅，可以获得纯净的铅硅膜层。再如，通过偏压溅射可以获得高质量的 SiO_2 薄膜，这是由把结合松散的原子溅射掉所致。

5. 改善表面覆盖度

离子镀过程中，蒸发粒子绕射性产生的主要原因是散射作用。真空蒸镀的工作压强为 10^{-4}Pa，离子蒸镀的工作压强要高三个数量级，为 10^{-1}Pa，相应地，蒸发原子的平均自由程小三个数量级。也就是说，离子镀中的镀料原子在沉积以前，经过气体的散射之后，会向各个方向飞散，从而可能导致蒸发原子沉积到与蒸发源不成直线关系的区域。在高的气体压力下，即使没有气体放电也已看到这一效果。普通的真空蒸镀，高气压会造成蒸气相成核，而且还会以细粉末的形式沉积；与之相比，离子镀气体放电中，气相成核的粒子会显负电性，因此会受到处于负电位基底的排斥作用。由于这种作用，工件的任何地方都可以镀上均匀的镀层。更有甚者，有人利用离子轰击的方法在样品垂直侧壁上沉积镀层，将与离子束正交表面上的沉积材料清除掉。

4.2.5　离子镀的蒸发源

离子镀是以普通真空蒸镀和气体放电技术为基础逐渐发展起来的，所以离子镀有许多方面与普通真空蒸镀相似，如蒸发源、镀料气化和膜层沉积的许多问题。从根本原理出发，普通真空蒸镀用的蒸发源都可以用在离子镀中，如电阻加热、电子束加热、高频感应加热和真空电弧加热等 [1]。

在实际过程中，蒸发源的选用需要全面考虑被蒸发材料的性能，如熔点、导热性、蒸气压、与气氛的反应性、蒸发速率和沉积速率等，以及对膜层性能的要求，包括膜厚及均匀性、可控性、膜层和基体的附着力，同时还要考虑系统的真空度、维修成本等。在离子镀过程中，特别需要注意的是不同蒸发源工作的压力范围 (图 4.2.2)、活性反应蒸镀及离化率等问题。离子镀膜所用不同蒸发源性能的比较如表 4.2.2 所示。

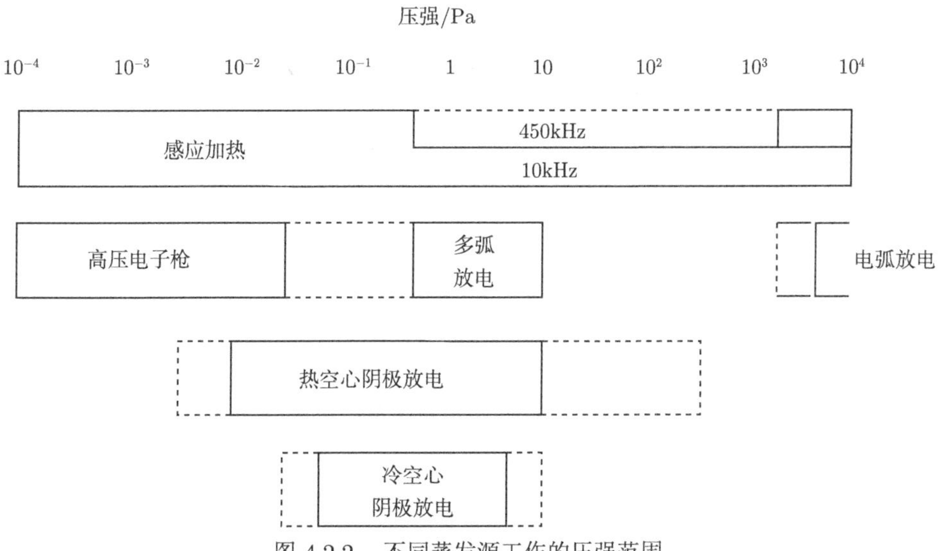

图 4.2.2　不同蒸发源工作的压强范围

表 4.2.2　离子镀膜所用不同蒸发源性能的比较

蒸发源	输出功率/kW	电压/V	电流/A	功率密度/(MW/cm^2)	可蒸发物质	蒸发速率	真空度/Pa	热效率/%
电阻加热	5 左右	0~10	150~500	0.1	熔点 1400℃ 以下金属	10^2nm/min	1~10^{-3}	5~10
电子束加热	1~1000	1 万 ~3 万	10^{-3} ~10	0.1~2	高熔点金属和非金属	1~10μm/min	10^{-2}	85
空心阴极离子放电电子枪	30~90	30~60	1~1000	0.1	熔点 2000℃ 左右金属	0.1~10μm/min	10~10^{-2}	60
真空电弧	500	20~80	数千	0.1~1	各种金属	< 100μm/min	5~50	85
真空感应	数百	< 300	数千	0.1~0.5	各种金属	< 100μm/min	1~50	40
平面磁控溅射	1~5	300~700	0~10	0.01~0.05	各种金属和非金属	10^2nm/min	0.01~0.1	—

4.3　离子镀的类型及特点

一般情况下，由于气化方式和离化方式不同，有不同类型的离子镀膜装置。膜材的气化方式多样，包括电阻加热、电子束加热、等离子电子束加热、高频感应加热和阴极弧光放电加热等，离子镀中采用的各种蒸发源如图 4.3.1 所示 [2]。气体分子或原子的离化和激活方式包括辉光放电型、电子束型、热电子型、等离子束型、多弧型及高真空弧光放电型，以及各种形式的蒸发源等 (图 4.3.2)。

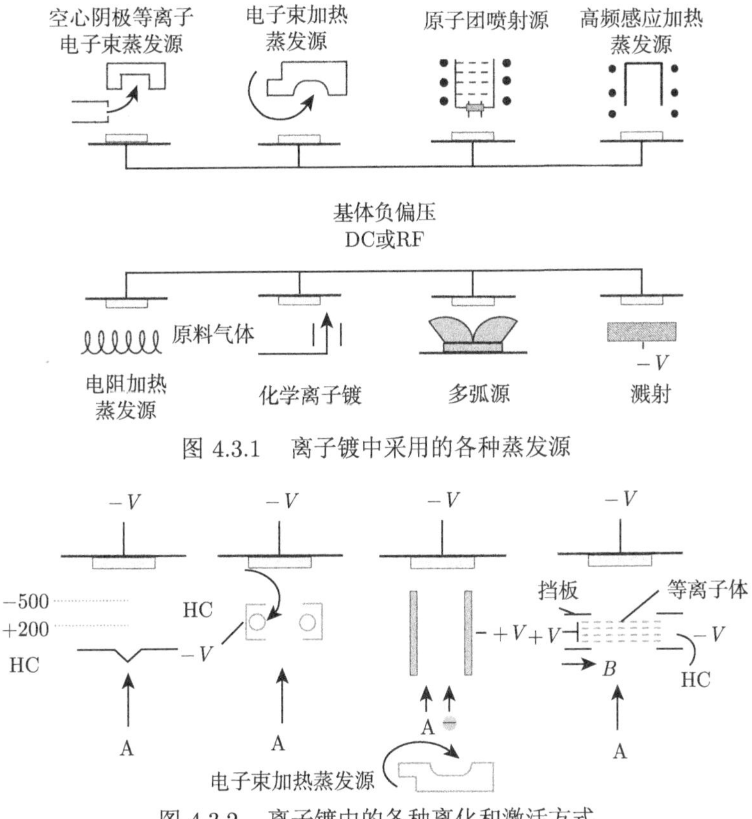

图 4.3.1　离子镀中采用的各种蒸发源

图 4.3.2　离子镀中的各种离化和激活方式

A-从蒸发源蒸发出的原子或原子团; B-磁场; HC-热阴极

离子镀过程复杂，包括金属的蒸发、气化、电离，离子加速，离子之间的反应、中和及在衬底上成膜等过程，因而离子镀同时具有真空蒸镀和真空溅射的特点。从原理出发，涉及气体放电理论、等离子体物理理论、离子溅射理论、薄膜沉积理论等。

不同的蒸发源与不同的电离、激活方式又可以有多种不同的组合。表 4.3.1 详细比较了常用的几种离子镀方式。

表 4.3.1　常用离子镀方式的比较

比较项目	直流二极型	多阴极型	活性反应离子镀 (ARE)	空心阴极放电离子镀 (HCD)	射频离子镀	增强 ARE	低压等离子体离子镀	电场蒸发	感应加热离子镀	多弧离子镀
蒸发源	电阻加热或电子束加热	电阻加热或电子束加热	电子束加热	等离子电子束加热	电阻加热或电子束加热	电子束加热	电子束加热	电子束加热	高频感应加热	阴极弧光放电加热
充入气体	氩气或反应气体	真空惰性气体或反应气体	反应气体 O_2、N_2、C_2H_4	氩气或反应气体	真空惰性气体或反应气体	惰性气体或反应气体	惰性气体或反应气体	—	惰性气体或反应气体	惰性气体或反应气体
真空度/Pa	0.67～1	10^{-4}～1	10^{-4}～10^{-1}	10^{-2}～1	10^{-3}～10^{-1}	10^{-2}～10^{-1}	10^{-2}～10^{-1}	10^{-4}～10^{-2}	10^{-4}～10^{-2}	10^{-1}～10
离化方式	被镀基体为阴极，利用高压电直流辉光放电	依靠热电子、阴极发射的电子及辉光放电	依靠正偏置探极和电子束间低压等离子体辉光放电	利用低压大电流的电子束碰撞	射频等离子体放电 (13.5MHz)	除探极吸引电子束的一次电子、二次电子外，增强极发出的低能电子促进离化	等离子体	利用电子束形成的金属等离子体	感应漏磁	热电子碰撞电离，场致发射电子电离，热离解
离子加速方式	在数百至数千伏的电压下加速。离化和离子加速一起进行	零至数千伏的加速电压。离化和离子加速可独立进行	无加速电压。也可在基片上加零至数千伏加速电压	零至数百伏的加速电压。离化和离子加速独立进行	零至数百伏的加速电压。离化和离子加速独立进行	无加速电压。也可在基片上加零至数千伏加速电压	直流/交流，50V	数百至数千伏的加速电压，离化和加速联动进行	直流，1～5kV	用 0～120V 的阳极加速
基板温升	大	小	小	小	小	小	小	小	小	依蒸发功率而定
其他特点	绕射性好，附着性好，基板温度易上升，膜结构及形貌差，若用电子束加热必须用差压板	采用低能电子离化效率高，膜层质量可控制	蒸镀效率高，能获得 Al_2O_3、TiN、TiC 等薄膜	离化率高，电子束斑较大，能镀金属膜、介质膜、化合物膜	不纯气体少，成膜好，适合镀化合物膜。匹配较困难	易离化，基板所需功率、放电功率能独立调节，膜层质量、厚度易控制	结构简单，能获得 TiC、TiN、Al_2O_3 等化合物	带电场的真空蒸镀，镀层质量好	能获得化合物镀层	不用熔池，离化率高，蒸镀速率快；高功率下镀层质量差
应用	耐蚀润滑机械制品	精密机械制品、电子器件、装饰品	机械制品、电子器件、装饰品	器件、装饰品、镜层、机械制品	光学、半导体、器件、装饰品、汽车零件	机械制品、装饰品、电子器件	机械制品、装饰品、电子器件	电子器件、音响器件	机械制品、装饰品、电子器件	刀具、机械制品、装饰品

4.3.1　直流二极型离子镀

真空蒸镀与直流二极型离子镀 (Mattox 法) 的结构原理如图 4.3.3 所示，两个电极间的辉光放电产生离子，利用基板上所加的负偏压对离子进行加速。理论上，辉光放电的气压维持在 6.67 $\times10^{-1}$ ~1Pa。因为工作气压比较高，所以对于蒸镀熔点在 1400° 以下的金属 (如 Au、Ag、Cu、Cr 等) 大多采用电阻加热式蒸发源。直流二极型离子镀离化率低，因为它的放电空间电荷密度低，阴极电流密度仅 0.25~0.4mA/cm^2。用这种方式制备的薄膜膜层均匀，附着力较好，粒子绕射性强，设备简易，镀膜工艺易实现，用普通的镀膜机可以改装。当然，该方式也有一定的缺点，如轰击粒子能量较大，对形成的薄膜有剥离作用，容易引起基板升温，使得膜层表面粗糙，此外，该方式工艺参数难以控制，薄膜纯度不高。

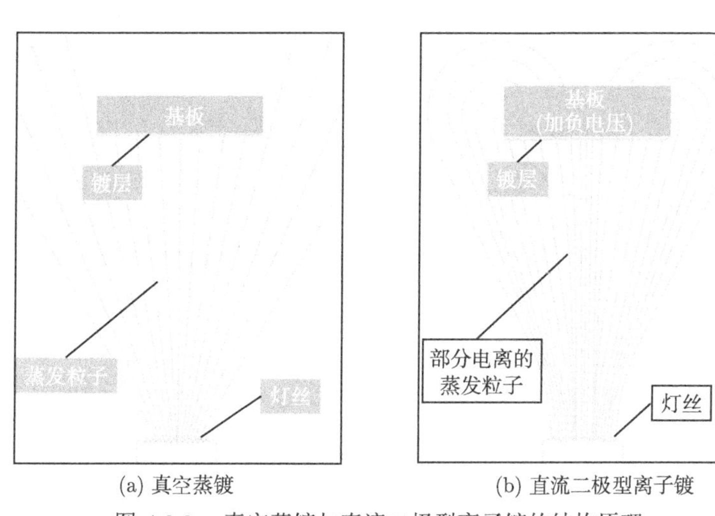

(a) 真空蒸镀　(b) 直流二极型离子镀

图 4.3.3　真空蒸镀与直流二极型离子镀的结构原理

如果工作气压高，粒子的平均自由程就小，相对于工件和基底，粒子会从各个方向入射，从而绕射性好，工件的各个位置都可以镀上薄膜。一开始，人们认为离子镀绕射性好的原因是基板所加负偏压，在电场的作用下，离子从各个角度入射，如图 4.3.3(b) 所示。但是，气压较低 (10^{-1}Pa) 的离子镀的绕射性并不好，所以气压对其影响也很大。直流放电二极型离子镀设备具有一定的实用价值，因为它结构简单，技术上容易实现，用普通真空镀膜机可以改装。

从大量实验中得到，虽然直流二极型离子镀放电气体的离化率低，但是负高压的存在可提高离子能量，进而提高镀料粒子的能量。例如，直流二极型离子镀可使不固熔的银和铁在膜–基界面形成伪扩散型过渡层，从而使膜层附着力提高，性能优于其他方法。

4.3.2 三极型和多阴极方式的离子镀

如果用两种方法对二极型离子镀进行改进，分别得到如图 4.3.4 和图 4.3.5 所示三极型离子镀和多阴极方式的离子镀。在直流放电离子镀中把低能电子引入

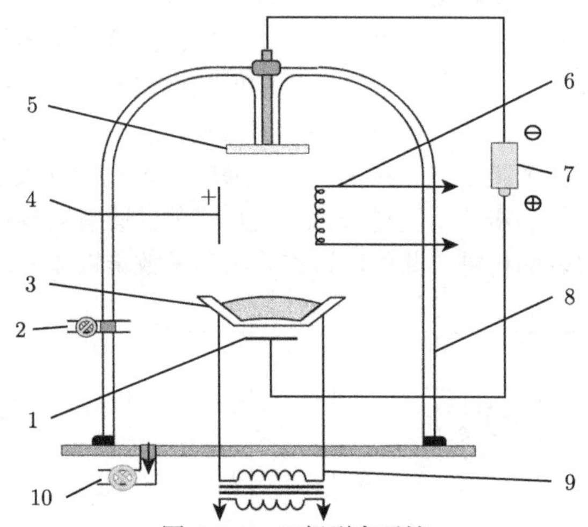

图 4.3.4 三极型离子镀

1-阳极；2-进气口；3-蒸发源；4-电子收集极；5-基板；6-灯丝电源；7-直流电源；8-真空室；9-蒸发电源；10-抽气系统

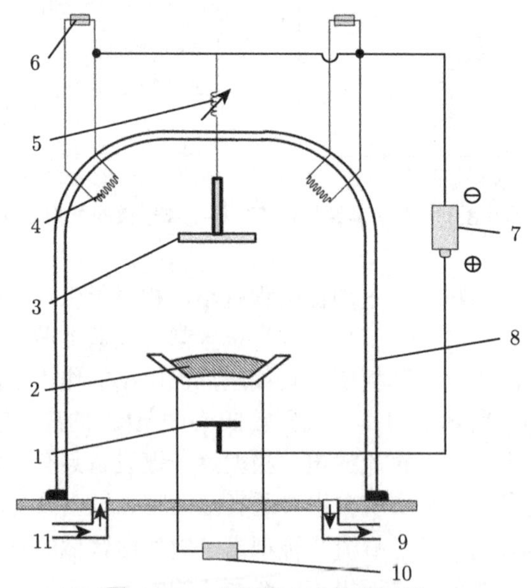

图 4.3.5 多阴极方式的离子镀

1-阳极；2-蒸发源；3-基板；4-阴极灯丝；5-可变电阻；6-电子发射枪；7-负高压电源；8-真空室；9-抽气系统；10-蒸发电源；11-进气口

等离子体区，并使电子在等离子体区中的平均自由程增加，能够显著提高蒸镀离子的离化效果。三极型离子镀的离化率较二极型离子镀提高很多，基底电流密度可提高 10~20 倍。

多阴极方式的离子镀则是把被镀基底作为主阴极并在它旁边放置几个热阴极，利用热阴极发出的电子促进气体电离，即在热阴极与阳极的电压下维持放电。这种方法能够实现低气压下的离子镀，主要原因是它可在低气压下维持放电。

多阴极型离子镀与直流二极型离子镀放电特性的对比如图 4.3.6 所示。图中，左边三条线代表多阴极型离子镀中主阴极放电电流与气体压力的关系，右边三条曲线表示直流二极型离子镀中主阴极 (只有一个阴极) 放电电流与气体压力的关系。通过对比可以得出以下结论：

(1) 多阴极型离子镀较直流二极型离子镀放电真空度大约低一个数量级。

(2) 直流二极型离子镀中，阴极所加电压越低，放电起始气压越高；在多阴极方式中，阴极电压为 200V 时就能在 10^{-1}Pa 左右开始放电。

(3) 在多阴极方式中，可通过改变辅助阴极 (多阴极) 的灯丝电流来控制放电状态。

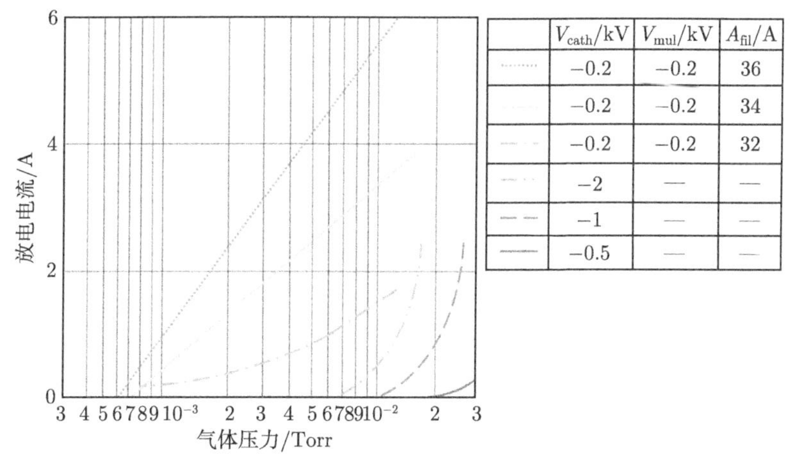

图 4.3.6 多阴极型离子镀和直流二极型离子镀放电电流与气体压力关系的对比

V_{cath}-阴极电压；V_{mul}-放电起始电压；A_{fil}-放电电流

因为在主阴极所施加的维持辉光放电的电压低，多阴极处于基底四周，阴极区扩大，绕射性改善，高能离子对基底的轰击作用减小，因此相比于直流二极型离子镀，多阴极型离子镀改善了溅射严重、成膜粗糙、升温快而且难以控制的缺点。此外，通过改变多阴极灯丝的负电位，可以改变它接收的离子量，进而控制到达基底的离子数量，对控制基底温度有好处。多阴极型扩展了离子镀的应用领域，可以用于绝缘基底，它可通过多阴极灯丝的电子发射消除基底上的电荷积累，使工艺得以进行。同时，多阴极灯丝的电流变化可控制放电条件，进而有效控制膜层的结晶结构、晶粒度、表面构造、颜色、硬度等。

4.3.3　多弧离子镀

1. 多弧离子镀的原理

多弧放电蒸发源是在 20 世纪 70 年代由苏联发展起来的。1980 年，美国从苏联引入这种技术，并于 1981 年实用化。如今，欧美一些公司利用这种技术制取高速钢和硬质合金制的切削刀具或成型工具的 TiN 耐磨层，该技术也用于螺钉的耐蚀层，还有表壳、表带的装饰膜等。

多弧离子镀使用弧光放电技术，将从阴极弧光辉点放出的阴极物质离子作为蒸发物，在阴极靶材上直接蒸发金属。这种方法不需要熔池，图 4.3.7 为其原理示意图。真空室为阳极，被蒸发的钛靶接阴极，触发电极通几十安培电流，当触发电极突然脱离阴极靶时，就会发生电弧，在阴极的表面产生强烈发光的阴极辉点，通常辉点直径在 100μm 以下，辉点内的电流密度可达 $10^5 \sim 10^7 \mathrm{A/cm^2}$，于是在这一区域内的材料瞬间蒸发并电离。阴极辉点以每秒几十米的速度做无规则运动，使整个靶面均匀地被消耗。此外，需要外加磁场以控制辉点的运动，电压一般为 $-40 \sim -10$V 以维持真空电弧。

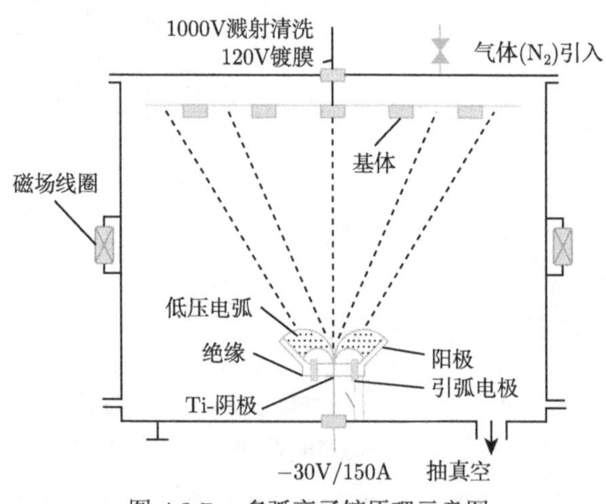

图 4.3.7　多弧离子镀原理示意图

多弧离子镀的原理基于冷阴极真空弧光放电理论。冷阴极真空弧光放电理论认为，场电子发射和正离子电流这两种机制同时存在且相互制约，从而实现了放电过程的电量迁移。放电时，阴极材料大量蒸发，蒸气分子所产生的正离子，在贴近阴极表面的位置产生相当强的电场，在如此强的电场作用下电子以产生“场

电子发射”而逸出到真空中，其发射的电流密度 $J_e(\mathrm{A/cm^2})$ 可表示为

$$J_e = BE^2 \exp\left(-\frac{C}{B}\right) \tag{4.3.1}$$

式中，E 为阴极电场强度；B、C 为与阴极材料有关的系数。

正离子流可占总电弧电流的 10%左右，但对于真空弧光放电来说，在理论计算上尚存在一定难度，还不能够准确地建立和求解阴极弧光辉点内质量、能量和电量的平衡关系。真空弧光放电的阴极弧光辉点形成过程如图 4.3.8 所示，阴极弧光辉点产生的原因及其在离子镀中的作用有以下四点。

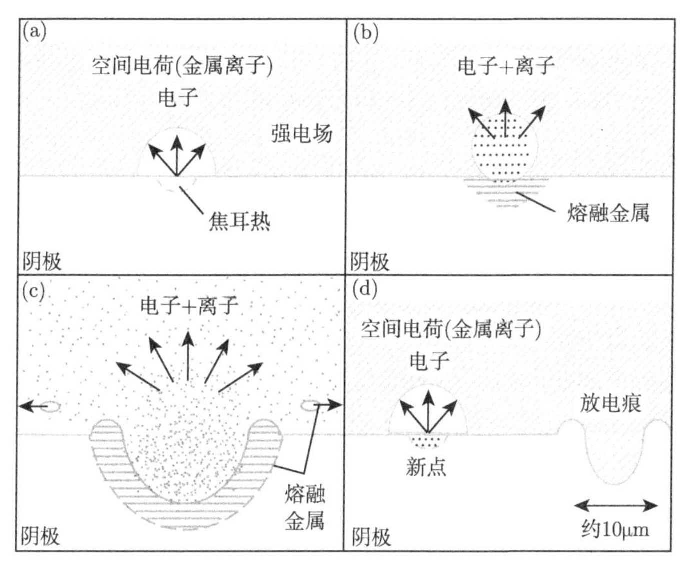

图 4.3.8　真空弧光放电的阴极弧光辉点形成过程

(1) 金属离子被吸到阴极表面形成空间电荷层，从而产生强电场，使阴极表面上功函数小的点 (晶界或裂痕) 开始发射电子。

(2) 个别发射电子密度高的点，电流密度高。焦耳热使温度提高并产生热电子，使得发射电子进一步增多，这个正反馈作用使电流局部集中。

(3) 在阴极材料表面，电流局部集中产生的焦耳热使局部爆发性地等离子化，发射电子和离子，并留下放电痕，同时还放出熔融的阴极材料粒子。

(4) 发射离子中的一部分被吸回阴极表面，形成空间电荷层，产生强电场，又使新的功函数小的点开始发射电子。

上述过程反复进行，弧光辉点在阴极表面上激烈地、无规则地运动。弧光辉点经过后，在阴极表面上留下分散的放电痕。阴极辉点的数量一般与电流大小成

正比增加。因此可以认为，每一个辉点的电流是常数，并随阴极材料的不同而不同，如表 4.3.2 所示。

表 4.3.2　不同阴极材料的阴极辉点电流

阴极材料	阴极辉点电流/ A	阴极材料	阴极辉点电流/ A
铋 (Bi)	3~5	铜 (Cu)	75
镉 (Cd)	8	银 (Ag)	60~100
锌 (Zn)	20	铁 (Fe)	60~100
铝 (Al)	30	钼 (Mo)	150
铬 (Cr)	50	碳 (C)	200
钛 (Ti)	70	钨 (W)	300

阴极弧光辉点放出的中性原子仅占 1%~2%，而大部分是离子和熔融粒子。低熔点金属作阴极材料，其离子是一价的，若金属熔点越高，多价的离子比例就越大，如 Ti、W 等高熔点金属的离子有 5~6 价的。

2. 多弧离子镀的优点和缺点

多弧离子镀最显著的特点是从阴极直接产生等离子体。不用熔池，阴极靶可根据工件形状在任意方向布置，使夹具大为简化。入射粒子能量高，为几十电子伏，膜的致密度高，强度和耐久性好。膜层和基体界面产生原子扩散，因此膜层的附着强度高。离化率高，一般可达 60%~80%。从应用角度讲，多弧离子镀的突出优点是蒸镀速率快，如 TiN 膜可达 10~1000nm/s。

目前多弧离子镀主要的缺点是在高功率下会产生飞点，从而影响镀层质量。多弧离子镀的工作气压一般为 10^{-1} ~10Pa，工作电流为几安培至几百安培，工作电压为几十伏。

3. 多弧离子镀的几个工艺问题

1) 弧光蒸发源主要工艺参数的选择

源功率、放电电压和电流是弧光蒸发源主要工艺参数。功率通常根据被镀件的具体要求来确定。放电电压可在 18~22V 选取。

2) 放电过程的稳定措施

阴极弧光辉点以很高的速度做无规则运动，所以经常跑向阴极发射表面以外的部位，此现象更容易在开始放电时产生。此外，由于在阴极发射表面上存在氧化物等杂质，因此放电过程不稳定，进一步导致杂质气体的产生，所以应想办法限制和控制阴极辉点的运动。

在阴极非发射表面附近设置障碍，能够使得阴极辉点不会从阴极发射表面脱离。一般来说，屏蔽件可以选择高温绝缘材料或者导磁材料来制作，壁厚一般为 2~3mm，与阳极保持的间隙为 1~3mm，尽管该方案简单可行，但是弧光放电时，在阴极附近的局部区域，气体平均自由程会显著下降，使电弧仍有可能进入屏蔽件内而造成熄弧，甚至损坏阴极。因此，将一个磁场线圈设置在系统外，使带电粒子在磁场中绕着磁力线旋转运动，对阴极表面发射的粒子束流起到一定的约束作用，从而实现稳弧。

3) 避免大颗粒液滴对膜层的喷射

大颗粒液滴主要分布在与阴极表面上方成 10° ~ 30° 的立体角内，因此将被镀工件置于电弧源前方 120° 角的球面内，就可以减少液滴对镀层质量的影响。此外，加强对阴极表面的冷却和增大电弧电流，使电弧源前方呈现雾状，也可使液滴明显变小。

4) 对工件施加负偏压以提高膜的附着强度和致密性

对被镀工件施加负偏压，使工件不断地受到金属离子的轰击，这不但会引起工件表面的自加热效应 (加热温度可从 200℃ 逐渐增加到 500℃)，而且使工件表面在整个涂覆过程中得到清洗。此外，工件上负偏压的作用，可使离子提高射向工件表面的速度，从而增大离子的能量，提高膜的附着强度和致密性。

4.3.4　活性反应离子镀

活性反应离子镀 (activated reactive evaporation，ARE) 是指在离子镀过程中向真空室通入与金属蒸气反应的气体，如 O_2、N_2 等，代替或者混入 Ar，利用各种放电方式使金属蒸气和反应气体的分子、原子激活离化，促进化学反应，在基片表面上获得化合物薄膜。活性反应离子镀具有广泛的实用价值 [3]。

1. 活性反应离子镀工艺

图 4.3.9 为活性反应离子镀 (ARE) 法的示意图。它的蒸发源一般采用 e 型电子枪。电子枪由热丝产生电子，之后电子束通过高压电场加速。这个电子束会受到线圈磁场的偏转作用，射在水冷铜坩埚中的镀料上。这种蒸发源应用广泛，可以蒸镀各种各样的金属材料，尤其是其他蒸发源难以融化的高熔点化合物和金属。因为采用了水冷铜坩埚，避免了镀料和坩埚材料的反应，以及坩埚材料的挥发，因此可以保证膜的纯度。离子镀过程中，源的使用功率为 5~10kW，电子束能量密度可达 0.1~1MW/cm^2，热效率可达 85%，坩埚使用寿命长，但结构比较复杂，要求电气性能稳定可靠，需配备过载保护和自动复位电源系统，工作时要求较高的真空度。

电子束具有很高的能量，不仅可以熔化镀料，而且能在镀料表面激发出二次电子，二次电子会受到探极电场的吸引并被加速。反应气体和坩埚上方的镀料、蒸气受到被加速的二次电子、被探极拦截的一部分一次电子及电子束中高能电子的轰击而发生电离，其中二次电子的能量较低。等离子体在坩埚到基板的区域中，尤其是探极的周围产生。反应气体和被激发、电离的镀料原子有很高的化学活性，它们化合和中和之后沉积在工件表面。

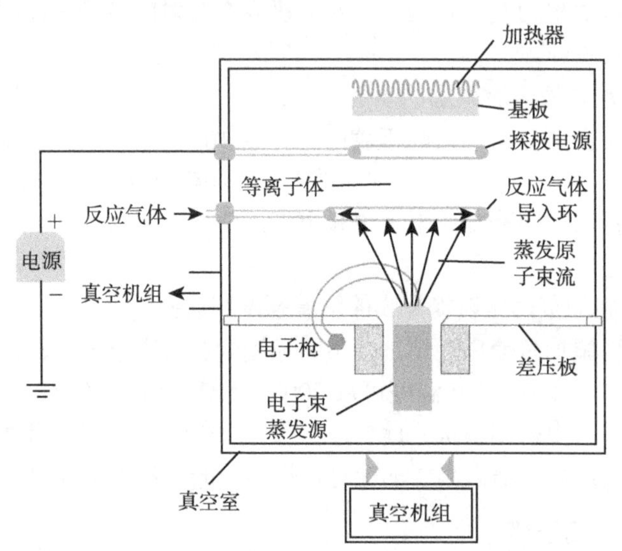

图 4.3.9　活性反应离子镀 (ARE) 法的示意图

活性反应离子镀的工艺过程：先抽真空，同时对工件烘烤除气，使蒸镀前的真空度维持在 6.65×10^{-3}Pa 或更高；之后充入惰性气体 Ar，使工作室压力达到 1.33×10^{-1}~1.33Pa，并接通 1k~3kV 负高压，对工件表面进行离子溅射清洗，5~10min 之后会恢复真空度，接通电子枪电源，对镀料熔化除气；然后通反应气体，使镀膜室真空达到 10^{-2} ~10^{-1}Pa，电子枪室保持 10^{-2}Pa 以上；接通探极电源，不断加大电压，一直到真空室内观察到稳定辉光，或者在探极电源能看到稳定的电流为止；打开差压板，工件上就能获得化合物镀层。

反应气体不同，得到的化合物镀层就不同。碳化物镀层需要通入碳氢化合物，如 CH_4、C_2H_2；氮化物镀层需要通入氮气，此外，还需要通入少量氢气或氨气，用来防止镀料氮化而影响蒸发速率；氧化物镀层只需通入氧气。如果要获得复合化合物膜层，则需要通入混合气体。如果要获得较好的绕射性，则需要在通入反应气体配比不变的情况下，再通入适量氩气，通过提高工作压力来实现。

2. 活性反应离子镀的特点

(1) 应用范围广。活性反应离子镀采用了大功率、高功率密度的电子束蒸发源，几乎可以蒸镀所有金属和化合物。

(2) 沉积速率高 (一般可达几微米每分钟，最高可达 75μm/min)，通过改变电子枪的功率、基片—蒸发源的距离、反应气体压力等，可以实现对镀层生长速度的有效控制。

(3) 通过调节或改变反应气体压力和镀料蒸发速率可以制取具有不同性质、不同结构和不同配比的化合物镀层。

(4) 由于电离增加了反应物的活性，即使温度较低，仍可以获得较好附着性能的碳化物、氮化物镀层。如果利用化学气相沉积 (CVD) 方法，则需要将工件加热到 1000℃ 左右，对于碳化物沉积层，基体与沉积层之间容易形成脆相；对于氮化物沉积层，可能引起沉积层晶粒长大。对于活性反应离子镀，只需要 500℃ 就可以对高速钢刀具进行超硬镀层处理。

然而，活性反应离子镀也有一些缺点。电子枪发出的高能电子，既可以加热气体镀料，也可以使镀料蒸气及反应气体离化。对于一些应用于光学、音响、电子领域中的器件，要求高质量的薄镀层，需要在低沉积速率下运行，这样就必须降低电子枪的功率，极大削弱了离化效果，甚至会造成辉光放电中断，所以活性反应离子镀无法在低的沉积速率下进行，很难维持等离子体。

改进的活性反应离子镀克服了上述缺陷。在其探极的下方附加一个增强极，用来发射低能电子。低能电子有着很高的碰撞电离效率，当受到探极的吸引后，会与被蒸发的镀料及反应气体原子发生碰撞电离，进而增强离化。因此，可以对金属的蒸发和等离子体的产生这两个过程独立地进行控制，实现低蒸发功率、低蒸镀速率下的活性反应蒸镀，并能更精确地控制膜层的化学成分、厚度，从而得到高质量、致密、细晶粒、均匀平滑的镀层。

除此以外，还有几个参数对膜层性能质量有着重要的影响，列举如下：

(1) ARE 成膜需要完整而稳定的等离子体放电区，而活性来源于等离子体放电。在 ARE 中，衡量等离子体放电强弱的指标是基板电流大小，其对气体放电和等离子体的形成起关键作用。

(2) 蒸发功率与氮分压之比对膜层成分及组织结构有决定性影响。完整而稳定的等离子体放电区可保证蒸发原子与反应气体充分反应。

(3) 提高基板温度有利于形成膜层的反应，可使膜层缺陷减少，组织结构更加完善。

4.3.5　空心阴极放电离子镀

在空心热阴极技术和离子镀技术的基础上，空心阴极放电 (HCD) 离子镀逐渐发展起来。20 世纪 70 年代，人们为了解决越来越严重的环境污染问题，开始用真空的方法取代传统的水溶液电镀铬。目前该技术已经成功地用于模具、机械加工工具、装饰品、超高真空部件等特种涂层上 [4]。

HCD 离子镀法是利用空心热阴极放电产生等离子体。阴极是空心钽管，与辅助阳极距离很近，辅助阴极和阳极用以引燃弧光放电。HCD 枪具有两种引燃方式：其一是在钽管处引入高频电场，使从钽管通入的氩气电离，利用离子轰击来加热钽管，当钽管达到电子发热温度，产生等离子电子束；其二是在钽管辅助阳极和钽管阴极之间施加 300V 左右的直流电压，同时从钽管向真空室内通氩气 [5]。在几帕到十几帕的氩气氛围下，异常辉光放电发生于辅助阳极与阴极钽管之间。氩气在钽管内不断电离，电离之后的氩离子不断与钽管碰撞，使得钽管温度逐步上升，当其温度为 2300~2400K 时，钽管表面就会释放大量的热电子，辉光放电转化为弧光放电，电压下降至 30~60V，电流上升到一定数值。此刻如果接通主电源，就能在阴极和阳极之间引出高密度的等离子体电子束 [6]。

HCD 离子镀装置的示意图如图 4.3.10 所示，它由水冷铜坩埚、沉积基片、水平放置的 HCD 枪和真空系统组成。电子束由 HCD 枪引出，初步聚焦之后受到磁场作用偏转 90°，在坩埚聚焦磁场作用下，电子束直径收缩而聚焦在坩埚上。

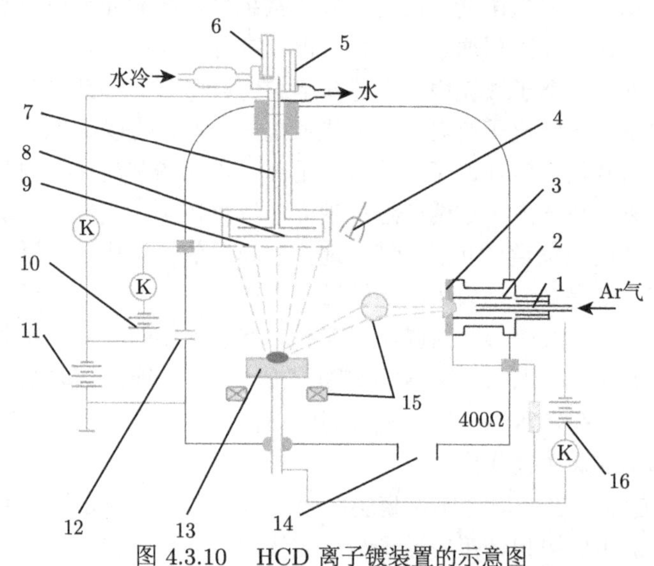

图 4.3.10　HCD 离子镀装置的示意图

1-阴极空心钽管；2-空心阴极；3-辅助阳极；4-测厚装置；5-热电偶；6-流量计；7-收集极；8-沉积基片；9-抑制栅极；10-抑制电压 (25V)；11-基片偏压；12-反应气体入口；13-水冷铜坩埚；14-真空机组；15-偏转聚焦线圈；16-主电源；K-继电器

1. 空心阴极放电离子镀的特性

(1) 离化程度高，带电粒子密度大，并且具有大量的高速中性粒子，HCD 沉积时入射到基片上的离子比例如表 4.3.3 所示。

HCD 离子镀的等离子体电子束用来气化金属的热源，而且当金属蒸气通过等离子体电子束区域时，受到高密度电子流中电子的碰撞而离化。因此，离子镀设备中的空心枪既是镀料的气化源，也是蒸发粒子的离化源。HCD 发出的电子能量为 50~150eV，这种低能电子对原子碰撞电离的效率比能量为千电子伏量级的高能电子高 1~2 个数量级，同时该离子镀方法的电子束流比其他离子镀方法多 100 倍，因此 HCD 离子镀中的离化率有望比其他方法高 10^3 ~10^4 倍，实际测量的金属离子产生率是 22%~40%，其离子流密度可达 10^{15} ~10^{16} 个/(cm^2·s)，比其他的离化方式高出 1~2 个数量级；同时，该离子镀方法在蒸镀过程中，存在大量的高速中性粒子，其数量比其他离子镀方法多 2~3 个数量级 (表 4.3.3)，它们是由没有离化的气体原子和金属蒸气原子在通过等离子体束时，与上述金属离子发生对称共振型电荷交换碰撞而产生的低速离子，被电场加速后能量变高，重复上述过程，结果每个粒子都带几电子伏到几十电子伏能量。这样即使基片负偏压很低，在大量离子和高速中性粒子的轰击作用下，也会有很好的溅射清洗效果。高能粒子作用于工件表面，使工件表面获得高密度能量，改变工件表面成膜的物理条件，可以促进镀料与工件的分子、原子间的结合或增强相互间的扩散 [7]。因此，应用 HCD 设备所获得的镀层附着力较好，膜质均匀致密。

表 4.3.3　HCD 沉积时入射到基片上的离子比例

蒸发金属	蒸发速率/(μm/min)	基片偏压/V	氩比例/%	金属比例/%	Ar 轰击比例/%	Ar 中性粒子比例/%	金属离子轰击比例/%	金属高速离子轰击比例/%
Ag	0.43	−100	0.83	24.8	5.3	0.7	25.9	33.1
		−200	0.63	24.8	5.6	4.1	37.1	28.3
		−400	0.75	19.3	10.0	6.0	43.4	22.0
Ag	0.11	−100	0.83	28.0	8.1	0.9	11.4	25.1
		−200	0.63	34.0	10.0	7.4	23.7	12.7
Cu	0.13	−100	0.83	10.5	13.4	1.6	11.4	9.8
		−200	0.63	17.9	13.7	10.1	26.2	5.7
Cr	0.13	−100	0.83	9.4	8.5	6.5	6.5	10.9
		−200	0.63	15.2	3.3	18.3	18.3	12.6

(2) 采用低电压、大电流设备。HCD 离子镀可以采用一般的电焊整流电源或自耗炉电源、喷涂电源、喷焊整流电源。设备及操作都比较简单、安全，成本低，易于推广。

(3) HCD 离子镀工作压强范围比较宽，沉积过程在 10^{-2} ~10Pa 均可进行，而 ARE 法采用高压电子枪，要用差压板或双真空室。通常 HCD 法的工作压强为 1~10Pa，在此压强下，由于蒸发原子受气体分子的散射效应影响，并且 HCD 法中金属的离化率高，大量金属离子受基片负电位的吸引作用，因此具有较好的绕射性。

2. 空心阴极放电离子镀工艺参数汇总

以活性反应蒸镀 TiN 为例，HCD 离子镀典型的工艺参数如表 4.3.4 所示。

表 4.3.4　活性反应蒸镀 TiN 的 HCD 离子镀典型的工艺参数

镀前离子轰击清洗工件	
放电气体	Ar
放电气压	6.65～66.5Pa
轰击功率	(1.0～3.0) kV× (500～1000)mA
轰击时间	5～15min
离子镀前及离子镀过程中对工件加热	
加热温度	400～550℃
加热速度	10～15min 达到要求温度
加热功率	2～5kW
活性反应蒸镀 TiN 参数	
充 N_2 前基础真空	6.65×10^{-3} ～1.33×10^{-2}Pa
N_2 分压	0.11～0.4Pa
基片偏压	−25～0V
空心枪功率	(50～70)V×(130～200)A
镀膜时间	15～20min
工件取出温度	200℃ 以下

4.4　本 章 小 结

4.1 节以直流二极型离子镀为例，介绍了离子束镀膜的基本原理，当沉积作用超过溅射的剥离作用时，就会发生薄膜的沉积。相比于蒸发镀膜和溅射镀膜，离子镀还具有膜层的附着性好、密度高、绕射性能好、镀材范围广、有利于形成化合物薄膜、沉积速率高、成膜速度快、可镀制较厚的膜等特点。

4.2 节讲述了离子轰击在镀膜中的作用，首先引入了离化率的概念，它是衡量离子镀特性的一个重要指标，并且它是衡量活化程度的主要参量，在反应离子镀中特别重要。其次介绍了沉积前离子轰击的效果，如能量和动量的传递、结晶学破坏、改变表面形貌、气体掺入、温度升高、表面成分变化、近表面材料的物理混合等。再次介绍了离子轰击对薄膜生长的影响：一是在溅射与沉积混杂的基础上，由于蒸发粒子不断增厚，在膜基界面形成“伪扩散层”；二是离子轰击的表面形貌受到破坏；三是可能比未破坏的表面提供更多的成核位置，提高成核密度，为沉积的粒子提供良好的核生长条件。从次介绍了离子轰击对基体和镀层交界面的影响，如物理混合、增强扩散、改善成核模式、优先去除松散结合的原子、改善表面覆盖度等。最后介绍了几种离子镀的蒸发源。

4.3 节主要讲述了五种类型的离子镀及其特点。一是直流二极型离子镀，用这种方式制备的薄膜膜层均匀，附着力较好，粒子绕射性强，设备简易，镀膜工艺易实现，用普通的镀膜机可以改装。当然，它也有一定的缺点，如轰击粒子能量较大，对形成的薄膜有剥离作用，容易引起基板升温，使得膜层表面粗糙，此外，工艺参数难以控制，薄膜纯度不高。二是三极型和多阴极方式的离子镀，对二极型进行改进，可以得到三极型和多阴极方式的离子镀。三是多弧离子镀，这种镀膜方式夹具简单，膜的致密度高，强度和耐久性好，膜层的附着强度好，离化率高。从应用角度讲，多弧离子镀的突出优点是蒸镀速率快，目前主要的缺点是在高功率下会产生飞点，从而影响镀层质量。四是活性反应离子镀，它应用范围广，沉积速率高，通过调节或改变反应气体压力和镀料蒸发速率可以十分方便地制取具有不同性质、不同结构和不同配比的化合物镀层。由于电离增加了反应物的活性，即使温度较低，仍可以获得具有较好附着性能的碳化物、氮化物镀层。然而，活性反应离子镀无法在低的沉积速率下进行，很难维持等离子体。五是空心阴极放电离子镀，它离化程度高，带电粒子密度大，并且具有大量的高速中性粒子，采用低电压、大电流设备，HCD 离子镀工作压力范围比较宽。

习　题

4.1 离子镀中采用的蒸发 (气化) 源主要有哪几种？

4.2 离子镀中采用的离化方式主要有哪几种？

4.3 为了提高气化原子被电子碰撞的离化率，一般要采取哪些措施？请说明理由。

4.4 分别说明离子轰击对基体表面、基体与镀层交界面、薄膜生长的影响。

4.5 什么是镀膜表面的能量活性系数？怎样才能有效提高离子镀膜表面的能量活性系数？

4.6 离子镀和真空蒸镀相比有哪些优点和缺点？

4.7 活性反应离子镀 (ARE) 是如何实现放电电离的？在制取 TiN 和 TiC 膜层时，为了充分反应形成符合化学计量比的膜层，一般采取哪些措施？

4.8 说明空心阴极放电 (HCD) 离子镀的工作原理，并指出其主要优缺点。

4.9 与直流二极型离子镀相比，HCD 离子镀的离化率要高 1000~10000 倍，请说明理由。

4.10 在 HCD 离子镀中基板偏压一般在什么范围？为什么过高的偏压反而有害？

4.11 请简单说明多弧离子镀中阴极弧光辉点产生的过程，并指出其在离子镀中的作用。

参考文献

[1] 郑伟涛. 薄膜材料与薄膜技术 [M]. 北京：化学工业出版社, 2004.

[2] 党文伟, 赵金龙, 李晓升. 多弧离子镀沉积 TiCrN 薄膜在中性盐雾环境下的腐蚀行为 [J]. 电镀与精饰, 2022, 44(11): 64-68.

[3] 陈宝清. 活性反应离子镀渗法 [J]. 热加工工艺, 1981(3): 33-43.

[4] 唐宾, 高原, 王从曾, 等. 涂渗剂空心阴极放电离子渗硼的研究 [J]. 真空, 1992(2): 34-39.
[5] 刘鑫, 王淮, 杨悦, 等. 空心阴极与多弧离子镀 TiN 薄膜的表面形貌及性能 [J]. 长春工业大学学报 (自然科学版), 2009, 30(6): 646-650.
[6] 解正国, 石铭德, 庄谨. 空心阴极放电离子镀法沉积氮化钛涂层 [J]. 清华大学学报 (自然科学版), 1995(2): 103-108.
[7] 游本章. 离子镀膜技术的发展和应用 [J]. 电工电能新技术, 1989(4): 14-21.

第 5 章　化学气相沉积

5.1　概　　述

前几章讨论的薄膜制备方法利用了物质的物理变化，使物质实现了由固态到气态再到薄膜的转变，此类方法统称为物理气相沉积 (physical vapor deposition, PVD) 法。不同于物质的物理变化，通常把在高温空间 (包括基板上) 或活化空间中，物质发生化学反应并生成薄膜的方法称为化学气相沉积 (chemical vapor deposition, CVD) 法。通俗地讲，CVD 是利用气态的先驱反应物，通过原子、分子间化学反应，得到至少一种固态生成物，同时固相产物以薄膜的形式存在。

如图 5.1.1 所示，在通常条件下化学反应的发生都伴随着反应活化能 ε 的输入。根据 ε 来源的不同，化学气相沉积又分为不同种类。通常所说的 CVD 泛指热 CVD，即通过加热衬底与反应气体来提供系统所需的活化能，故该方法所需的沉积温度较高；通过等离子体提供反应活化能的 CVD 称为等离子体 CVD (plasma-CVD, PCVD)，这种方法会在反应室内形成低温等离子体，利用粒子在等离子态下具有较高能量的特点使沉积温度降低；将光能引入化学气相沉积系统，利用光提供反应活化能的 CVD 称为光 CVD (photo-CVD)，光 CVD 在较低温度甚至室温条件下就可以进行薄膜沉积，减少了对膜层的损伤。此外，按照反应室内压力

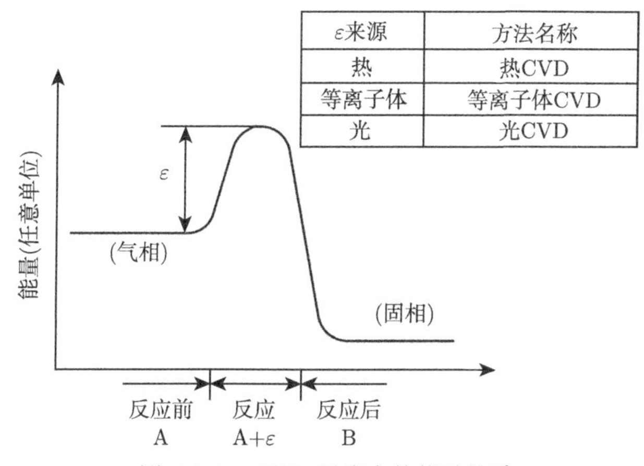

ε来源	方法名称
热	热CVD
等离子体	等离子体CVD
光	光CVD

图 5.1.1　CVD 反应中的能量关系

在 CVD 中，气相的气体材料 (A) 获得活化能，发生反应 (A + ε)，并以薄膜 (B) 的形式在附近固体表面上析出

的大小，CVD 可分为常压 CVD (atmosphere pressure chemical vapor deposition, APCVD) 和减压 CVD (low pressure chemical vapor deposition, LPCVD)；按照沉积温度，CVD 可分为低温 CVD (200～500℃)、中温 CVD (500～1000℃)、高温 CVD (1000～1300℃)；按照反应器壁的温度，CVD 分为热壁型 CVD 和冷壁型 CVD。

人们最先使用的是常压 CVD，用于外延材料的生长。随后又出现了更高效的减压 CVD，进一步提高了薄膜均匀性，目前已大量投入工业生产。随之出现的是等离子体 CVD、光 CVD、金属 CVD 等。为了获得更高质量的薄膜，CVD 随着技术进步和需求变化也在不断向前发展 [1]。

5.2　基本原理

5.2.1　沉积过程

化学气相沉积的反应机制主要涉及 8 个过程，如图 5.2.1 所示。首先，反应气体通过进气口进入 CVD 反应室并向基板表面扩散，扩散过程中气相反应形成薄膜先驱物 (组成膜最初的原子和分子) 及其他副产物，同时先驱物被输送到基板附近沉积区域并附着在基板上。其次，附着之后，先驱物在基板上沿着膜生长方向不断扩散，扩散过程中伴随着表面化学反应，使膜层不断沉积，同时此过程会生成其他副产物。最后，副产物解吸附离开基板表面，从沉积区域随气流流动到反应室出口并排出。

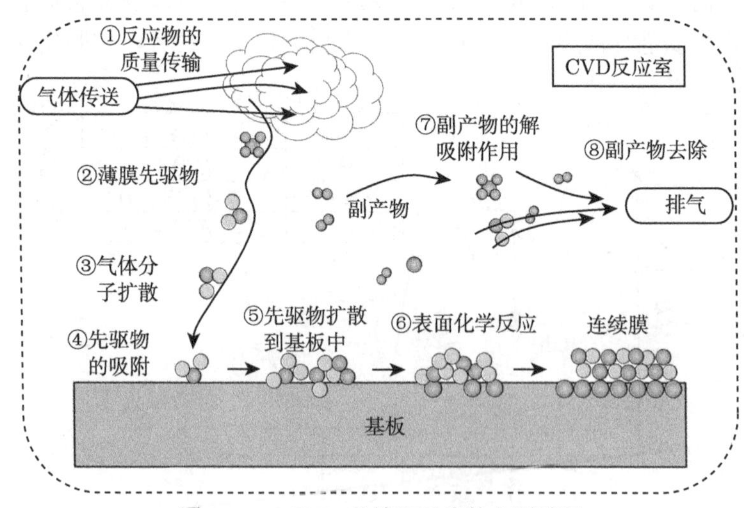

图 5.2.1　CVD 传输和反应的主要过程

实际上，气态反应物发生化学反应和副产物在基板上的析出过程 (结晶过程)

是同时进行的，因而 CVD 的机理复杂。在 CVD 过程中，只有化学反应发生在气相/固相交界面时才能在基板上形成成分致密的固态薄膜。如果反应物在还未到达基板表面沉积区域时就发生反应，即反应发生在气相中，则生成的产物只能以粉末形态出现。在 CVD 反应中，基板和气相的温度、浓度差决定着过饱和度，根据结晶动力学原理，过饱和度又提供了晶体生长的驱动力。

在 CVD 中，气体分子向基板表面的输送过程至关重要，因为物质的移动速度与气体分子在基板表面的反应过程 (表面的反应速率) 共同决定着膜层的沉积速率。在实际的生产过程中，CVD 反应的时间长短决定着生产效益。基板温度升高会显著加快表面反应速率，尽管如此，CVD 反应的速率总是小于反应气体随气流传输到基板表面的速率，在工艺过程中这被称为质量传输限制沉积工艺。相反地，在反应温度和压力较低的条件下，系统能提供的反应活化能更少，表面反应速率也会随之降低，此时反应物到达基板表面的速率将超过表面化学反应的速率。在这种情况下，沉积速率是受反应速率控制的。基于 CVD 反应的有序性，显然最慢的反应阶段限制了 CVD 的工艺过程，简言之，整个沉积过程的速率是由反应速率最慢的阶段决定的。

CVD 反应速率和薄膜最终的生长质量涉及气流动力学的知识，气体流动探讨的是反应气体被输送到基板表面的动力学过程。在分子尺度上，足量的反应分子需要在一定的时间内到达反应区域。研究反应室内的气体流动过程需要考虑以下两个问题：反应气体如何离开主气流到达基板表面，反应气体的输送量与表面反应速率之间有何相对关系。假设气相分子依靠扩散作用到达基板表面，且由于黏滞和摩擦力作用，基板表面气体流动速率为零，此时气体流动可以看作存在一个边界层。气压越高，边界层越厚。对于低压 CVD 来说，边界层越薄，反应气体越易通过边界层到达基板表面，即反应物的输运越快，反应副产物的移除也越快。在较低工作气压下的 CVD 工艺是反应速率限制型，实际的化学气相沉积也多采用减压 CVD 而不是常压 CVD。

在工艺生产中常常需要在耐热性较差的材料上沉积薄膜，如玻璃、塑料等，此时可采用光 CVD 或等离子体 CVD 的方式，在基板温度较低的条件下也可提高反应速率。CVD 采用激光器作为光源。等离子体 CVD 是在低气压下 (1~4000Pa) 产生气体放电，这种方法能够提高膜层质量、增加附着力、改善台阶覆盖度等。鉴于这些优点，等离子体 CVD 在半导体行业使用广泛，一般用来制作集成电路元件、平板显示器等，在 5.3 节会详细介绍。

5.2.2 反应类型

化学气相沉积法制备薄膜的一个重要过程是气相分子发生化学反应，本小节将详细介绍在 CVD 反应中涉及的原料特性及化学反应类型。

以热 CVD 为例，气相反应物进入反应室并输送到高温基板上，在基板上进行氧化、还原、分解、置换等化学反应，最终形成薄膜。这就要求成膜原材料是挥发性化合物，一般是卤化物、有机化合物、碳氢化合物、碳酰等，挥发性化合物一般与载带气体 (H_2、Ar、N_2 等) 混合进入反应室反应形成膜。表 5.2.1 列出了 CVD 中常用的气体原料及其特性。

表 5.2.1　CVD 中常用的气体原料及其特性

材料	相对分子质量	熔点/℃	蒸气压	用途及生成反应
$Si(OC_2H_5)_4$	208.5	−82.5	166.8℃/101325Pa	绝缘膜 (SiO_2，PSG，BPSG)
$POCl_3$	153.4	1.3	$^*A = -182$, $B = 7.73$	绝缘膜 (PSG，BPSG)
$PO(OCH_3)_3$	140.0	−46.1	$^*A = -2416$, $B = 8.045$	绝缘膜 (PSG，BPSG)
$B(OC_2H_5)_3$	146.1	−84.8	118.6℃/101325Pa	绝缘膜 (BSG，BPSG)
$Ge(OC_2H_5)_4$	253.0	-72 ± 1	185℃/101325Pa	与水混合，迅速加速分解
$Ta(OC_2H_5)_5$	406.4	21	146℃/20Pa	淡黄、无色的液体
$As(OC_2H_5)_3$	209.4	—	162℃/99325Pa	化合物半导体 (GaAs，GaAlAs)
$Sb(OC_2H_5)_3$	257.1	—	93℃/1333Pa	制备 InSb
$Al(OC_3H_7)_3$	204.2	3~142	3~151℃/2000Pa	制备 GaAlAs
$Ti(OiC_3H_7)_4$	283.9	20	116℃/1333Pa	与水分反应，加水分解
制备 $Ta(OC_2H_5)_5$	406.4	21	146℃/20Pa	制备 Ta_2O_5
$Nb(OC_2H_5)_5$	318.4	6	156℃/6.67Pa	与水分反应，加水分解
$Zr(OC_3H_7)_3$	327.2	105~120	160℃/13.33Pa	与水分反应，加水分解
$VO(OC_2H_5)_3$	202.2	—	91℃/1467Pa	与水分反应，加水分解
$Sb(OC_2H_5)_3$	257.1	—	93℃/1333Pa	与水分反应，加水分解
$AlCl_3$	133.3	190	$^*A = 6362$，$B = 9.66$，$C = 3.78$	升华性，与水分反应，加水分解
$TiCl_4$	189.7	−30	$^*A = 2853$，$B = 24.98$，$C = -5.80$	阻挡金属层 (TiN)
$TaCl_5$	358.2	221	93℃/1333Pa	介电体膜 (Ta_2O_5)
$NbCl_5$	270.2	194	93℃/1333Pa	与水分反应，加水分解
$ZrCl_4$	233.0	—	$^*A = -6602$，$B = 19.36$，$C = -1.6$	与水分反应，加水分解
$VOCl_3$	173.3	-77 ± 2	126.7℃/101325Pa	与水分反应，加水分解
$SbCl_3$	228.1	73.4	$^*A = -3771$，$B = 29.5$，$C = -7.04$	与水分反应，加水分解
$Ti(N(CH_3)_2)$	223.9	—	50℃/6.67Pa	—

注：PSG-磷硅酸玻璃 (phosphor silicate glass)；BPSG-硼磷硅酸玻璃 (boron phosphor silicate glass)；BSG-硅酸硼玻璃 (boron silicate glass)。

表 5.2.2 列出了 CVD 技术涉及的化学反应类型。其中热分解反应、氧化反应和化合反应法适用于制造半导体膜和超硬镀层。热分解反应由于受到原材料气体

的限制，价格昂贵，因此在实际生产过程中多用氧化反应和化合反应。氢还原反应法常用来制备高纯度金属膜，它的工艺温度相对较低、操作简单，工艺价值更高，特别适用于单晶硅外延膜和难熔金属薄膜的沉积。

固相扩散法是使含有碳、氮、硼、氧等元素的气体与高温基体表面接触，使表面直接碳化、氮化、硼化、氧化，从而达到对金属表面保护和强化的目的。但非金属原子在固相中的扩散比金属原子的扩散更加困难，因此采用固相扩散法制备薄膜的速率低，生产周期长，对反应温度的要求更高。固相扩散和置换反应都属于表面处理范畴，但置换反应实际用得不多，因为它会导致基体表面成分和厚度的不均匀。

表 5.2.2　CVD 技术涉及的化学反应类型

反应类型	典型的化学反应	说明
热分解反应	$SiH_2(g) \xrightarrow{700\sim1100^\circ C} Si(s)+H_2(g)$	生成多晶 Si 膜和单晶 Si 膜
	$CH_3SiCl_3(g) \xrightarrow{1400^\circ C} SiC(s)+3HCl(g)$	生成 SiC 膜
	$Ni(CO)_4(g) \xrightarrow{180^\circ C} Ni(s)+4CO(g)$	Ni 的提纯
氢还原反应	$SiCl_4(g)+2H_2(g) \xrightarrow{\text{约}1200^\circ C} Si(s)+4HCl(g)$	单晶硅外延膜的生成
	$3H_2(g)+WF_6(g) \xrightarrow{300\sim700^\circ C} W(s)+6HF(g)$	难熔金属薄膜的沉积
氧化反应	$SiH_4(g)+O_2(g) \xrightarrow{450^\circ C} SiO_2(s)+2H_2(g)$	用于半导体绝缘膜的沉积
	$SiCl_4(g)+2H_2(g)+O_2(g) \xrightarrow{1500^\circ C} SiO_2(s)+4HCl(g)$	用于光导纤维原料的沉积，沉积温度高，沉积速率快
化合反应	$SiH_4(g)+CH_4(g) \xrightarrow{1400^\circ C} SiC(s)+4HCl(g)$	SiC 的化学气相沉积
	$SiCl_2H_2(g)+4NH_3(g) \xrightarrow{750^\circ C} Si_3N_4(s)+3H_2(g)+6HCl(g)$	Si_3N_4 的化学气相沉积
	$2TaCl_5(g)+N_2(g)+5H_2(g) \xrightarrow{900^\circ C} 2TaN(s)+10HCl(g)$	TaN 的化学气相沉积
	$TiCl_4(g)+CH_4(g) \xrightarrow[950\sim1050^\circ C]{H_2} TiC(s)+4HCl(g)$	TiC 的化学气相沉积
置换反应	$4Fe(s)+2TiCl_4(g)+N_2(g) \longrightarrow 2TiN(s)+4FeCl_2(g)$	钢铁表面形成 TiN 超硬膜
固相扩散	$Ti(s)+2BCl_3(g)+3H_2(g) \xrightarrow{1000^\circ C} TiB_2(s)+6HCl(g)$	Ti 表面形成 TiB_2 膜
歧化反应	$2GeI_2(g) \xrightarrow{300\sim600^\circ C} Ge(s)+GeI_4(g)$	利用不同温度下，不同化合价化合物稳定性的差异，实现元素的沉积
可逆反应	$As_4(g)+As_2(g)+6GaCl(g)+3H_2(g) \xleftrightarrow{750\sim850^\circ C} 6GaAs(s)+6HCl(g)$	利用某些元素的同一化合物的相对稳定性随温度变化特性实现物质的转移和沉积

某些元素可以形成多种稳定程度不同的气态化合物，如 Ge 元素可以形成 GeI_2、GeI_4 两种金属卤化物，这类化合物极易受到外界条件的影响，倾向于形成稳定性更高的另一种化合物。也就是说，这类元素可以具有多种化合价并且能够形成不同的化合物，这就是歧化反应的原理。例如，在歧化反应中，GeI_2 和 GeI_4 中的 Ge 分别是以 2 价和 4 价存在，在高温 (600°C) 时使 GeI_4 气体通过固态 Ge 可以获得气态 GeI_2，而在低温 (300°C) 时使气态 GeI_2 在衬底上反应能够生成固

态 Ge，由此，通过调控反应室的温度即可实现 Ge 的转移和沉积。除 Ge 之外，Al、B、Ti、Zr、Ga、In、Si、Be 和 Cr 等元素都能形成此类变价卤化物。

表 5.2.2 中可逆反应是利用某些元素的同一化合物的相对稳定性随温度变化的特点，实现物质的转移和沉积。可逆反应与歧化反应的相同点在于两者都要控制温度以实现物质的转变，反应装置类似，但值得注意的是，两者的机理完全不同，可逆反应改变的是反应方向。例如，反应

$$\mathrm{As_4\,(g) + As_2(g) + 6GaCl\,(g) + 3H_2 \xleftrightarrow{750\sim850^\circ C} 6GaAs\,(s) + 6HCl(g)} \tag{5.2.1}$$

在高温 (850℃) 下倾向于向左进行生成 GaCl，而在低温 (750℃) 下会转向右进行得到 GaAs。利用这一特征，可用 GaCl 气体将 As 蒸气载入，并使其在适宜的温度下与 As 蒸气发生反应，从而沉积出 GaAs。

表 5.2.3 给出涂覆超硬镀层的典型 CVD 反应，图 5.2.2 是利用类似反应制备 (Ga, In) (As, P) 系列半导体薄膜的 CVD 装置示意图。图中，In、Ga 两种元素在与 HCl 气体反应后，以气态形式载入，在这里不做过多叙述。

表 5.2.3　涂覆超硬镀层的典型 CVD 反应

镀层材料	反应实例
TiC	$\mathrm{TiCl_4(g)+CH_4(g) \xrightarrow[950\sim1050^\circ C]{H_2} TiC(s)+4HCl(g)}$
TiN	$\mathrm{TiCl_4(g) + 1/2N_2(g)+2H_2 \longrightarrow TiN(s)+4HCl(g)}$
Ti(CN)	$\mathrm{2TiCl_4(g)+N_2(g)+2CH_4(g) \longrightarrow 2Ti(CN)(s)+8HCl(g)}$ 中温 CVD: $\mathrm{2TiCl_4(g)+R\text{-}CN \xrightarrow[900\sim1050^\circ C]{H_2} 2Ti(CN)(s)+RCl(g)}$
硬 Cr	$\mathrm{CrCl_2(g)+H_2(g) \xrightarrow[750\sim1000^\circ C]{Ar} Cr(s)+2HCl(g)}$
Al_2O_3	$\mathrm{2AlCl_3(g)+3CO_2(g)+3H_2(g) \longrightarrow Al_2O_3(s)+3CO(g)+6HCl(g)}$ $\mathrm{2AlCl_3(g)+3H_2O(g) \xrightarrow[1000^\circ C]{H_2} Al_2O_3(s)+6HCl(g)}$

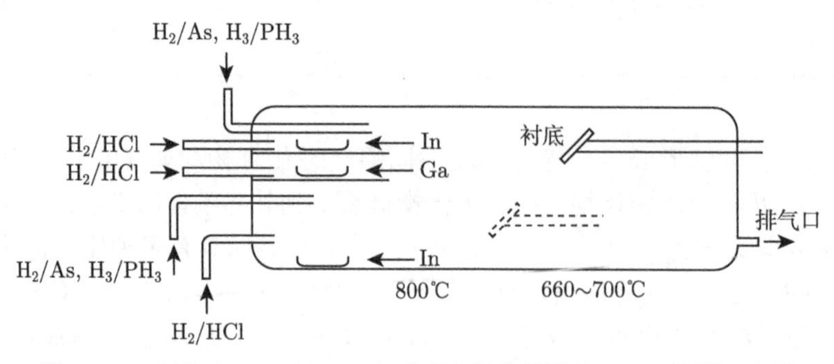

图 5.2.2　制备 (Ga, In)(As, P) 系列半导体薄膜的 CVD 装置示意图

5.2.3　特点及应用

1. CVD 法的主要特点

与 PVD 等其他薄膜制备技术相比，CVD 法具有如下特点。

(1) 应用范围广：可以制备金属薄膜、非金属薄膜、多成分的合金薄膜、混晶和结构复杂的晶体薄膜。

(2) 成膜速度快：薄膜生长厚度每分钟可达几纳米到几百纳米，通过调节通入气体的成分及流量，能够大范围控制产物的组成，即可在较大基板上制备薄膜，也可以同时放置大量基片。

(3) 薄膜质量好：由于薄膜是在远低于原材料熔点的温度下生长的，因此可以获得高纯度、良好致密性、小残余应力、结晶完全的膜层。在薄膜沉积过程中，气体反应产物和基体表面原子间要发生相互扩散，从而使得薄膜具有更好的附着力。此外，所沉积的薄膜表面光滑，粗糙度小。

(4) 适用于形状复杂的衬底材料：CVD 反应在常压或低真空度中进行，反应膜前驱物的绕射性好，特别是对于形状复杂的表面或工件的深孔、细孔都能均匀镀覆。

CVD 制膜技术的主要缺点：热 CVD 的反应温度高达 1000℃，这对基体的要求很高，也限制了热 CVD 的使用。在沉积薄膜时，温度过高也不利于薄膜的生长。高温会使晶粒粗大，并生成脆性相，从而降低薄膜的性能。使用金属有机化学气相沉积 (metal-organic chemical vapor deposition, MOCVD) 制备特定薄膜材料时，所需的前驱物往往市面没有出售，因此需要自己合成，另外制备时也需要考虑废气的处理问题。近年来，CVD 技术发展很快，已成为一个重要的薄膜制备方法，在微电子材料、光电子材料、机械材料、航空航天材料等方面都有重要应用。

2. CVD 法的应用

真空蒸镀等方法是原子直线入射到衬底实现薄膜沉积，而 CVD 采用的是气相化学反应，原则上讲，暴露在反应区的表面均可以沉积薄膜，所以 CVD 的生产效率更高。尤其是 CVD 具有良好的台阶涂覆性，无论是凹凸严重的表面、台阶的侧面、深孔的底面，还是小间隙中的表面，只要是暴露于气相反应的空间，都可以形成薄膜，并能保证膜层性能的一致性。

CVD 技术在半导体行业应用广泛，覆盖从集成电路到电子器件整个领域。图 5.2.3 是 CVD 的分类及其在半导体技术中的应用。

超大规模集成电路制作过程中用到的层间绝缘膜和保护膜通常采用常压 CVD 法，如磷硅酸玻璃 (PSG)、硼磷硅酸玻璃 (BPSG)、SiO_2 等。利用减压 CVD 制作的薄膜有 W(WF_6，SiH_4：200~300℃)，WSi_2(WF_6，SiH_4：300~450℃)，MoSi($MoCl_5$，H_2：520~800℃)，poly-Si(SiH_4：约 600℃。Si_2H_6：约 450℃)，以及高温下形成的

SiO_2 系薄膜等。W 的选择生长是将 WF_6 与 SiH_4 及 H_2 混合气体，在 200~300℃，约 0.1Pa 的条件下进行反应。对于 poly-Si 的形成来说，采用常压 CVD 需要 900℃ 左右的高温，而采用减压 CVD 在 600℃ 左右即可形成，因此减压 CVD 的应用更加广泛。一些适合常压 CVD 制作的薄膜，也逐渐转向由膜层均匀性好、质量更高的减压 CVD 制备，减压 CVD 更容易适应基板尺寸的大型化。

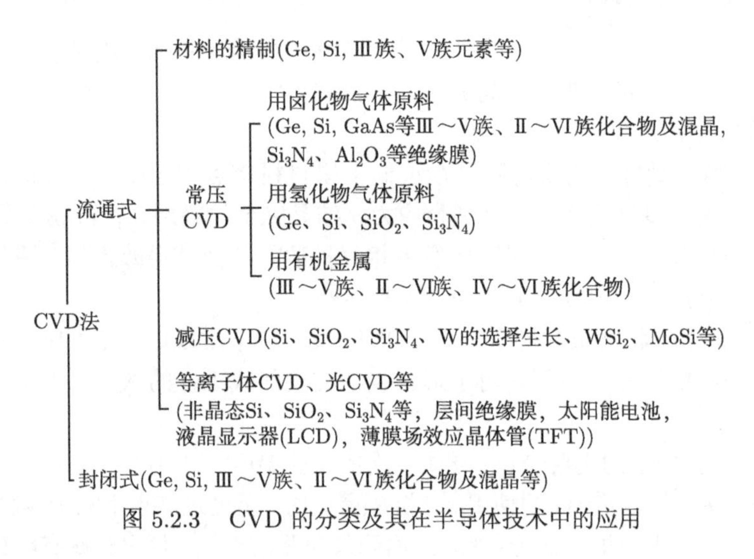

图 5.2.3　CVD 的分类及其在半导体技术中的应用

5.3　化学气相沉积类型

5.1 节和 5.2 节已经介绍了化学气相沉积的基本原理、化学反应类型、特点和应用，本节将分别详细介绍热 CVD、等离子体 CVD、光 CVD 和金属有机 CVD 的原理特点和装置结构，以便读者更深刻地理解不同类型的化学气相沉积法之间的差异与共性。

5.3.1　热化学气相沉积

1. 原理及特征

热 CVD 法沉积薄膜的原理是利用高温激活化学反应进行气相生长，即以挥发性的金属卤化物和金属有机化合物等气体为反应原材料，在高温下发生相关化学反应，从而在基板上沉积得到需要的薄膜。氢化物、氯化物、金属有机化学气相沉积等都属于热化学气相沉积的范畴。化学气相沉积的固相产物可以是粉末、薄膜、晶须等形式，从而可以形成纳米材料。本书侧重于薄膜制备技术，故书中讨论的固相产物均指薄膜的形式，其生长的条件更为严格。

图 5.3.1 为热 CVD 法形成薄膜的原理图。将含有薄膜元素的某种易挥发物质通过进气口通入反应室，并输运到生长区，同时加热基板到适当温度，通过热能对

气体分子进行激发、分解，促进其反应。最终，热分解生成物或反应产物沉积在基板表面形成薄膜，反应尾气由抽气系统排出。其中，热分解温度为 1000~1500℃，热能可通过辐射、热传导和感应加热等方式获得。

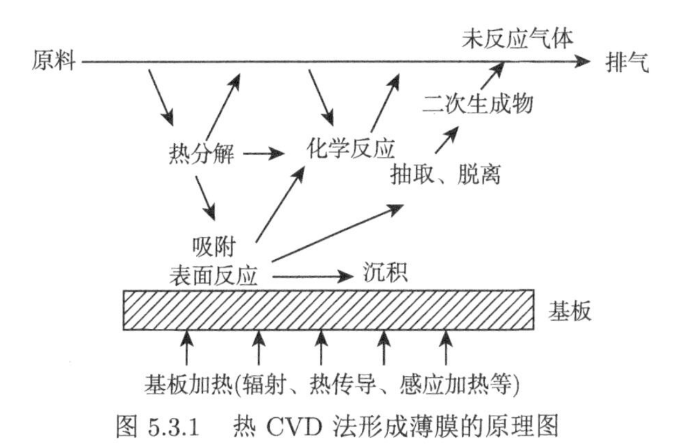

图 5.3.1　热 CVD 法形成薄膜的原理图

2. 热 CVD 装置

热 CVD 装置的结构示意图如图 5.3.2 所示，主要由供气系统、反应室和真空泵系统三个部分构成，其中反应室是热 CVD 装置的核心，具有多种结构。图中左侧供气系统提供 CVD 的气源，气态反应物在流量控制装置 (mass flow controller, MFC) 调节下进入反应室。部分热 CVD 装置也带有净化功能，净化装置先对反应气体进行处理再将其通入反应室。对于气源是液态的情况，可利用吹泡器使载带气体在液体气源中发泡，从而使液体气源蒸气含于气泡中，如液态 $SiCl_4$ 为气源时，采用 H_2 作载带气体，发泡后通过 MFC 控制，将源气体导入反应室。

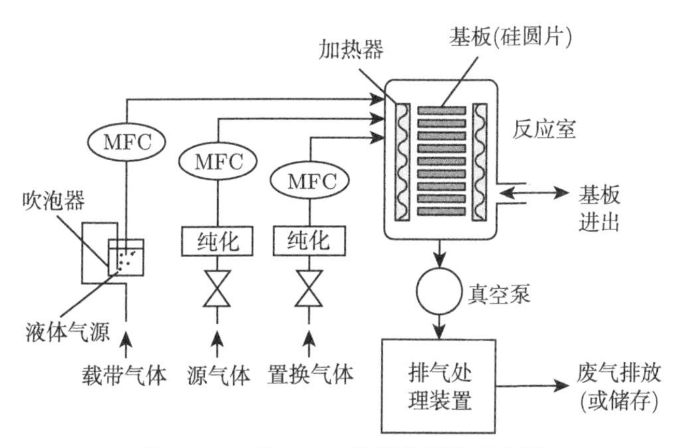

图 5.3.2　热 CVD 装置的结构示意图

反应室是发生化学反应并沉积薄膜的关键区域，是 CVD 装置的核心。因此，热 CVD 对反应室有一定要求：① 保证气体能够在基板表面均匀流动，并稳定地发生反应，这是获得成分均匀薄膜的前提条件；② 保证基板温度均匀稳定；③ 保证尾气及时排出；④ 保证反应在基板表面发生，避免产生粉末；⑤ 在尽可能低的温度下发生反应；⑥ 单位时间内的处理量可按需求调整。

热 CVD 装置的真空泵系统用来处理反应后的废气。CVD 反应产生的尾气中可能含有不利于环境的物质和有毒气体，需要将其处理后再排放到大气中，对有必要的气体可进行回收再利用。

3. 常压 CVD

常压 CVD (normal pressure CVD，NPCVD) 是最简单的 CVD 方式，它不采用真空装置，在常压下进行反应，在许多领域都广泛应用。NPCVD 系统的优点是具有高沉积速率，能够制备均匀性良好的薄膜，不仅可以沉积直径较大的芯片，连续式生产更是具有相当高的产出量。

在设计和制造 NPCVD 反应室时，需满足上文对反应室的几点要求，此外，对于不同的使用条件，应针对其具体的使用要求，合理选择反应室。对于 NPCVD 使用情况的不同，目前已研制出能满足不同要求的反应室。NPCVD 装置总体可分为三大类，如表 5.3.1 所示。第一类包括表格中的 (a)~(c)，是按照反应室的放置方式和尺寸关系的不同进行划分的，分别为水平型、纵型、横型；第二类为表格中的 (d) 和 (e)，按基片的放置方式划分，有鼓架型和辐射型；第三类为表格中的 (f) 和 (g)，按基片的装卸输运方式划分，分别为由传送带输运的连续式和以单片为单位进行处理的单片式。在装置示意图一行中，又进行了详细的划分，如 (b) 类又分为 (b-1)、(b-2) 和 (b-3) 等三种。

在上述各类装置中，(b-1)、(b-2) 及 (d) 适合大批量生产；(b-3) 用于制作多晶硅、氧化膜和氮化膜等；为了抑制粉末生成，多采用 (c) 装置；当采用四乙基原硅烷 $Si(OC_2H_3)_4$ 等制作氧化膜时，多采用 (f)；为了满足大尺寸、对膜厚均匀性要求更高的需求，使用单片式装置 (g) 的越来越多。

不同领域的需求不同，这也对装置和薄膜制备提出了更高的要求。在超微细加工领域往往需要更高的平坦度，故采用四乙基原硅烷-O_3 系批量制作平坦化优良的氧化膜。图 5.3.3 所示为连续式常压 CVD 装置示意图。大量的硅圆片有序地放置在传送带上，由传送带连续送入反应室，在反应室内进行薄膜沉积。沉积之后的样品随传送带到达反应室出口，出口处设有冷却装置对基片冷却降温。在反应室的入口和出口处上方，分别有高速 N_2 气流自上而下流动，以防止空气进入。这类连续式常压 CVD 装置主要用来制作半导体集成电路 (IC) 最终保护膜，如 SiO_2、Si_3N_4(钝化膜) 和掺杂 P 的 SiO_2 等。

表 5.3.1　NPCVD 反应室的各种类型

形式	(a)	(b)	(c)	(d)	(e)	(f)	(g)
分类	批量式					连续式	单片式
	水平型	纵型	横型	鼓架型	辐射型		
加热方式	红外线加热 (IR)、射频加热 (RF)、电阻加热	RF、电阻加热	电阻加热	RF、IR(灯)	灯	电阻加热、IR(灯)	电阻加热、IR
应用实例	外延膜生长，低温氧化膜，多晶 Si、Si_3N_4 膜等	低温氧化膜，外延膜生长，多晶 Si、Si_3N_4 膜	掺杂氧化膜、Si_3N_4 膜、多晶 Si 膜	外延膜生长	外延膜生长	低温氧化膜	低温氧化膜、Si_3N_4 膜、金属 (W) 膜、外延膜生长
装置示意图	硅圆片	硅圆片 (b-1) (b-2) 硅圆片 (b-3)	(c-1) 舟 硅圆片 (c-2)	(d-1) 硅圆片 (d-2)	硅圆片	硅圆片 链式传送带	硅圆片
工作压力	NP、LP (减压)	NP、LP	LP	LP	LP	NP	LP

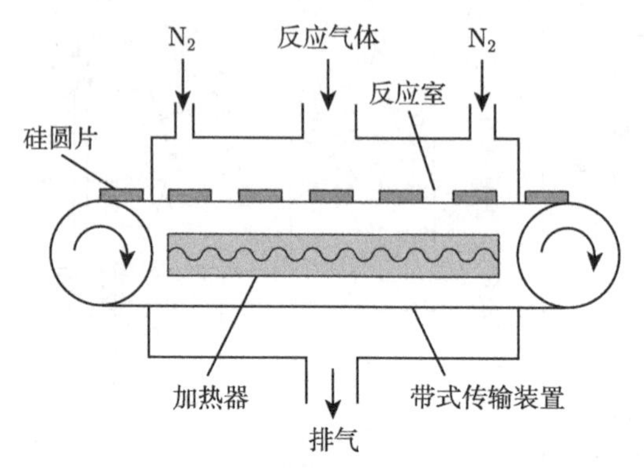

图 5.3.3　连续式常压 CVD 装置示意图

4. 减压 CVD

减压 CVD 以常压 CVD 为基础，将反应气体在反应室内沉积时的压强降低到 133Pa 以下，以获得膜层质量高、膜厚和电阻率更加均匀的薄膜。减压 CVD 装置由供气系统、反应室、控制系统、排气系统四部分构成，热壁 (hot wall) 型减压 CVD 装置示意图如图 5.3.4 所示。反应室内气体的流动状态如图 5.3.5 所示。LPCVD 的机理同热 CVD 等化学气相法沉积薄膜相似，在此不再重复叙述。

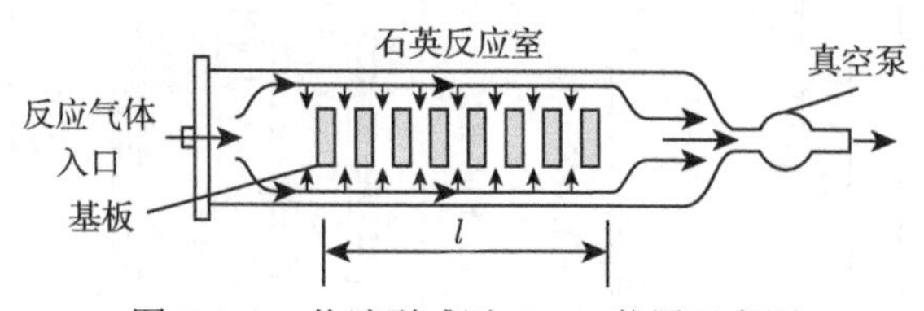

图 5.3.4　热壁型减压 CVD 装置示意图

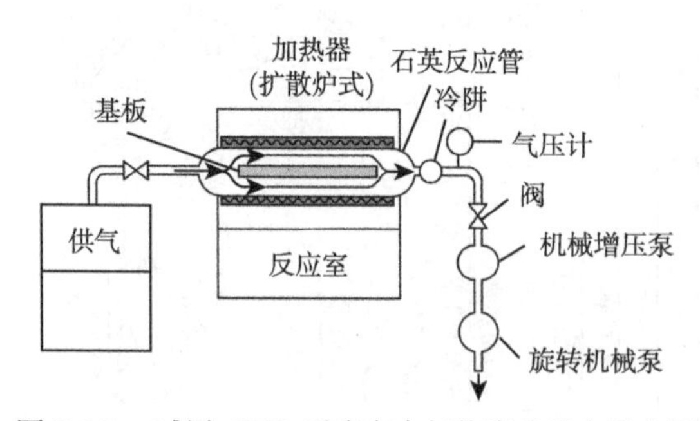

图 5.3.5　减压 CVD 反应室内气体流动状态示意图

类似地，LPCVD 也有多种方式，由此也衍生出许多新的沉积装置，总的来说，LPCVD 具有以下特征。

(1) 反应室内压强低于 133Pa，气体分子平均自由程和扩散系数变大，导致气态反应物和副产物的质量传输速率加快，薄膜形成速率更快。基片表面的膜厚及电阻率等参数更均匀。

(2) 采用 LPCVD 法沉积的薄膜，具有较好的阶梯覆盖能力、很好的组成成分和结构控制、很高的沉积速率。另外，LPCVD 并不需要载带气体，因此大大减少了颗粒污染源，被广泛地应用在高附加价值的半导体产业中，用作薄膜的沉积方法。

(3) LPCVD 的反应室采用扩散炉型 (表 5.3.1 中 (b-3) 或 (c))，温度控制容易，装置本身也比较简单，在低压下更容易实现基片的均匀加热，特别是可以大批量地装载基片。NPCVD 的反应室处于冷壁 (cold wall) 状态，这是由高频电磁波或红外线对基片直接加热造成的，而 LPCVD 主要靠电阻加热，反应器处于热壁状态。因此有学者认为，从 NPCVD 向 LPCVD 的转变实际上是从冷壁型向热壁型的转变。

(4) LPCVD 由于采取横型结构，杂质等物质不易附着在膜表面。随着基片尺寸的进一步增大，采用纵型反应器也可以抑制颗粒的产生。

正是基于上述特点，LPCVD 在许多领域都获得了较好的应用，表 5.3.2 列出了减压 CVD 薄膜沉积条件的实例。在薄膜制作领域，LPCVD 已成为最普遍采用的方式之一。

表 5.3.2 减压 CVD 薄膜沉积条件的实例

	薄膜	Si_3N_4	掺杂的多晶 Si	多晶 Si	低温 SiO_2	低温 PSG
沉积条件	沉积温度/℃	750	630	600	380	380
	SiH_2Cl_2 流量/(cc/min)	70	—	—	—	—
	NH_3 流量/(cc/min)	700	—	—	—	—
	SiH_4(20%He) 流量/(cc/min)	—	1500	250	500	384
	PH_3(4%He) 流量/(cc/min)	—	450	—	—	270
	O_2 流量/(cc/min)	—	—	—	120	80
	He 流量/(L/min)	—	0.8	1.5	3.8	3.5
	沉积速率/(Å/min)	40	73	80	约 100	约 130
	沉积压强/Pa	106.7	186.7	106.7	173.3	173.3

注：1cc=1mL。

5.3.2 等离子体化学气相沉积

常压 CVD 和减压 CVD 都是利用反应物在高温基板表面发生化学反应，显然两者都属于热 CVD。但是在实际电子元件、集成电路的制作中，材料往往难以承受几百摄氏度的高温，因此，低温下的薄膜沉积工艺应运而生，其中一种就是等离子体 CVD。PCVD 是在高频或直流电场作用下，气体电离形成等离子体，利用低温等离子体作为能量源，使反应气体激活并实现化学气相沉积的技术。

1. 原理及特征

图 5.3.6 为等离子体 CVD 形成薄膜原理示意图。在原料气体中输入直流、高频或微波功率，使气体在高频或直流电场作用下产生放电，形成等离子体。由于低速电子与气体原子相互碰撞，除产生正、负离子之外，等离子体中还会产生大量的活性基 (激发原子、分子等)，增强了反应气体的活性。因此，反应可以在一个相对较低的基板温度下发生。

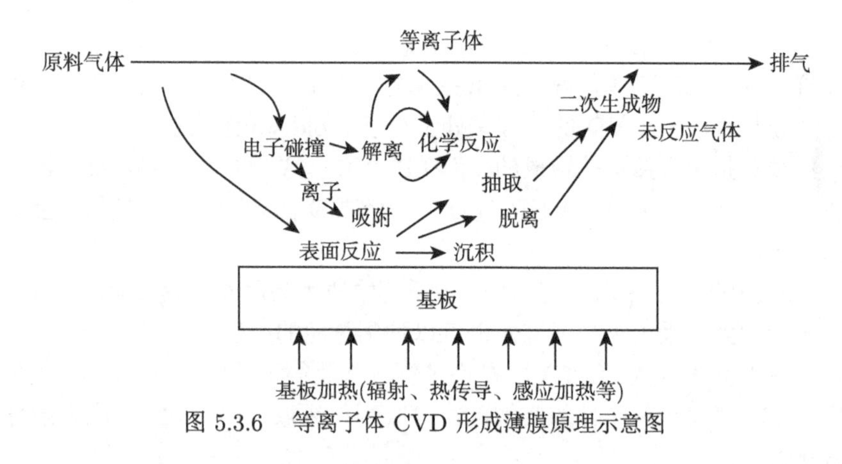

图 5.3.6　等离子体 CVD 形成薄膜原理示意图

PCVD 的反应过程与热 CVD 基本相同，但是由于两者的激活方式不同 (等离子体激活和热激活)，应在表 5.2.1 所列出的气体原料中，进一步筛选出更容易被等离子体激发的气体。

与热 CVD 技术相比，PCVD 技术具有以下特征：

(1) 成膜温度低。例如，采用 NPCVD 或 LPCVD 形成 Si_3N_4 薄膜时，基板温度需要高达 1000℃，而采用 PCVD 只需要 300℃ 左右。表 5.3.3 列出了采用 PCVD 制备其他氧化物薄膜的实例。

(2) 可制备难以用热激活法获得的薄膜。有些气态分子在加热过程中反应速率较慢，可以采用 PCVD 的方式沉积薄膜。

(3) 可制备不同比例的薄膜。对于热分解温度不同的物质，PCVD 也可以按不同的组成比合成薄膜。

2. PCVD 装置

前文已经提到过 PCVD 可以采用高频、电子回旋共振、螺旋波等方式使气体电离形成等离子体，高频放电采用 13.56MHz 的工业射频频率，输入方法有电容耦合型和电感耦合型，能量输入方式的不同使 PCVD 装置也产生了不同的类型。下面将针对几种典型的 PCVD 装置进行介绍。

表 5.3.3 采用 PCVD 制备其他氧化物薄膜的实例

	薄膜	P-SiN	P-SiO	P-PSG(4mol%)
制备条件	反应方式	PCVD	PCVD	PCVD
	反应系统	SiH_4-NH_3	SiH_4-N_2O	SiH_4-PH_3-N_2O
	反应温度/℃	200～300	300～400	300～400
	反应压强/Pa	0.2	1.0	1.0
	膜厚分布偏差/%	±7	±7	±7
	沉积速率/(nm/min)	30	50～300	50～300
	刻蚀速率/(nm/min)	20～50(BHF)	150～350(BHF)	600～900(BHF)
	折射率	2.05	1.50	1.46
	密度/(g/cm^3)	2.60	2.20	2.21
	反应气体	SiH_4+NH_3	SiH_4+N_2O SiH_4+NO SiH_4+CO SiH_4+CO_2	SiH_4+PH_3

1) PCVD 装置的基本类型

最基本的 PCVD 装置是用放电电极取代图 5.3.5 中的加热器，在基板表面附近产生等离子体。图 5.3.7 为 PCVD 装置基本类型，图 5.3.7(a) 和 (b) 中反应室的类型为电容耦合型，以等离子体放电区的电容为耦合负载。电感耦合型如图 5.3.7(c) 所示，依靠电磁感应效应，在反应器石英管外绕以射频 (radio frequency, RF) 线圈，此外也可以采用特殊的天线和高频电路。图 5.3.7(c) 中的真空容器内无电极，故也称为无极放电型。放电电极设在真空容器内的 PCVD 装置为内部电极型，若内部放电电极采用平行平板的形式，则装置可在 150～300℃ 的较低温度下制备薄膜，此时薄膜的品质更高，更容易实现大面积制备。这几类装置在制作半导体元件的最终保护膜等领域已投入工业应用。此外，许多材料，如有源矩阵型液晶显示器用薄膜、晶体管等的研究开发和工业化生产也是从 PCVD 装置开始的。

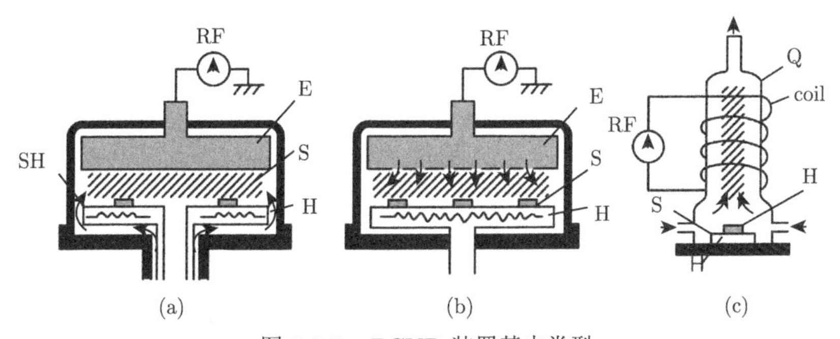

图 5.3.7 PCVD 装置基本类型

E-放电电极；coil-RF 线圈；S-基板；H-加热器；Q-石英管；SH-基板台架；箭头表示气态流向；////-等离子体

2) 平行平板式 PCVD 装置

图 5.3.8 所示为平行平板式 PCVD 装置的各种类型，主要是批量式装置的实例。图 5.3.8(a) 是研究室规模 PCVD 装置构成图，高频电源一侧设有进气口，原料气体从进气口进入，进气口数量一般较多，以确保薄膜厚度均匀；另一侧则设置基板，提供薄膜沉积区域，一般将基板设置在接地电位的电极一侧。此外，对于电容耦合型装置来说，高频电源周围要用屏蔽罩保护，屏蔽罩接地且与高频电源保持几到几十毫米以下的间隙。在该间隙中，由于压力与间隙尺寸的乘积不满足开始放电的条件，从而保证了在高频电源与基板所对的范围之外不产生放电。因此，只在高频电源和基板相对的范围内可以放电，这使原料气体激发、离解的过程能更高效地进行。

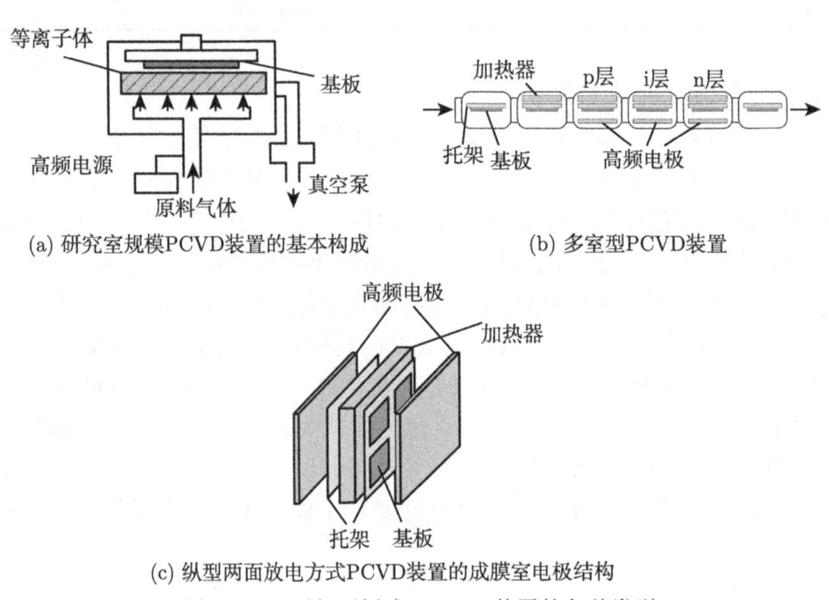

(a) 研究室规模PCVD装置的基本构成　　(b) 多室型PCVD装置

(c) 纵型两面放电方式PCVD装置的成膜室电极结构

图 5.3.8　平行平板式 PCVD 装置的各种类型

图 5.3.8(b) 是制作具有 pin 结构、计算器用的 α-Si:H 膜太阳能电池的多室型 PCVD 装置，为减少各层间的相互污染，将 p、i、n 各层分别设在不同的沉积室中制作。图 5.3.8(c) 是纵型大面积 PCVD 装置的结构示意图，这种装置的显著特征是基板托架两面均可以成膜，便于进行连续性或半连续性生产。该装置在基板托架上装载多块基板，制作过程中以每种薄膜为一个单元，通过截止阀对所需要数量的基板进行连续性生产，常用来制备液晶显示器和薄膜晶体管用 α-Si:H 膜、SiN 膜等。需要注意的是，该装置在使用后要定期停机、降温，进行清洁化处理，沉积在其他部位的膜层必须及时去除并清洁，避免降低生产效率。图 5.3.9 是用

于 α-Si:H 太阳能电池薄膜生产的连续式 (平行平板式) PCVD 装置示意图，读者可自行了解，不再展开介绍。

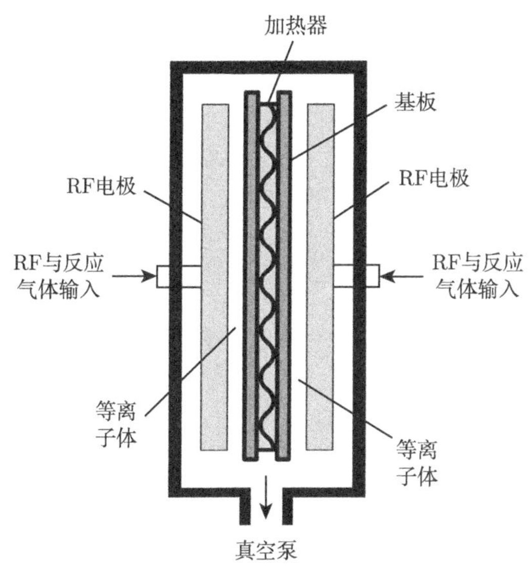

图 5.3.9　用于 α-Si:H 太阳能电池薄膜生产的连续式 (平行平板式) PCVD 装置示意图

3) 单片处理式 PCVD 装置

与纵型批量处理式 PCVD 装置不同，图 5.3.10 表示的是单片处理式 PCVD 装置，其通过机械手将单片基板直接传送到 PCVD 室进行薄膜沉积，传送、成膜是将基板直接放置在被加热的基板工位上，一般高频电极在上方，基板在下方。单片处理式 PCVD 装置具有诸多优点，如不必停机、降温，在运行状态下采用 NF_3 就可以进行清洁化处理，运行效率高，无须解决由托架引起的各种问题。但是这种结构会使颗粒易沉降在基板表面，故沉积过程中需要抑制颗粒产生，可采取下列两种措施：① 降低原料气体的密度，在来源上抑制颗粒产生，具体方式有降低成膜时的压力或在压力不变的情况下提高气体的温度。图 5.3.11 所示为气体升温对颗粒的抑制效果。气体温度为 20°C 时，7ms 后放电开始，激光散射产生的信号强度表明存在微小粒子，随着温度上升，微小粒子发生放电的时间变长。② 从放电空间中排除气相中的固体微粒，可输入高频功率进行脉冲调制。脉冲调制可使放电截止时放电区域的聚合反应停止，微小粒子不再生长并从放电区域排出。图 5.3.12 所示为在放电区域外测定微小粒子 (负离子) 的数量与放电功率调制频率的关系，调制脉冲间隔越大，单位时间内输入的高频功率越小，但在电子温度升高的同时，沉积速率并不降低。通过脉冲调制放电、降低原料气体密度及对成膜室进行加热等，已能有效地抑制颗粒的发生。

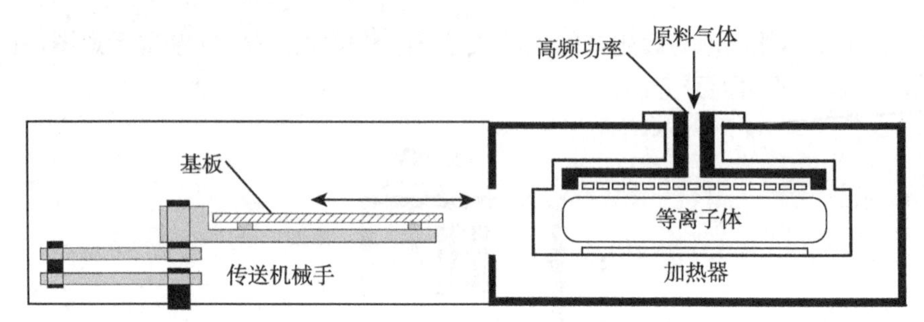

图 5.3.10　单片处理式 PCVD 装置

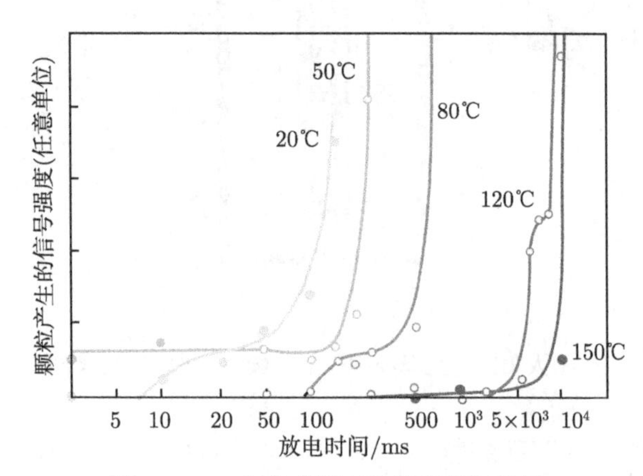

图 5.3.11　气体升温对颗粒的抑制效果

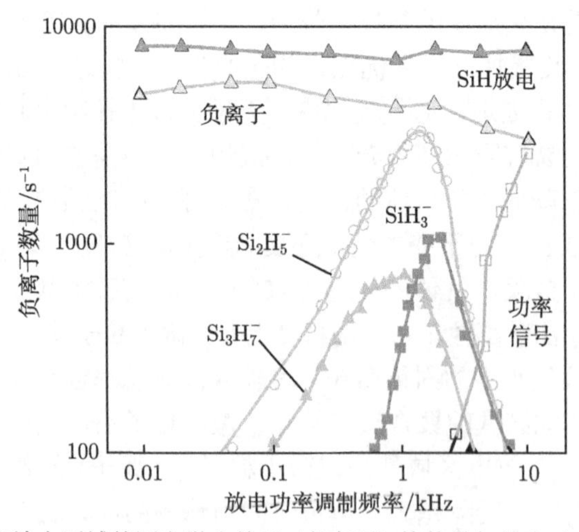

图 5.3.12　在放电区域外测定微小粒子 (负离子) 的数量与放电功率调制频率的关系

3. 高密度等离子体

随着半导体器件特征尺寸的显著减小，相应地也对芯片制造工艺提出了更高要求，亟须解决的一个问题就是使绝缘介质层在各个薄膜之间均匀无孔地填充，以提供充分有效的隔离保护。20 世纪 90 年代，一些先进的芯片工厂开始采用高密度等离子体 (high density plasma, HDP) CVD (HDP-CVD) 制备层间绝缘膜。HDP-CVD 是一种利用电感耦合等离子体 (inductively coupled plasma, ICP) 源的化学气相沉积设备，也称为 ICP-CVD，它能够在较低的沉积温度下产生比传统 PCVD 设备更高的等离子体密度和质量。此外，HDP-CVD 提供几乎独立的离子通量和能量控制，提高了沟槽或孔填充能力。这种技术所采用的等离子体包括电子回旋共振等离子体、电感耦合等离子体、螺旋波等离子体等。此外，HDP 技术在溅射镀膜和刻蚀等方面也有广泛应用。

1) 电子回旋共振等离子体

电子回旋共振等离子体化学气相沉积 (ECR-PCVD) 通过输入 2.45GHz 的微波功率和外加磁场 (87.5mT) 使微波电子回旋共振放电。ECR-PCVD 可以在较低温度和低气压 (10^{-2}Pa 左右) 下获得高密度等离子体，形成优质薄膜。这种方法能够在气相中形成高激发、高离解、高离化率的等离子体，从而促进薄膜的形成，此外，由于气体压力比较低，故减少了等离子体中的离子碰撞，能量损失减少，这些离子进一步辐射到基板表面使基板升温，加速了化学反应的发生，从而避免了对基板加热的过程 [2]。

2) 电感耦合等离子体

ICP-CVD 可在 1Pa 以下的低气压下产生高密度 (10^{11} ~10^{12}cm^{-3}) 的等离子体。前文提到的电容耦合型高频波主要依靠电场成分对等离子体中的电子运动产生影响，而 ICP-CVD 是高频波的磁场成分对电子运动产生影响，利用变化的磁场产生感应电场对电子加速，不需要额外的磁场，结构简单。ICP 中高频功率的输入可采用螺旋管天线、平面螺旋天线、环形天线等。此外，高频功率的输入及基板台架偏压的施加独立进行，根据薄膜种类对离子照射进行调控，可获得高品质膜层。

3) 螺旋波等离子体

螺旋波等离子体是指用螺旋波激励的等离子体，将螺旋管天线缠绕在圆筒状绝缘管壁上，同时在绝缘管中心轴向施加 0.1T 左右磁场使高频放电发生，此时等离子体可以吸收传输螺旋波的能量，产生高密度 (10^{11} ~10^{12}cm^{-3}) 等离子体。螺旋波 PCVD 可用来制备大规模集成电路中的层间绝缘膜，也适用于化学机械抛光加工的表面薄膜，与通常的 PCVD 相比，螺旋波 PCVD 溅射与成膜并用，用于多层布线的图形间填充，可获得较为平坦致密的膜层。另外，螺旋管天线缠绕得越密集，布线密度越高，则会使布线间电容造成液晶 (liquid crystal，LC) 延迟，工作频率越高，延迟越严重，因此通常采用介电常数更低的绝缘膜 (SiOF、CF_x 膜等) 代替以往的 SiN 及 SiO_2 等。目前人们正采用螺旋波 PCVD 法进行这方面的研究开发。

等离子体 CVD 在一定程度上降低了热 CVD 的反应温度，但是此类方法会在制备薄膜的过程中引入缺陷，这是因为等离子体中带电粒子轰击膜层会造成元件的损伤。此外，等离子体 CVD 的温度仍然是一部分元件难以承受的，因此仍需要进一步开发温度更低的薄膜沉积方法，光 CVD 的出现解决了这一重要难题。

5.3.3 光化学气相沉积

光化学气相沉积是将光子引入化学气相沉积系统，参与化学反应的原气体分子选择性吸收光子，接着通过反应剂分子的气相光分解、表面光分解、光敏化反应及衬底表面加热等方法，使原本在高温下才能形成高质量薄膜的材料，在 100~300℃ 的衬底温度下形成薄膜。对于热分解反应来说，加热使分子的平移运动、内部自由度及对分解无贡献的自由度同时被激发。相对地，光 CVD 直接激发分解所必需的内部自由度，赋予其激活能，促进分解与反应，所以光 CVD 可在低温情况下获得薄膜且不易造成薄膜损伤 [3,4]。

激光化学气相沉积是利用激光触发化学反应实现薄膜制备的方法，其反应有两种机制：一种为光致化学反应，利用高能量的光子使分子分解并形成薄膜；另一种为热致化学反应，激光束热源产生热效应使基片温度升高，促进沉积反应，从而实现热致分解。激光的方向性和单色性两个特点使其在薄膜沉积过程中显示出独特的优越性，方向性使光束可以精准地聚焦在局部某区域，单色性则意味着通过调节激光波长发生使特定的光致化学反应沉积或热致化学反应沉积。在大多数情况下，光致化学反应和热致化学反应过程是同时发生的，光致化学反应往往伴随着热效应。

激光化学气相沉积系统与传统化学气相沉积系统相似，但在薄膜的生长上存在许多不同之处：

(1) 由于激光化学气相沉积为局部加热，则反应温度可以达到很高；

(2) 激光化学气相沉积系统中通入的反应物浓度可以很高，反应气体可以进行预加热处理，来自基片以外的污染很小；

(3) 表面缺陷除可作为成核中心外，也起到强吸附作用；

(4) 激光作用提高了反应物扩散到反应区的能力，沉积速率往往比传统化学气相沉积高出几个数量级。

但在激光化学气相沉积中，高温在短时间内局限在一个小区域内，因此它的沉积速率会受到反应物扩散及对流的限制。通常情况下，沉积速率是由反应物起始浓度、惰性气体浓度、表面温度、气体温度、反应区的几何尺度等因素组合决定的。

光化学气相沉积具有良好的发展前景，它可以在低温下获得高质量、无损伤的薄膜，该技术的沉积速率快、可生长亚稳相和形成突变结 (abrupt junction)。光化学气相沉积的光源可采用激光或紫外灯，能量较高的光子选择性地激发表面吸附分子或气体分子，使结合键断裂而解离，形成化学活性更高的自由基。自由基在基片表面发生反应沉积，形成薄膜。此外，除了直接的光致分解，也可采用汞敏化 (mercury sensitized) 光化学气相沉积获得高质量薄膜。例如，硅烷通过敏化生成 Si 的反应为

$$Hg^* + SiH_4 \longrightarrow 2H_2 + Si + Hg \tag{5.3.1}$$

式中，Hg^* 表示紫外辐射诱导汞原子处于激发态。

图 5.3.13 是大气压下汞敏化光化学气相沉积制备无掺杂 α-Si:H 膜的实验装置示意图。低压汞灯共振线分别为 253.7nm 和 184.9nm，沉积时将低蒸气压的氟化油涂在石英窗内表面防止薄膜沉积在窗口上，SiH_4 气体与载带气体 Ar 共同进入真空室，沉积时将汞蒸气引入反应室中，基片温度设置为 200~350℃。通过优化汞源温度和气体流量可获得一定的沉积速率。

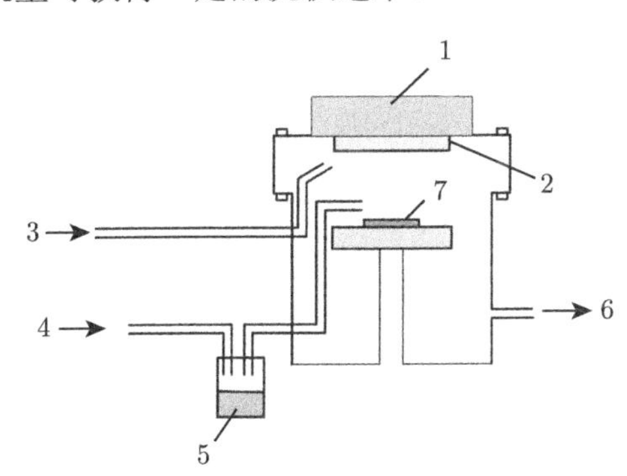

图 5.3.13 大气压下汞敏化光化学气相沉积制备无掺杂 α-Si:H 膜的实验装置示意图

1-汞灯；2-石英玻璃；3-Ar 气入口；4-SiH_4 入口；5-汞；6-废气；7-基片

在光化学气相沉积中，基片温度可以作为独立的工艺参数，因为气相分子的解离和沉积物的形核都是由光子源控制的。目前，Si、Ge、α-Si:H 等半导体膜，各种金属膜，超硬膜，介电体和绝缘体膜，化合物半导体膜等都可以采用光化学气相沉积获得。

光 CVD 装置有两种：束状光照型 (图 5.3.14) 和广面积光照型 (图 5.3.15)。采用的光源有低压汞灯 (184.9nm、253.7nm)、氘 (D_2) 排气灯 (160nm)、Kr 共振灯 (123.6nm)、ArF 激光 (193nm) 或 KrF 激光 (248nm)，甚至 CO_2 激光 (1060nm) 等。

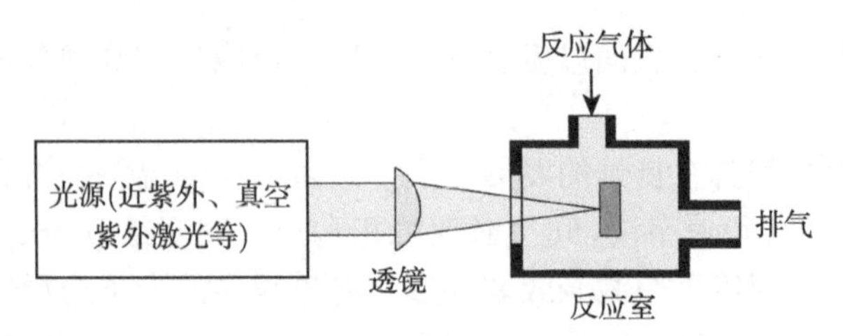

图 5.3.14　束状光照型光 CVD 装置的示意图

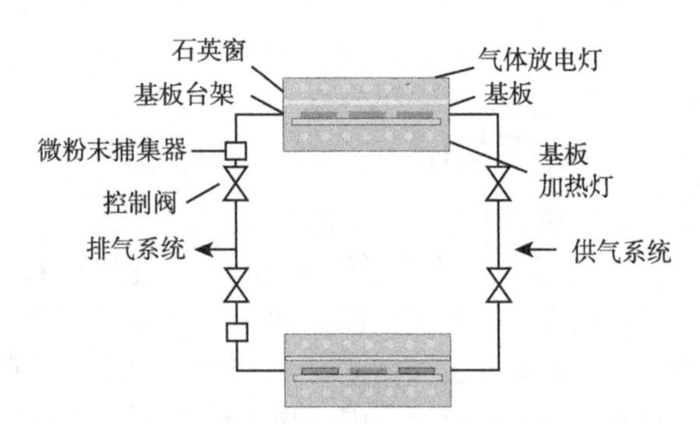

图 5.3.15　广面积光照型光 CVD 装置的示意图

5.3.4　金属有机化学气相沉积

金属有机化学气相沉积 (metal-organic chemical vapor deposition, MOCVD) 是在热 CVD 的基础上，把反应物质全部以有机金属气体分子的形式送到反应室，从而形成化合物半导体薄膜的一种技术。通常所生长的薄膜材料为 Ⅲ~V 族化合物半导体，如砷化镓 (GaAs)、砷化镓铝 (AlGaAs)、磷化铝铟镓 (AlGaInP)、氮化铟镓 (InGaN) 等，或是 Ⅱ~Ⅵ 族化合物半导体 [5,6]。一般将金属的甲基化合物、乙基化合物、三聚异丁烯 (triisobutylene) 化合物等随载带气体 (H_2、N_2 等) 一同导在高温加热的基板上，使其发生如下反应：

$$\mathrm{Ga}\left(\mathrm{CH_3}\right)_3 + \mathrm{AsH_3} \longrightarrow \mathrm{GaAs} + 3\mathrm{CH_4}$$

$$\mathrm{Al}\left(\mathrm{CH_3}\right)_3 + \mathrm{AsH_3} \longrightarrow \mathrm{AlAs} + 3\mathrm{CH_4} \tag{5.3.2}$$

MOCVD 容易改变化合物的组成及掺杂浓度，同时所用的设备比较简单，生长速度快，周期短，而且可以进行批量生产。此外，由 MOCVD 制作的单晶用途广泛，覆盖了混频二极管、耿氏振荡器、霍尔传感器、场效应晶体管 (FET) 光电阴极、太阳能电池等领域。金属有机化学气相沉积系统可分为水平式或垂直式生长装置。图 5.3.16 给出 $\mathrm{Ga}_{1-x}\mathrm{Al}_x\mathrm{As}$ 生长所用的垂直式生长装置。采用高纯度 H_2 作为载带气体，以三甲基镓 (trimethylgallium，TMG)、三甲基铝 (trimethylaluminium，

TMA)、二乙基锌 (diethylzinc，DEZ)、AsH_3 和 n 型掺杂源 H_2Se 为原料。该装置的反应室用石英制造，基片由石墨托架支撑，通过反应室外部的射频线圈加热。在外延生长过程中，TMA、TMG、DEZ 发泡器均用恒温槽冷却，载带气体 H_2 进入反应室前先通过净化器去除水分等杂质。导入反应室内的气体在高温 GaAs 基片上发生热分解反应，最终沉积成 n 型或 p 型掺杂的膜。将表 5.3.4、表 5.3.5 列出的各种有机金属化合物导入图 5.3.16 所示的装置中，就可以生长出表 5.3.6 列出的各种化合物半导体单晶膜。

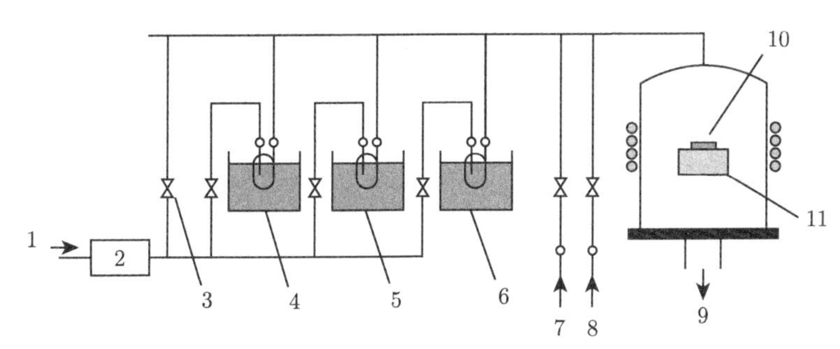

图 5.3.16　用于外延生长 $Ga_{1-x}Al_xAs$ 的垂直式生长装置示意图

1-H_2 入口；2-净化器；3-质量流量控制仪；4-TMG；5-TMA；6-DEZ；7-AsH_3；8-H_2Se；9-排气口；10-基片；11-石墨托架

与 MBE 类似，MOCVD 可以用来生长极薄的薄膜，实现对多元混晶的成分控制，MOCVD 还能够制备多层结构及超晶格结构，且可以实现对化合物半导体的批量生产 [7]。总的来说，MOCVD 技术具有下述优点：

(1) 结构简单。仅对基片单片加热，装置简单，便于设计制造。

(2) 操作方便，生长可控。单晶生长速度可根据气源流量控制，方便操作，生长单晶的特性可由阀门的关闭/开启及流量进行控制。

(3) 可在 Al_2O_3 等绝缘基板上进行外延生长，可进行选择性外延生长。

(4) 反应气源是有机金属化合物，避免了采用卤化物导致的反应尾气中含有 HCl 等腐蚀性很强的物质，基板和裸露于反应空间的部分不会被腐蚀。

同时，MOCVD 具有下述缺点：

(1) 残留杂质含量较高，且反应气体及尾气一般为易燃、易爆及毒性很强的气体。

(2) 单晶厚度的控制需要进一步改善。

(3) 供气回路复杂。尽管装置加热结构简单，但是气源供应回路复杂，且要求很高。原料价高且供应受到限制等。

表 5.3.4　MOCVD 中使用的有机金属化合物及其特性

材料	相对分子质量	熔点/°C	蒸气压	用途及生成反应
$Ga(CH_3)_3^{***}$	84.76	−15.7	55.7°C/101325Pa	—
$Ga(C_2H_5)_3^{***}$	156.9	−82.3	4～43°C/2133Pa	—
$Ga(C_2H_5)_2Cl$	163.3	—	60～62°C/267Pa	操作容易
$In(CH_3)_3$	159.8	88.4	135.8°C/101325Pa	InSb
$In(C_2H_5)_3^{***}$	202	−32	144°C/10132Pa	InSb，紫外线下分解
$Al(CH_3)_3^{***}$	71.98	15.4	$*A=-2148$，$B=8.279$	—
$Al(C_2H_5)_3^{***}$	114.2	−46	$*A=-2826$，$B=8.778$	—
$Al(i\text{-}C_4H_9)_3^{***}$	198.3	1～4.3	86°C/1333Pa	大气中静态自燃
$Zn(C_2H_5)_2^{***}$	123.5	−33.8	116.8°C/101325Pa	—
$Sb(C_2H_5)_3^{**}$	151	−29	159.5°C/101325Pa	—
$Mg(C_5H_5)_2^{**}$	154.5	176	—	300°C 下分解
$Cr(C_6H_6)_2^{**}$	208.5	—	$*A=-4265.7$，$B=10.32$	350°C 下分解
$Mo(C_6H_6)_2^{**}$	252.2	—	$*A=-4946.2$，$B=11.68$	150°C 下分解
$Sr(DPM)_2$	454.16	200	200°C/13Pa	STO
$Ba(DPM)_2$	503.87	170	194°C/13Pa	—
$Pb(DPM)_2$	573.74	130	128°C/13Pa	PLT，PZT
$La(DPM)_2$	505.45	260	190°C/13Pa	PLT，PLZT
$Zr(OC_4H_9)_4$	383.68	3	31°C/13Pa	PZT，PLZT
$Ti(OC_3H_7)_4$	284.22	20	35°C/13Pa	STO，PZT
$Ti(OC_4H_9)_4$	340.33	4	34°C/13Pa	STO，PZT
$Bi(OC_4H_9)$	282.1	150	82°C/13Pa	—
$Cu(HFAC)_2$	479.67	95	54°C/13Pa	Cu

$*\lg p = A/T + B + C\lg T$(Pa/K)；** 表示大气中自燃；*** 表示大气中爆炸性自燃。

表 5.3.5　MOCVD 中使用的有机金属化合物按金属族分类

周期	ⅡB 族	ⅢB 族	VB 族
3	—	$[(CH_3)_3Al]_2$ $(C_2H_5)_3Al$	—
4	$(CH_3)_2Zn$ $(C_2H_5)_2Zn$	$(CH_3)_3Ga$ $(C_2H_5)_3Ga$ $(C_2H_5)_3GaCl^*$	—
5	$(CH_3)_2Cd$ $(C_2H_5)_2Cd$	$(CH_3)_3In^*$ $(C_2H_5)_3In$	$(CH_3)_4Sn$ $(C_2H_5)_4Sn$
6	$(CH_3)_2Hg$	—	$(C_2H_5)_4Pb$

* 表示室温下为固体。

表 5.3.6　MOCVD 生长的各种化合物半导体单晶膜

基板	生长的单晶膜
Al_2O_3	ZnS，ZnTe，ZnSe，CdS，CdTe，CdSe，PbS，PbTe，PbSe，SnS，SnTe，SnSe，$PbSn_{1-x}Te$，GaAs，GaP，GaSb，AlAs，$GaAs_{1-x}P$，$GaAs_{1-x}Sb$，$Ga_{1-x}Al_xAs$，$In_{1-x}Ga_xAs$，InGaP，GaN，AlN，InN，InP，InSb，$InAs_{1-x}Sb_x$，InGaAsP，InAsP
$MgAl_2O_4$	ZnS，ZnSe，CdTe，PbTe，GaAs，GaP，$GaAs_{1-x}P$
BeO	ZnS，ZnSe，CdTe，GaAs
BaF_2	TbTe，PbS，PbSe
α-SiC	AlN，GaN
ThO_2	GaAs

5.3.5　金属化学气相沉积

随着对材料致密度的要求提高，无论是采用埋入还是孔底涂敷的方式对连接孔/通孔进行处理，都需要更加优秀的薄膜技术[8]。顾名思义，金属 CVD 是利用 CVD 方法获得金属膜层的技术。实际上金属 CVD 采用的是 MOCVD 的方法，以达到沉积金属层的目的，反应气体或尾气中不含有 Cl、F、C 等会对膜层质量产生影响的物质。不同于溅射镀膜的工作气压低、绕射性差，MOCVD 结合深孔埋入和孔底涂敷均能达到良好的效果。

目前，金属 CVD 的用途主要分为两类：一是制备布线用的 W、Al、Cu 等，二是制备阻挡层 (barrier) 用的 TiN、W 等。金属 CVD 薄膜及所使用的气源如表 5.3.7 所示。

表 5.3.7　金属 CVD 薄膜及所使用的气源

用途	薄膜用料	使用的气源	反应温度/°C
布线	W	WF_6	200～300 (选择生长) 300～500 (掩盖生长)
	Al	$(CH_3)_2AlH$ $(CH_3)_3Al$ $(i\text{-}C_4H_9)_3Al$ $(CH_3)_3NaCH_3$ $(CH_3)_2AlCl$	205～270
	Cu	Cu(HFAC)TMVS $Cu(HFAC)_2$	100～300
阻挡层	TiN	$TiCl_4NH_3$, N_2H_2	约 800
		$TiCl_4+NH_3+MMH$	约 500
		$Ti(N(CH_3)_2)_4$	约 400
		$Ti(N(C_2H_5)_2)_4$, NH_3	—

注：HFAC-六氟乙基丙酮铜 (hexa-fluoro-acetyl-acetonate copper)；TMVS-三甲基乙烯基硅烷 (trimethyl-vinyl-silance)；MMH-甲肼 (methyl hydrazine)。

1. W-CVD

钨在集成电子学中常用来制作高传导性的互连金属、金属间的通孔或接触孔等。钨可以通过蒸发法来制备，但化学气相沉积法仍然是首选，W-CVD 可以在金属和硅上进行选择性淀积，利用 W-CVD 在微细孔中进行金属 W 的埋入，目前已达到实用化。

W-CVD 有掩盖 (blanket) 法和选择 (selective) 法两种。掩盖法即在 Si、SiO_2 等所有材料上生长，材料的整个表面都被 W 覆盖；选择法是根据 W 在不同材料上的生长速度存在差异，W 在 Si 及金属等表面生长得快，而在 SiO_2 等绝缘膜上生长则慢得多，通过对工艺条件进行调整，可以实现仅在 Si 及金属表面成膜，在 SiO_2 表面不成膜。

常见的 W-CVD 工艺一般由四个步骤组成：加热并用 SiH_4 浸泡、成核、大批沉积和残余气体清洗。反应气体通常为六氟化钨、氢气或甲硅烷。图 5.3.17 所示为掩盖 W 和选择 W 生长的工艺参数范围，二者都采用 WF_6 气源，但是基片温度和反应气压不同。选择 W 生长的基片温度为 200~300℃，反应气压约 0.1Pa 量级。对于选择 W 生长来说，WF_6 通过扩散作用进入 W 与 Si 的界面，在此界面上 WF_6 被 Si 还原，生成 W 和 SiF_4，生成的 W 继续生长，而 SiF_4 通过 W 向外扩散，即 (反应式中 s、g 分别表示固相和气相)

$$WF_6(g) + \frac{3}{2}Si(s) \xrightarrow{200\sim300℃，约\ 0.1Pa} W(s) + \frac{3}{2}SiF_4(g) \tag{5.3.3}$$

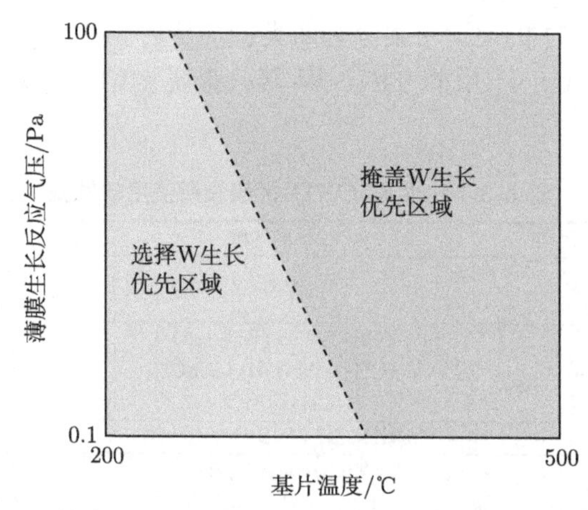

图 5.3.17 掩盖 W 和选择 W 生长的工艺参数范围 (气源为 WF_6)

在 W 膜生长初期，生长速率很快，随着膜厚增加，气体在其中的扩散越来越困难，生长速率逐渐降低并停止。掩盖 W 生长的基片温度为 300~500℃，反应气压为 100Pa 量级，其反应式为式 (5.3.4)，H_2 或 SiH_4 还原 WF_6 中的 W。W 的生长发生在气固相界面处，由表面向外生长，最后在整个表面都覆盖一层 W。对于掩盖 W 生长，W 生长厚度基本上与时间成正比。掩盖 W 生长的反应式为

$$\begin{cases} WF_6\,(g) + 3H_2 \longrightarrow W\,(s) + 6HF\,(g) \\ 2WF_6\,(g) + 3SiH_4\,(g) \longrightarrow 2W\,(s) + 3SiF_4\,(g) + 6H_2\,(g) \end{cases} \tag{5.3.4}$$

2. Al-CVD

金属 CVD 可根据金属种类的不同而选择不同的 CVD 方式和装置种类。Al-CVD 即采用化学气相沉积法制备金属 Al 膜，本小节将介绍两种生长 Al 膜的方法。

1) 热活化 GTC-CVD 生长 Al 膜

热活化 CVD 以热提供反应所需要的活化能 ε，也属于热 CVD 的范畴。热活化 CVD 的气源温度升高是通过气体温度控制器 (gas temperature controller,

GTC) 提供能量的，从而实现热活化。图 5.3.18 是采用热活化 GTC-CVD 生长单晶 Al 薄膜的装置，有机金属化合物三聚异丁铝 (tri-isobutyl alumina, TIBA) 作为气源，Ar 作为载带气体通入发泡室，在液相 TIBA 中发泡并将气源送入反应室，然后在 GTC 控制下使气源温度升高实现热活化，最后在被加热的基板上生长 Al 单晶薄膜。此过程实际上经历了两次加热，气相反应物是有机金属化合物，因此，此过程也属于 MOCVD，可称为二阶型 MOCVD。

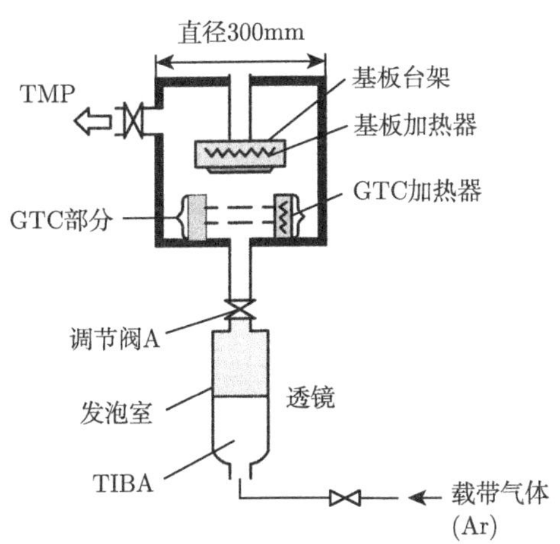

图 5.3.18　热活化 GTC-CVD 装置

TMP-涡轮分子泵 (turbo molecular pump)

TIBA 在 GTC 中实现活性化的模型如图 5.3.19 所示。温度升高，TIBA 中 C 原子和 Al 之间的化学键断裂，热活化形成含有 C═C 键的气体 A 和 B 两种中间生成物，在制备过程中 A 被真空泵排除，B 在加热到一定温度的基板上分解

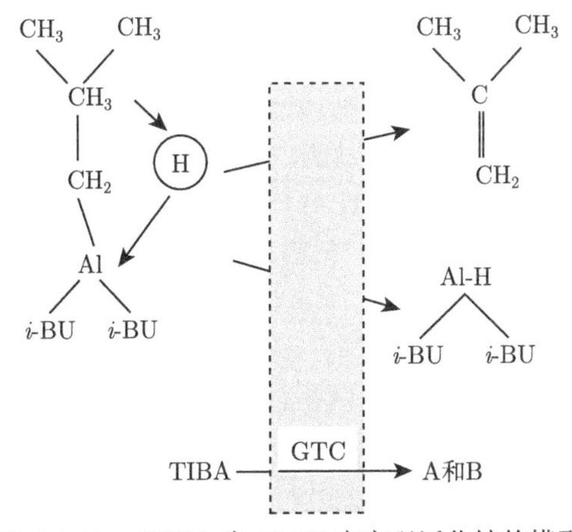

图 5.3.19　TIBA 在 GTC 中实现活化性的模型

形成 Al 薄膜。在制备 Al 膜的过程中，GTC 的温度一般调节在 250~270℃ 为好。

Si 单晶和 Al 单晶均为面心立方点阵，晶格常数分别为 5.43Å 和 4.05Å，晶格失配度较大，但研究表明在 Si 单晶上能够外延生长 Al 单晶，如 Al(001)/Si(001)、Al(001)/Si(111)、Al(111)/Si(111)、Al(110)/Si(115) 等外延生长都可实现。研究发现，Si 和 Al 的点阵常数之比大约为 4∶3，假设外延生长时每 3 个 Si 原子有 4 个 Al 原子与之相对，通过透射电镜对二者的界面进行观察 (图 5.3.20) 发现，正好存在 4∶3 的对应关系，验证了此种假设。正是二阶型 MOCVD 为这种外延提供了合适的条件。图 5.3.21 所示为二次离子质谱仪 (secondary ion mass spectroscopy, SIMS) 对采用溅射镀膜和热活化 CVD 制备的 Al 单晶膜纯度分析的对比。热活化 CVD 制备的 Al 膜中 O 和 C 的含量稍高，Si 的含量要比溅射法制备的值低得多，这说明热活化 CVD 膜中 Al 与 Si 的界面比较稳定。将 Al 蚀刻掉发现，溅射法的 Si 表面粗糙度更大。图 5.3.22 所示 Al 单晶膜的绝对反射率也呈现相同的结果。此种方法能够制备出良好的 Al 膜，并在微电子技术中广泛应用。

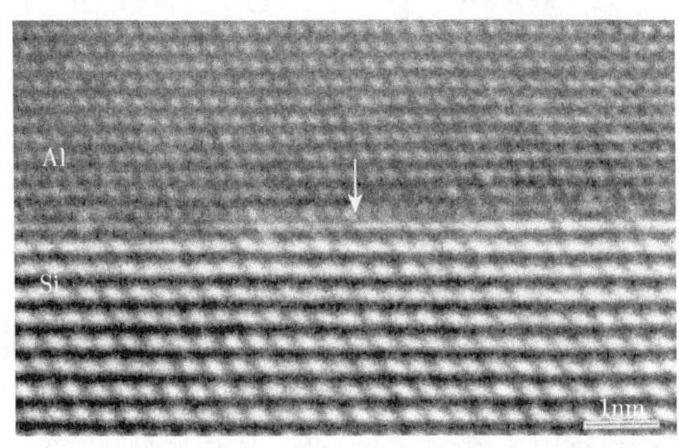

图 5.3.20　用 GTC-CVD 法生成的 Al/Si 单晶膜界面的透射电镜照片 [9]

2) 减压 CVD 生长 Al 膜

利用 LPCVD 法，采用二甲基氢化铝 (dimethylaluminum hydride, DMAH) 进行了 Al-CVD 的研究开发，目前已接近实用化。采用这种方法，以氢为载带气体，在反应室内压强 160Pa、DMAH 分压强 0.4Pa、基片温度 270℃ 条件下，可以在阻挡金属 TiN 上以 50nm/min 左右的速率生长 Al，成功实现了 Al 单晶膜的选择生长。

为在 SiO_2 等非导电性材料上进行 Al 膜生长，在 DMAH 和 H_2 的流动状态下，施加等离子体 (13.56MHz，0.04~0.4W/cm^2，10s 以上)，这样就可以实现在热 CVD 以外的方法下生长 Al 膜。能产生 Al 膜生长的原因是，施加等离子体时在绝缘物表面生长出薄的 Al 膜，以此为核心，即使此后不施加等离子体而仅靠热 CVD 也能实现 Al 膜的生长。

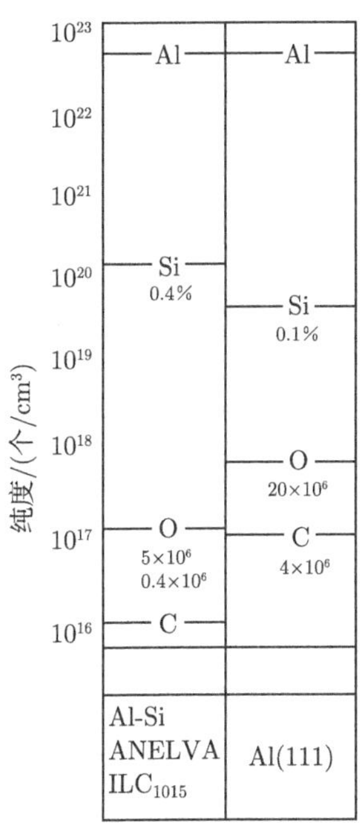

图 5.3.21　由 SIMS 对两种方法制备的 Al 单晶膜纯度分析的对比

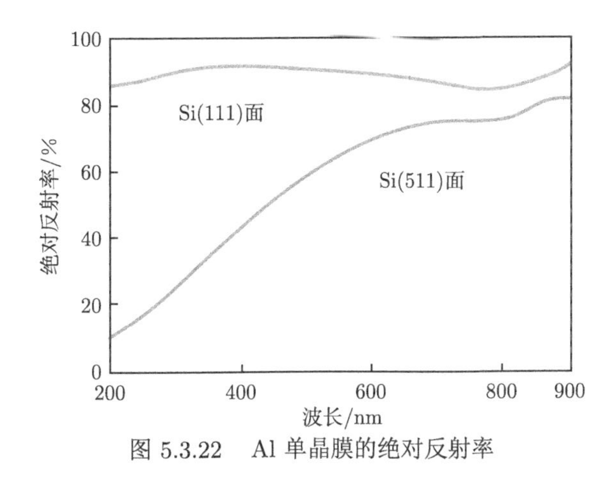

图 5.3.22　Al 单晶膜的绝对反射率

利用 GTC-CVD、LPCVD 生长 Al 膜的技术在布线的可靠性及产业化方面还存在一些问题，包括如何获得高纯度气源及高黏度的 DMAH 和 TIBA，如何稳定地向反应室供应气源等。为了解决这些问题，相关优化仍在继续研究开发中。

3. Cu-CVD

继 W、Al 之后，Cu 也逐渐发展为有竞争力的布线材料，在集成电路领域实现产业化应用。良好的埋入特性是对布线材料的要求之一，利用 CVD 法获得 Cu

布线技术已经稍有突破，但将 Cu 作为布线材料，仍然需要解决一些问题：附着强度小，容易发生扩散，易氧化且氧化膜的机械性能差，存在腐蚀问题等。其中，附着强度小、易氧化和易扩散可通过选择合适的阻挡层解决，腐蚀问题通过研究也能够解决。

图 5.3.23 是 Cu-CVD 的实例，图 5.3.23(a) 所示为含 Cu 气源 (六氟乙基丙酮铜 + 三甲基乙烯基硅烷) 的结构，该物质常温下为液体，加热便可蒸发气化；图 5.3.23(b) 为进行 Cu-CVD 的 LPCVD 装置。在基板温度为 150~300℃，反应时总气压为 13~650Pa 的条件下，可获得 50nm/min 左右的成膜速率。从原理上讲，这种方法属于 MOCVD。

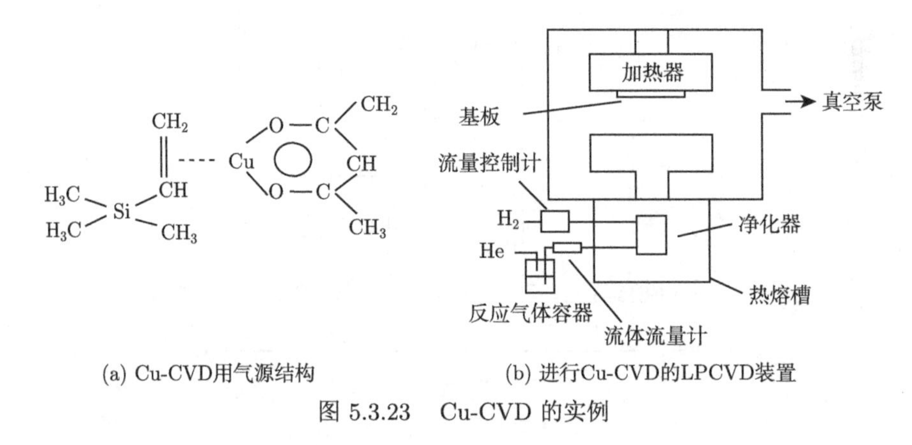

(a) Cu-CVD用气源结构　　(b) 进行Cu-CVD的LPCVD装置

图 5.3.23　Cu-CVD 的实例

图 5.3.24 为利用 Cu-CVD 制备样品的扫描电子显微镜 (SEM) 图，可见 Cu 熔化并流动，显示出优异的埋入特性。

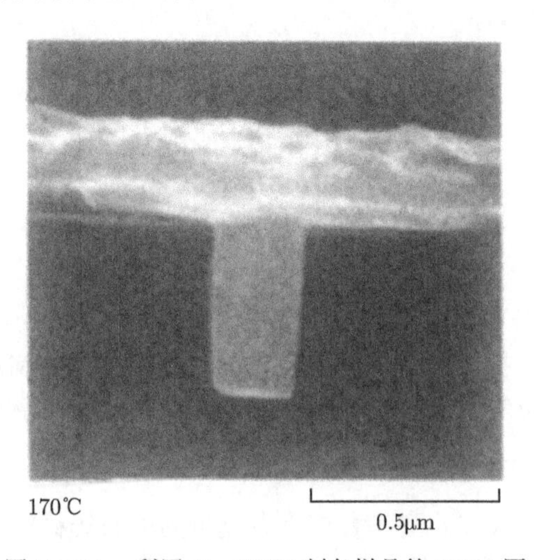

图 5.3.24　利用 Cu-CVD 制备样品的 SEM 图

4. 阻挡层——TiN-CVD

常用的 W、Al、Cu 等布线电阻率低，但是易与 Si 发生反应，为解决此问题，通常在金属和 Si 之间加一层防止反应的阻挡层。阻挡层材料的选择，需考虑其与布线材料之间的关系，常用的有 TiN、Ti、W 和 Ta 等。相比于铜薄膜的电阻率 (约 2μΩ·cm)，采用溅射法制备 TiN 膜的电阻率较高，为 100~209μΩ·cm，因此，只需将薄而均匀的 TiN 膜层生长在金属布线和 Si 之间就可以实现两者的完全隔离。

目前制备 TiN 薄膜的方法覆盖了从热 CVD 到等离子体 CVD 等多种手段，采用的气源也涉及无机和有机两大类。无机系气源一般是采用 $TiC1_4$ 气体，通过热 CVD，使其与 NH_3 反应形成 TiN。研究表明，制备时添加甲肼 (MMH) 可降低反应温度，改善涂覆性，有利于获得更薄的膜层和埋入细孔，图 5.3.25 为通过甲肼还原在 0.3μm 直径孔中埋入 TiN 阻挡层的 SEM 照片。

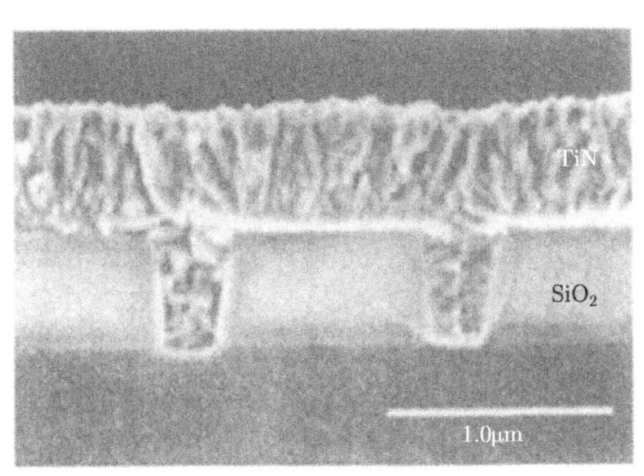

图 5.3.25　通过甲肼还原在 0.3μm 直径孔中埋入 TiN 阻挡层的 SEM 照片

对于有机系气源，采用 $Ti(N(C_2H_5)_2)_4$ 甚至 NH_3，利用热 CVD 即可形成 TiN 膜。相对于无机 CVD 制备的 TiN 薄膜中含有 Cl_2 而言，有机 CVD 制备的 TiN 中含 C 较多，从而电阻率更高，但孔底涂覆性和埋入特性更好。采用 NH_3 气源得到的膜层，电阻率稳定性好，而涂覆性较差。

对阻挡层来说，除薄而完整、涂覆特性好之外，还要求具有对 Si、Al 及 W 的完全阻挡性和良好的电接触性。图 5.3.26 表示 W-TiN-Al 系统接触电阻与热处理温度的关系，图中曲线 A 表示成膜从始至终全部在真空中进行的情况，B、C 表示成膜过程中暴露于大气中的情况，可以看出，前者不会出现问题。因此，在实际操作中，一直保持真空状态至关重要。

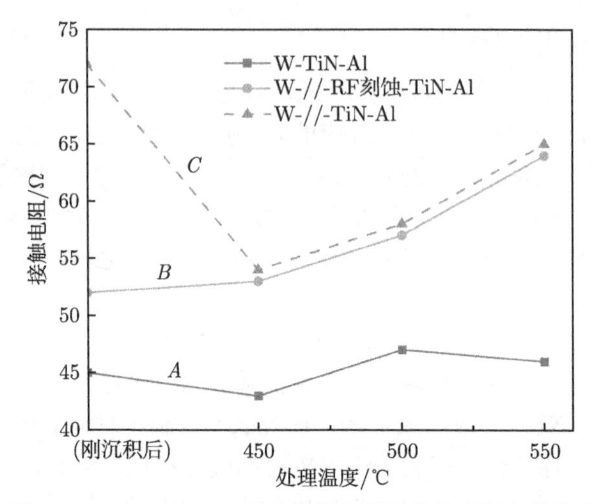

图 5.3.26　W-TiN-Al 系统接触电阻与热处理温度的关系

5.4　本 章 小 结

本章介绍了化学气相沉积技术，物质通过发生化学反应 (氧化、还原、分解、置换等) 生成薄膜。其中，化学反应的发生都伴随着反应活化能 ε 的输入，因此 5.1 节首先根据 ε 输入方式的不同，介绍了 CVD 的分类。CVD 的分类也可按照其他的标准进行，如压强、温度等。通常所说的 CVD 是指热 CVD。

5.2 节具体介绍了 CVD 的沉积过程、化学反应类型、特点和应用。CVD 的反应机理涉及多个复杂的过程，简单地说，反应气体从进气口向基板扩散并形成膜先驱物，进而在基板上扩散成膜，最后将反应过程中生成的副产物排出。接着详细介绍了在 CVD 反应中涉及的原料特性及化学反应类型。热分解反应、氧化反应和化合反应法适用于制造半导体膜和超硬镀层。氢还原法常用来制备高纯度金属膜。热分解反应由于受到原材料气体的限制应用相对较少，实际生产过程中多用氧化反应和化合反应。最后介绍了 CVD 的特点：成膜速度快、应用范围广等，这使得 CVD 在薄膜制备领域成为不可或缺的一种技术。

5.3 节进一步介绍了热 CVD、等离子体 CVD、光 CVD、有机金属 CVD 和金属 CVD 的原理特点、装置结构，需要注意的是，这些方法之间并不是绝对的独立，如金属 CVD 也可以是热 CVD。此外，还在本节给出了一些 CVD 的具体实例供读者参考。

经过本章的学习，读者应能掌握 CVD 技术的优缺点，掌握其内在机理，熟悉各种类型 CVD 之间的不同与相同之处，了解其应用，并能够辨析化学气相沉积和物理气相沉积技术之间的差异。总体来说，化学气相沉积技术是半导体工业中应用最为广泛的技术之一，具有较为广阔的发展前景，在多领域中发挥着不可替代的作用。

习　题

5.1 什么是 CVD？举例说明 CVD 的 5 种基本反应。

5.2 描述 CVD 的反应过程与机制。

5.3 与 PVD 相比，CVD 有什么优缺点？

5.4 CVD 涉及的反应类型各适用于何种材料，有什么优缺点？

5.5 CVD 反应中低工作压力会带来什么好处？

5.6 等离子体 CVD 与热 CVD 相比，在原理上有哪些差别，有哪些优越性？

5.7 什么是光 CVD，与传统热 CVD 相比有什么优势？

5.8 什么是 MOCVD？请指出 MOCVD 的优缺点。

5.9 MOCVD 是如何获得气态分子并形成薄膜的？

5.10 作为大规模集成电路的布线材料，Al 有哪些优点与缺点？

5.11 什么是电子回旋共振等离子体 CVD、电感耦合等离子体 CVD、螺旋波 PCVD？

5.12 习题 5.11 中的三种 PCVD 各有什么特点？

参 考 文 献

[1] 田民波. 薄膜技术与薄膜材料 [M]. 北京: 清华大学出版社, 2006.

[2] 张生俊. MWECRCVD 系统及 BN 薄膜生长与特性研究 [D]. 北京: 北京工业大学, 2001.

[3] 黄和鸾. 现代外延生长技术 [J]. 辽宁大学学报 (自然科学版), 1994, 21(4): 30-38.

[4] 孔梅影. 分子束外延半导体纳米材料 [J]. 现代科学仪器, 1998, 1: 55-74.

[5] 吕反修, 唐伟忠, 刘敬明, 等. 大面积高光学质量金刚石自支撑膜的制备 [J]. 材料研究学报, 2001, 15(1): 41.

[6] 安茂忠, 王久林, 杨哲龙, 等. 电沉积方法制备功能性金属化合物薄膜 [J]. 功能材料, 1999, 30(6): 585.

[7] 文尚盛, 廖常俊, 范广涵, 等. 现代 MOCVD 技术的发展与展望 [J]. 华南师范大学学报 (自然科学版), 1999(3): 99.

[8] 严辉, 王波, 汪浩, 等. 新型化学气相沉积技术 (Cat-CVD) 的发展趋势 [C]. 第四届中国功能材料及其应用学术会议, 重庆, 2001: 1481-1483.

[9] YOKOTA Y, KABAYASHI T, HIRAI M, et al. Cross-sectional TEM observation of the epitaxial Al/Si(111) interface[J]. Applied Surface Science, 1992(60): 60-61.

第 6 章　脉冲激光分子束外延法

人们对新型薄膜材料的需求不断促进薄膜制备技术的发展，同时，许多科研工作者也致力于调控薄膜结构、改善薄膜的物理性能。发展到现在，薄膜制备技术百花齐放，其中不乏前几章讲过的真空蒸发、磁控溅射、分子束外延、化学气相沉积等，这些方法各有优缺点，往往可以根据样品的性能要求进行选择。成功制备出结构性能优良的薄膜样品，决定了后续研究的进程和新颖性能的发现。近年来，一种能以原子层、原胞层尺度生长薄膜的技术——激光分子束外延 (laser molecular beam epitaxy，LMBE) 被广泛使用，这种技术能够实时监测薄膜的精准生长过程。本章将从分子束外延 (MBE) 技术和脉冲激光沉积 (PLD) 技术开始讲起，进一步介绍激光分子束外延的过程、工作原理、特点等内容。

6.1　概　　述

LMBE 的发展离不开分子束外延技术和脉冲激光沉积技术，因此本章在介绍 LMBE 时会介绍这两种薄膜制备方法。LMBE 从某种意义上讲是 MBE 与 PLD 的结合，但是这种结合并不是简单的组合，下面会详细解释，望加以区分。

6.1.1　方法简介

1. 分子束外延

1971 年，美国贝尔实验室的美籍华裔科学家卓以和 (Alfred Y. Cho) 院士用分子束外延技术生长出 GaAs/AlGaAs 超晶格结构，由此掀起了分子束外延技术及量子阱、超晶格物理研究的热潮，因此他被誉为“分子束外延技术之父”。分子束外延技术问世之后，西方国家对我国实施分子束外延设备及相关材料的封锁，我国的科技工作者自强不息地发展了分子束外延设备。1974 年中国科学院物理研究所提交了研发分子束外延设备的申请，之后中国科学院半导体研究所也开始研制，最终研制成功，这也是国产的第一代分子束外延设备。由于第一代设备存在一次只能进一个样品、分子束源容量小等问题，原电子工业部与中国科学院沈阳科学仪器厂合作研发了新一代分子束外延设备。20 世纪 80 年代中期，MBE 生长薄膜的研究如火如荼，中国科学院成立“MBE 技术开发基地”，极大程度地带动了分子束外延技术的发展。我国的分子束外延技术不仅从无到有，而且从实验型发展到了应用型，促进了我国与分子束外延材料有关的微波器件、光电器件的研制及量子阱超晶格的物理研究，为国内相关领域的研究争取到了时间 [1]。

传统分子束外延 (MBE) 技术是在超真空环境下，通过配备反射式高能电子衍射仪 (RHEED) 对表面情况进行原位监测，从而实现材料的单原子层外延生长。MBE 在制备半导体超晶格结构方面已经十分成熟，但 MBE 的缺点也很明显，因为它的分子束是通过加热得到的，所以一些高熔点的过渡金属、某些金属氧化物、无机盐等无法通过此方法制备。同时，制备需要较高气体分压的超导体、铁电体、铁磁体及有机高分子薄膜等组分复杂、熔点高的材料也不适合用 MBE 技术。关于分子束外延的相关内容在前面已经进行了细致的讲述，在此不再赘述。

2. 脉冲激光沉积

脉冲激光沉积 (PLD) 也被称为脉冲激光烧蚀 (pulsed laser ablation，PLA)，是一种利用激光对物体进行轰击，然后将轰击出来的物质沉淀在不同的衬底上，得到沉淀或者薄膜的一种手段。早在 1916 年，爱因斯坦就提出了受激发射的假设。1960 年，Maiman 首次研制出以红宝石为媒介的激光器。使用激光来熔化物料的历史，要追溯到 1962 年，Breech 与 Cross 利用红宝石激光器气化与激发固体表面的原子。三年后，Smith 与 Turner 利用红宝石激光器沉积薄膜，脉冲激光沉积技术被认为从这里开始。其后人们开始用 CO_2 激光和 Nd 玻璃激光制备薄膜，但由于激光波长较长，类似于电子束真空蒸发镀膜，固体被熔蚀后的液态层较深，形成较多的微滴，故薄膜质量不好。20 世纪 70 年代，电子 Q 开关的应用使得短脉冲激光应运而生。美国贝尔实验室的 Dijkkamp 等在 1987 年采用 KrF 准分子激光器首次成功制备了高温超导钇钡铜氧薄膜，所得的薄膜质量较好，从而掀起了 PLD 制备高温超导薄膜及其他薄膜的热潮，PLD 技术得到迅速发展。

PLD 技术是利用高能激光束作为激发源来轰击需要制成薄膜的材料，在基片上沉积薄膜的一种技术，激光束在 PLD 中的作用相当于 MBE 中的蒸发源。通常激光光源可以采用 CO_2 激光、Ar 激光、钕玻璃激光、红宝石激光等大功率激光器，PLD 所采用的激光光源主要是准分子激光，表 6.1.1 列出了各种激光光源、发光过程、效应及应用。准分子激光器是在紫外区高效率的典型气体激光器，其发出的光子能量大，广泛用于光刻、激光打孔及光化学气相沉积等工艺中。准分子 (excimer) 是由激发态原子及分子与基态原子或分子构成的双量体，通过放电激发后，可使惰性气体与卤族的混合气体达到准分子状态。这种激发态是具有数纳秒寿命的准稳定状态，再从激发态返回基态时会放出激光。不同组合的气体，发出的紫外光波长不同。实际使用的气体主要是惰性气体与卤族构成的混合气体 [2-5]。

相比于热激发，光源所产生的脉冲激光单色性好，能量稳定，所产生的光子沿相同方向运动，出射光近似认为准平行光线，具有很好的聚焦能力，因此具有波长短、能量高、光子能量符合薄膜沉积时所需要的吸收强度等特点。大多数制备的薄膜材料在此光波能量附近都表现出较好的吸收特性，同时脉冲激光穿透靶材的深度减小，单脉冲作用下被溅射出来的靶材表面层粒子的厚度也减小。脉冲激光沉积已用来制作具备外延特性的晶体薄膜，如陶瓷氧化物 (ceramic oxide) 膜、氮化物膜 (nitride films)、金属多层膜 (metallic multilayers) 及各种超晶格 (superlattices) 等。

表 6.1.1　各种激光光源、发光过程、效应及应用

<table>
<tr><th>光源</th><th colspan="2">波长</th><th>激发方式</th><th>效应</th><th>应用</th></tr>
<tr><td>准分子激光器
ArF
KrF
XeCl
XeF</td><td>
193nm
248nm
308nm
351nm</td><td rowspan="3">紫外</td><td rowspan="6">电子跃迁</td><td rowspan="3">光化学</td><td rowspan="3">光刻制板
再结晶处理 (Si)
光刻蚀
光沉积
光化学掺杂
光聚合</td></tr>
<tr><td>N_2 激光器</td><td>337nm</td></tr>
<tr><td>紫外光源
i 线
g 线</td><td>
365nm
436nm</td></tr>
<tr><td>He-Cd 激光器</td><td>442nm</td><td rowspan="3">可见光</td><td rowspan="5">热化学</td><td rowspan="5">活性化刻蚀
微细合金化
热加工 (切割、打孔等)
热离解沉积
再结晶处理
表面处理
加热</td></tr>
<tr><td>Ar 激光器</td><td>488nm
515nm</td></tr>
<tr><td rowspan="2">Nd-YAG 激光器</td><td>532nm</td></tr>
<tr><td>1.064μm</td><td rowspan="2">红外</td><td rowspan="2">晶格振动</td></tr>
<tr><td>CO_2 激光器</td><td>9～11μm</td></tr>
</table>

PLD 原理如图 6.1.1 所示，主体是一个封闭式的真空腔体，利用机械泵与分子泵的组合可为腔体提供一个真空度在 $10^{-7} \sim 10^{-5}$Pa 的高真空环境，此外还包括固定靶材与衬底的支撑结构。靶材架上配有多个靶材装配点，在薄膜生长过程中可以自由选择所需要的靶材。为了按实验需要提高不同的薄膜生长气体氛围，真空沉积系统还配有进气系统，通过气体流量计可控制不同气体缓慢进入生长主腔体，并可以调节各种气体进入主腔体的速率。激光器是一个独立的装置，位于真空室之外，通过调整腔体窗口和激光器之间的位置，并在两者的路径上放置凸透镜或凹面镜聚焦，来实现激光的入射，聚焦后的激光束功率密度很高，可达 10W/cm^2 以上。通常，制备薄膜的靶材有两种获得方式，一种是直接通过相关渠道购买，二是购买相应的药品，经过计算、称量、研磨、烧结等过程获得，具体大小应根据装置的要求进行调整。PLD 的原理将在 6.2 节同 LMBE 的原理一起介绍。

3. 脉冲激光分子束外延

与 MBE 相比，普通的 PLD 对材料限制较少，具有普适性，但由于没有原位监测系统，制备的薄膜较厚，不能满足生长原子尺度、具有复杂组分的超薄型薄

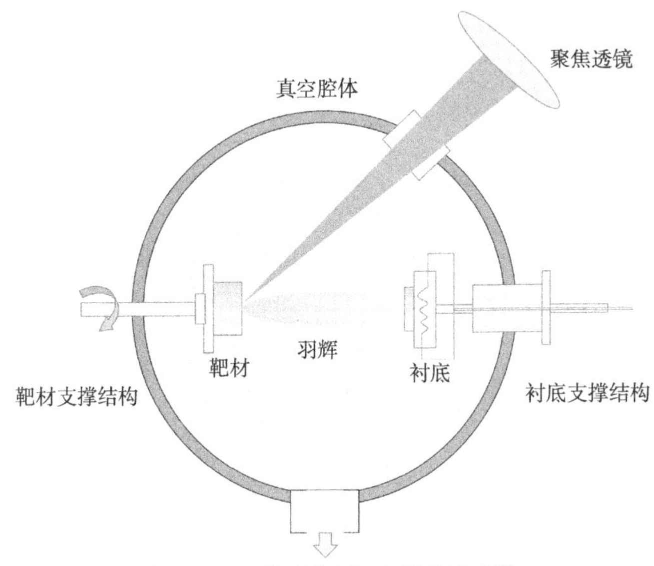

图 6.1.1　脉冲激光沉积原理示意图

膜或超晶格的要求。

在 PLD 和 MBE 这两种方法的基础上，人们自然地想到将其结合以弥补各自的不足。1983 年，美国 Rockwell 科学中心的 Cheung 等首先提出脉冲激光分子束外延的概念，将传统 MBE 系统中的一个束源炉用激光靶代替，因而这只是一个传统 MBE 与 PLD 的组合系统。1991 年，日本的 Kanai 等设计并成功研制出无传统束源炉的全新激光分子束外延设备。为了建立我国的分子束外延系统，国家自然科学基金委员会在 1994 年设立了“激光分子束外延机理及关键技术研究”重点项目，之后我国设计研制了第一台激光分子束外延设备，利用该设备成功制备出了光学薄膜和超导薄膜。激光分子束外延系统将 PLD 与提供原位监测的 RHEED 相结合，使得系统能够实现类似于 MBE 单原子层精度的薄膜生长。相比于 MBE 的热蒸发，它利用脉冲激光的高能量使材料蒸发甚至电离，这是薄膜研究领域的一个重大进展。

如图 6.1.2 所示，LMBE 设备主要由以下四部分组成。

(1) 激光系统：激光源通常采用高功率紫外脉冲准分子激光器 (如 KrF、XeCl 或 ArF)，激光脉冲宽度为 20～40ns，重复频率为 2～30Hz，脉冲能量大于 200mJ。激光器工作时使用几十纳秒的高压短脉冲对混合气进行放电激励，从而生成惰性气体的卤化物。激光器工作过程中，混合气会出现慢性损耗，导致激光器性能下降。在商用激光器中，需要定期给激光器换气。需要注意的是，准分子激光器会涉及有毒有害物质，因此一定要按照规定的安全程序进行操作和维护。

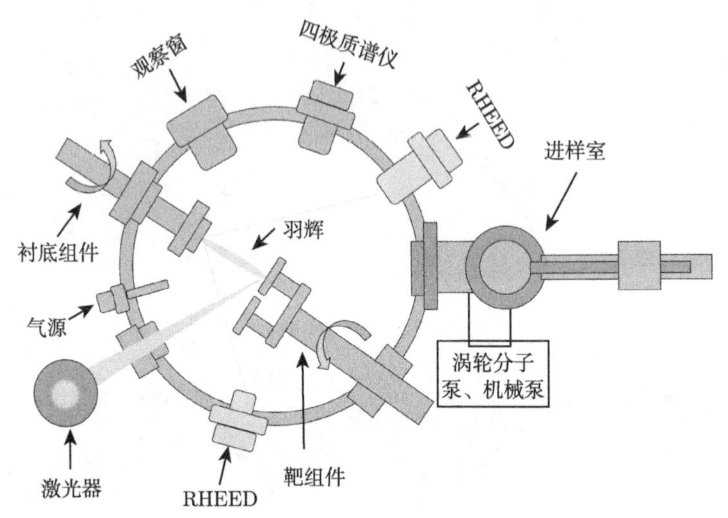

图 6.1.2　激光分子束外延设备总体结构示意图

(2) 真空沉积系统：由进样室、生长室、涡轮分子泵、机械泵等组成。真空泵用来排除真空室内的空气及其他气体，进样室内配备有样品传递装置，样品放入后，由进样室送入生长室进行沉积过程，生长室内主要有可旋转的靶托架和基片衬底加热器，靶托架上可装 4~12 个靶材，在镀膜时可根据需要随时换靶；衬底加热一般通过电阻丝进行，温度可达 850~900℃，也可以通过红外方式加热，并能在几十帕的气体分压条件下正常工作。

(3) 原位实时监测系统：LMBE 设备配备有反射式高能电子衍射仪 (RHEED)、薄膜测厚仪、四极质谱仪、光栅光谱仪或 X 射线光电子谱仪 (X-ray photoelectron spectroscopy, XPS) 等，以实现原位的监测和性能测试。

(4) 计算机数据采集与处理系统：LMBE 经计算机控制实现对数据的实时采集和处理。入射激光光束经过反射后通过石英窗口聚焦在靶面上，反射镜由计算机控制进行转动，以便光束聚焦在靶面上实现二维扫描。

6.1.2　方法特点

1. 脉冲激光沉积法的特点

与其他制备薄膜的物理方法相比，脉冲激光沉积法最显著的特点是粒子供给的不连续性，即靶材提供的蒸发材料不连续，这是由脉冲激光的特性决定的。脉冲激光沉积技术的瞬间沉积速率可高达 10^4nm/s，比其他方法高约两个数量级。

在一般的热沉积过程中，不同元素从源表面蒸发出来的速率是不同的，有些元素容易蒸发，相反有些元素不易发生热蒸发，这就导致了薄膜组分与靶材组分的偏离。PLD 是一种非热的薄膜沉积技术，即沉积到基片表面的粒子是通过非热过程产生的，这也就保证了靶材和薄膜成分的一致性。

总体来说，PLD 技术自研发以来，经历了几十年的发展及改进，它的优点是显著的，可概括为以下几点：

(1) 适用于多组元化合物的沉积。脉冲激光沉积法的一致蒸发有利于沉积多组元化合物薄膜，同时制备的薄膜样品成分较为均匀。

(2) 可以制备多种薄膜材料。可以蒸发金属、半导体、陶瓷等无机材料，有利于解决难熔材料的薄膜沉积问题。

(3) 沉积温度低，可以在室温下原位生长取向一致的织构膜和外延单晶膜。

(4) 对原料靶材的限制少，工艺参数的可调节性强，对薄膜品质的控制手段多样。

(5) 能够沉积高质量纳米薄膜，显著抑制三维生长，促进薄膜的生长沿二维展开，因而能获得连续的极细 (纳米尺度) 薄膜而不形成分离核岛。

(6) 由于灵活的换靶装置，容易实现多层膜及超晶格薄膜的生长。系统兼容性强，可搭载多种组合配件。

(7) 有很高的沉积速率，实验周期相对较短。

尽管脉冲激光沉积在薄膜制备领域占领了一席之地，但它也存在以下有待解决的问题：

(1) 薄膜表面易形成小颗粒。对于大部分材料，沉积的薄膜中有熔融的小颗粒或靶材碎片，这是在激光引起的爆炸过程中喷射出来的，这些颗粒的存在大大降低了薄膜的质量。

(2) 难以大面积制备薄膜。有实验已证明脉冲激光沉积法用于大面积沉积的可行性，这可能受限于目前激光器的能量，但这在原理上是可能的。

(3) 脉冲激光沉积设备的成本较高，目前只适用于高技术领域和新材料的开发，但随着激光技术和沉积设备的发展，实现工业生产是完全可行的。

2. 脉冲激光分子束外延的特点

普通的脉冲激光沉积法在制备薄膜时易发生岛状生长，无法获得单个或几个原胞厚度的膜层，生长过程中也无法实现对生长速率的监测。因此，在制备成分复杂的外延薄膜、超晶格及超薄薄膜时采用脉冲激光沉积法难以获得高质量薄膜，不利于深入研究微观成膜机理等问题。脉冲激光分子束外延综合了传统 MBE 和 PLD 方法的主要优点，一定程度上避免了以上不足之处，在制备高质量薄膜及研究其成膜机理上有着天然的优势。激光分子束外延的优点可概括为以下几点：

(1) 可设计剪裁异质结构制备多层膜。根据不同需求进行设计和剪裁，能够制备出具备不同功能的多层膜材料，同时 RHEED 可对薄膜生长过程进行实时精确的原位监控，从而达到原子尺度水平的外延，这有利于发展新型薄膜材料。

(2) 可原位生长与靶材成分相同化学计量比的薄膜。虽然靶材含有多种不同元素成分，但是只要能够制备出致密的靶材，就能进一步获得相同化学计量比的高质量薄膜。在制备时可以采用单个多元化合物靶，也可以用几种纯元素靶，几种元素靶交替使用，每种靶材以单原子层外延生长，最终形成多元化合物薄膜。

(3) 应用范围广。激光辐照在靶材上激发的等离子羽辉具有很强的方向性，因此对整个腔体系统的污染较少，可以在同一台设备上制备多种材料的薄膜，如各种超导膜、光学膜、铁电膜、铁磁膜、金属膜、半导体膜、压电膜、绝缘体膜，甚至有机高分子膜等。激光分子束外延设备也可在较高的反应性气体分压条件下沉积，这有利于制备含有复杂氧化物结构的薄膜。

(4) 可深入研究成膜机理。利用 RHEED、薄膜测厚仪和 XPS 等，可以原位观测薄膜沉积速率、表面光滑性、晶体结构及晶格再构动力学过程等，便于研究激光与物质的相互作用动力学过程及成膜机理。

(5) 可研究薄膜及相关材料的基本物理性能。LMBE 在原子层尺度生长薄膜，因此可研究膜层间的扩散组分浓度、离子的位置选择性取代、原胞层数、层间耦合效应及邻近效应等对物性起源和材料结构性能的影响。

6.2 沉积过程及原理

如前所述，激光分子束外延 (LMBE) 是在传统的分子束外延 (MBE) 和脉冲激光沉积 (PLD) 系统的基础上发展而来的，PLD 与原位监测的 RHEED 相结合，使得系统能够实现类似于 MBE 的单原子层精度的薄膜生长。相比于 MBE 的热蒸发，LMBE 使用脉冲激光的高能量使材料蒸发甚至电离。前面在介绍真空蒸镀时已经介绍了分子束外延技术的原理，它是在超真空条件下将薄膜组分元素的分子束流直接喷射到衬底的表面，从而实现对膜厚精确调控的一种制膜技术，本节不再进行过多论述。从工作原理上来看，脉冲激光分子束外延与脉冲激光沉积非常相似，它们都是非平衡状态下的镀膜技术，因此本节将详细介绍两者的沉积过程及原理。

6.2.1 沉积过程

1. PLD 沉积过程

采用脉冲激光沉积法制备薄膜时，先将制备薄膜所需的靶材装进 PLD 设备的真空腔体中，同时将衬底材料装在固定位置。在腔体中，衬底和靶材的位置是相对的。腔体中的真空由机械泵和分子泵共同提供。关闭腔体后，需将背底真空度抽到所需值，需要注意的是，如果镀膜过程中需要通入反应气体，那么背底真空度应低于所需气体分压。随后利用加热器、热电偶及红外探测器等对衬底加热。

达到所需温度后，打开激光器，使高功率脉冲激光束经会聚透镜聚焦，通过石英窗口入射到靶材上，激光和靶材相互作用，靶材表面溅射出气态分子形成等离子体羽辉。然后，等离子体羽辉沿着靶材表面法线方向膨胀，随着脉冲激光不断与靶材相互作用，靶材附近周期性地形成新的等离子体羽辉，这些等离子体羽辉约几十纳秒之后就到达衬底。等离子体羽辉到达衬底后，在衬底表面形成孤立的岛。随着等离子体不断沉积，不断出现新的生长岛，原有的生长岛也会继续增大，直到这些生长岛合并在一起，连接成完整的膜。

概括来说，PLD 制备薄膜大体分为三个物理过程：① 激光与靶材相互作用产生等离子体；② 等离子体定向发生局域等温、绝热膨胀；③ 等离子体在衬底表面沉积成膜。

2. LMBE 沉积过程

激光分子束外延设备的腔体有进样室和生长室两部分，这两部分采用可移动的挡板或匝板阀隔开，在生长室中，多种不同的靶材会预先装配好，腔体保持一定的真空度。采用激光分子束外延法制备薄膜时，先将基片固定在托盘上并装入进样室，装好后依次打开机械泵和分子泵抽真空，真空度与生长室相当后打开挡板，推动送样杆将粘有基片的托盘送进生长室，再利用机械手将托盘转移到制膜工位，随后进行基片加热程序并调节好靶—基距。待温度到达后，调节到相应的靶材，并开启基片和靶材自转，进行镀膜。激光器发出的脉冲激光束，经透镜聚焦后通过石英窗口入射到生长室中的靶材上，通常聚焦后的激光束以 45° 角入射到靶面上，能量密度为 $1\sim5J/cm^2$。靶材和激光作用时温度升高，可达 2000~3000K，从而使靶材表面粒子蒸发，产生等离子体羽辉，羽辉中的物质沿靶面法线方向以极快的速度 (约 $10^5cm/s$) 输运到衬底表面沉积成膜，并以单原子层或原胞层的精度实时控制膜层外延生长。制备薄膜时通过旋转靶位更换靶材，能够实现在同一衬底上沉积多层膜。此外，对于不同的衬底和靶材，衬底的加热温度也不同。通常薄膜沉积完成后会进行原位退火处理，以改善晶格的完整性。

激光分子束外延技术制备薄膜可大体分为以下三个过程：激光烧蚀靶材，从而激发出等离子体；等离子体在特定方向发生等温、绝热膨胀形成羽辉；等离子体沉积，在衬底表面吸附、团聚、形核并合并成膜。通常所说的薄膜沉积指的是第三个过程。实际上，这三个过程同 PLD 的三个过程是没有显著区别的，在不同的文献中叫法存在些许差异，但本质上都可概括为以下三个阶段。

1) 激光等离子体形成阶段

当脉冲激光打到靶材上时，光斑中心处由于在极短 (纳秒量级) 的时间内吸收大量能量，局部温度骤然提高，导致靶材表面处的粒子蒸发出来。蒸发出的粒子具有多种形式，可以是电子、离子、中性粒子等，在纳秒时间内，这些粒子未发生扩散及对流，从而抑制了靶材的择优蒸发，也就是说，短脉冲激光作用下更容易获得与靶材成分一致的薄膜。随后，蒸气层与脉冲激光继续互相作用，形成局域的高温高密度等离子体。

2) 等离子体运动阶段

等离子体继续与激光作用吸收能量，使内部的温度和压力持续升高，形成沿靶表面法线方向的温度和压力梯度。在温度和压力梯度的驱动下，等离子体沿靶表面法线向外做等温、绝热膨胀。同时，等离子体具有轴向约束行为，能够形成一个明亮的沿法线方向的等离子体羽辉。

3) 沉积成膜阶段

当羽辉中的高能粒子到达衬底表面时，衬底表面的部分原子首先被溅射出来。溅射出来的粒子和不断输运到衬底表面的粒子相互碰撞，形成一个对撞层，即热化区。粒子到达衬底表面发生凝聚和衬底表面粒子被溅射出来的过程是同时发生的，只有当凝聚速率大于溅射速率时，热化区消失，粒子才开始在衬底上沉积成膜。由于高能粒子的轰击，成膜初期三维岛状生长模式受到极大限制，所以更倾向于二维生长。这种特性使得 LMBE 技术在厚度为几纳米及多层结构薄膜的生长方面有很大优势。

显然，LMBE 与 PLD 制备薄膜的过程有着异曲同工之处，其原因就是激光分子束外延与脉冲激光沉积都以激光作为激发源，两者在激光与靶材相互作用形成等离子体及等离子体在空间中膨胀这两个过程中呈现出高度的一致性。对于最后的沉积成膜过程，在 LMBE 技术中通过实验参数的调整，可较为容易地实现薄膜的二维层状生长，这是 LMBE 的一个突出优势，也是其生长高质量薄膜和精确控制多层膜生长的原因。

6.2.2 沉积原理

无论是 PLD 还是 LMBE，沉积过程中都涉及较为复杂的机理，本小节将分别介绍三个沉积过程中涉及的原理。

1. 激光和靶材相互作用

在制备薄膜时，激光聚焦到固体靶材产生等离子体羽辉是第一个过程。这个过程不仅仅是激光与靶材的简单作用，而且涉及许多物理过程和效应。当脉冲激光照射到固体靶材时，激光的能量部分被靶材吸收，由于靶材是存在一定厚度的，因此激光能量的吸收首先发生在靶材表面被照射部分。表面被照射区域由于受到短时高能量的作用被加热，温度进一步升高。随着脉冲激光的持续作用，能量向内传导，加热层的厚度增加，同时也产生了温度梯度。从靶材表面到内部，温度梯度越来越小，热输运速度随时间减小。实际上，热传导只能发生在靶材表面很小的范围内，通常将这个范围称为渗透深度 [6,7]。

当激光能量足够高时，激发态电子通过碰撞传递能量给晶格，使靶材加热。靶材中的部分粒子由于热运动获得足够动能，脱离周围粒子的束缚，产生相变、蒸发和等离子化等过程。因为激光沉积技术所采用的脉冲激光功率密度极大，蒸发粒子的温度很高，其中大部分原子会被激发和离化，被激发和离化的粒子进一步吸收激光辐射，最后几乎全部粒子被离化，在靶材表面形成等离子体羽辉。

产生的等离子体羽辉不仅包括各种原子、分子，还有少量的团簇、微米尺度的流体和固态颗粒物。在接近靶材表面处的等离子体羽辉密度最高，称为电晕区，一般距靶表面 1~10μm，密度可达 $10^{16}\sim10^{21}\text{cm}^{-3}$，温度可达 20000K。在电晕区外侧，等离子体密度较小，无法吸收激光能量，称之为导热区。通过逆韧致效应，电晕区能够吸收约 98%的脉冲激光能量，也就是说，电晕区屏蔽了激光向靶材表面辐射的能量。逆韧致辐射吸收系数 k_a 与等离子体羽辉中的离子密度和温度的关系可表示为

$$k_\text{a}=\frac{3.69\times10^8Z^3n_\text{i}^2}{T_\text{i}^{1/2}v_0^3}\left[1-\exp\left(-\frac{hv_0}{k_\text{B}T_\text{i}}\right)\right] \tag{6.2.1}$$

式中，Z 为平均电荷 (C)；n_i 为离子密度 (m^{-3})；v_0 为入射光频率 (Hz)；T_i 为离子温度 (K)；k_B 为玻尔兹曼常量；$1-\exp\left(-\frac{hv_0}{k_\text{B}T_\text{i}}\right)$ 为受激辐射引起的能量损失。

由式 (6.2.1) 可以看出，吸收系数与离子密度的平方成正比，即离子密度的微小增加就可造成对激光的强烈吸收，从而使靶材无法吸收能量，这也称为等离子体屏蔽效应。此外，在等离子体中还存在散射效应，可以提高粒子的活性，有利于获得高质量薄膜。需要指出的是，上述激光与靶材作用的机理仍然是进行了一定简化的结果。除上述物理过程外，实际上还包含了许多复杂的子物理过程，如电子激发效应 (诱导电子–空穴对产生)、光电效应、原子或团簇发射等。

此外，在上面激光对靶材的蒸发描述中，将靶材的蒸发与普通的蒸发视为完全相同的现象，这也是简化的描述。普通的蒸发是指蒸发粒子的密度较低，因此可忽略粒子间的碰撞，而对于激光和靶材作用产生的高密度等离子体来说，粒子间的碰撞是无法忽略的，这种碰撞导致粒子速度重新调整和分布，从通常的 $\cos\theta$ 形式可以变为 $\cos^n\theta(n>1)$ 形式，且沿靶面法线向外高度择优分布。高密度粒子的相互碰撞在靶材表面约几个气体分子平均自由程的区域发生，该区域称为 Knudsen 层，它是高度非平衡的，这种蒸发方式称为烧蚀。Knudsen 层中粒子的密度极大，碰撞频繁，在很短的时间内，各种不同成分的粒子的速度趋于一致，到达衬底的时间基本相同，这也是激光镀膜技术的靶材和薄膜成分具有高度一致性的根本原因。

当强激光照射到靶材表面时，一部分激光能量被吸收，另一部分被反射。靶

材内的电子吸收光子后能量增加，进一步通过碰撞把能量传给晶格，并在极短的时间内将能量转换成热能，使靶材表面附近的物质温度急剧升高，直至脱离靶材表面。因此，脉冲激光和靶材相互作用后，如图 6.2.1 所示，可以将靶材物质粗略地分为四个部分：A 为没有被脉冲激光熔化，但仍然吸收激光能量的固相区；B 为脉冲激光熔化靶材产生的液相区；C 为热传导区；D 为电晕区。这些物质反过来再吸收和反射激光的能量，进一步提升温度，形成了高温高密度的等离子体。

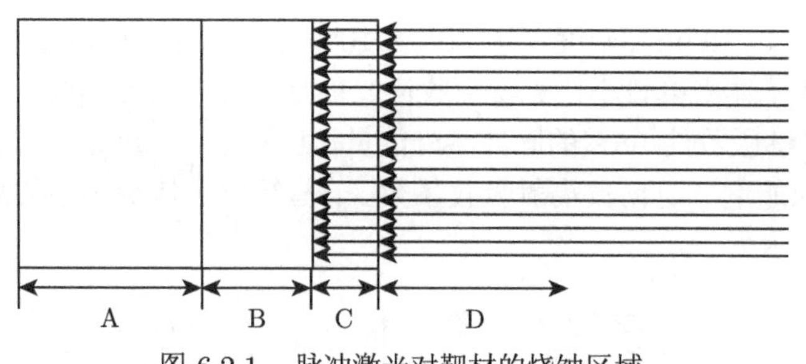

图 6.2.1　脉冲激光对靶材的烧蚀区域

激光与靶材作用决定了烧蚀物的组成、产生、速度和空间分布，而这些直接影响并决定着薄膜的成分、结构和性能。目前，制约 PLD 发展的大颗粒物问题也是由激光与靶材相互作用导致的。实际上，激光作用的机理随激光波长和功率密度的不同也存在着明显差异，如果采用红外及可见光区的激光，由于光子能量小，只能引起晶格振动，即以加热为主。此时，构成靶的元素由于热蒸发过程而逸出，若靶构成元素的蒸气压不同，因分馏现象，会出现膜层成分偏离靶成分，为此需要对靶的组成进行补偿。但是，如果采用紫外准分子激光，在高功率密度下进行照射，由于紫外光子的能量高，光直接切断材料的键连接，其光化学作用激发出的气体粒子，仅在靶表面微小区域逸出，该蒸发材料在靶对面的基板上沉积，可获得膜层成分偏离小、组织致密、质量更高的薄膜，因此 PLD 和 LMBE 的激光器通常是紫外光波段 [6,8-13]。总的来说，研究激光与靶材相互作用对于提高薄膜质量，特别是减少乃至完全消除薄膜的颗粒物有重要的意义。

2. 等离子体膨胀

等离子体膨胀是指离化的高温高密度等离子体从靶材表面输运到衬底的过程，大致包括绝热膨胀和等温膨胀两部分。膨胀过程中，等离子体的速度和密度分布近似可以用图像描述，如图 6.2.2 所示。靠近靶材表面处取为坐标原点，此处等离子体密度最大，然而与坐标原点距离越远，密度越低。如果近似取等离子体密度下降到最大值的 1/e 处为等离子体的边缘，则等离子体的边缘速度随时间呈线性增加。通过数值模拟可以得到等离子体羽辉随着时间的推移，由近圆盘逐渐变成一个拉长的椭球羽辉，同实验观察结果一致，如图 6.2.3 所示。

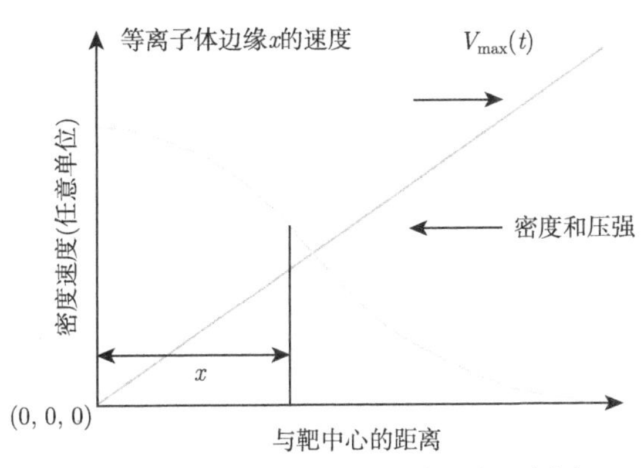

图 6.2.2　等离子体速度、密度分布示意图

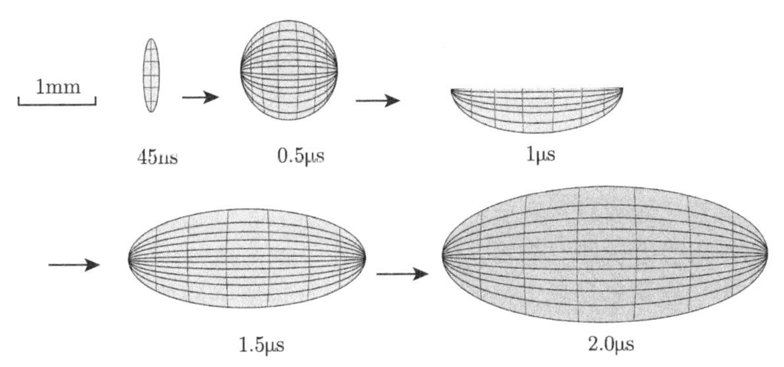

图 6.2.3　等离子体羽辉外形随时间的变化

脉冲是隔相同时间发出的波，因此按照激光作用时间分为脉冲激光作用时间内和脉冲激光作用结束后两部分。在脉冲激光作用时间内 ($t \leqslant \tau$，τ 为脉冲宽度)，一方面等离子体膨胀使温度趋于降低，另一方面等离子体仍吸收激光能量使温度趋于升高。两种效果近似抵消，将等离子体的温度看作不变，即可认为此过程是等温膨胀。脉冲激光作用结束之后 ($t > \tau$)，没有能量输入，等离子体会剧烈膨胀，此时等离子体与周围环境的热交换可以忽略，因此为绝热膨胀过程。图 6.2.4 所示为等离子体膨胀过程中温度随时间演化规律，在脉冲激光作用时间内，等离子体羽辉的温度基本不变；在脉冲激光作用结束后，等离子体羽辉的温度随时间下降，近似理想气体的绝热曲线。实际上等离子体的粒子间存在相互碰撞，但由于过程本身是在极高温度下进行的，粒子的动能很大，故可以忽略粒子间的相互作用，采用理想气体模型进行处理 [6]。

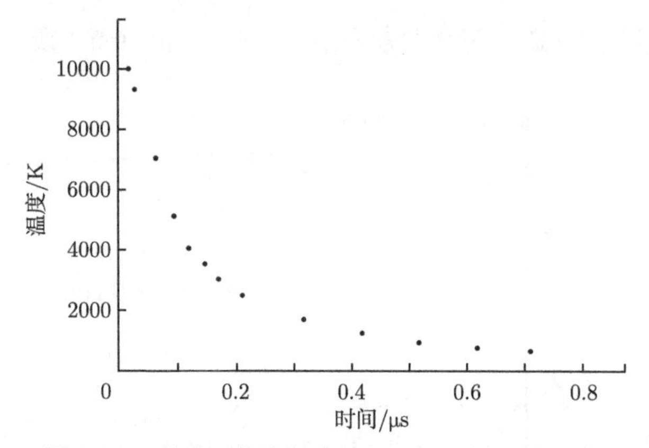

图 6.2.4　等离子体膨胀过程中温度随时间演化规律

在实际的薄膜制备过程中，往往根据需求通入不同压强的气体，激光和靶材相互作用产生的烧蚀物向衬底输运的过程中会经历如碰撞、散射、激发及气相化学反应等一系列过程，进一步影响烧蚀物到达衬底时的状态，最终影响薄膜的结构和性能。因此，研究等离子体羽辉传输的动力学和其中的微观过程对提高薄膜质量及扩展 PLD 的应用范围具有重要意义。

3. 衬底上沉积成膜

等离子体输运到衬底后经历形核长大最终成膜。气相粒子到达衬底表面后首先相互聚集，形成生长核，随着到达衬底的粒子越来越多，核不断长大，形成岛，最后不断长大的岛相互接触，形成连续的膜。沉积原子的形核和生长初始阶段的性质极其重要，直接影响着整个薄膜的质量。通过对生长条件的控制，可使薄膜一层层地生长，达到所需厚度。在实际的制备过程中，薄膜生长更加复杂，衬底温度、入射激光的能量等都影响着薄膜的生长过程，想要获得高质量稳定的薄膜，需要不断摸索合适的镀膜参数和条件。在研究薄膜的生长演化过程中，表面缺陷的形成、粒子在衬底表面的迁移和扩散、粒子聚集成核的热力学和动力学，以及薄膜生长的具体模式等，都是十分重要的研究课题。这里以衬底温度 (T) 和晶核过饱和度 (D_x) 两个主要热力学参数为例，研究它们对薄膜生长过程的影响，它们之间的关系为

$$D_x = kT \ln \frac{R}{R_{\mathrm{e}}} \tag{6.2.2}$$

式中，k 是玻尔兹曼常量；R 是瞬时沉积率；R_{e} 是温度为 T 时的沉积率平衡值。瞬时沉积率和衬底温度决定临界核的大小。对于超过临界核的较大晶核而言，它们具有一定的超饱和度，在衬底的表面形成孤立的岛状颗粒，这些颗粒随后长大。随着晶核过饱和度增加，临界核开始缩小，直到其高度接近原子的直径，此时薄

膜的形态是二维的层状分布。等离子体与衬底的相互作用，在激光薄膜沉积中起重要作用。开始时等离子体向衬底输入高能粒子，其中衬底表面一部分原子 (大约 5×10^{14} 个/cm^2) 被溅射出来，形成粒子的逆流，即溅射逆流。输入粒子流和溅射逆流相互作用形成了一个高温和高粒子密度的对撞区，这个对撞区称为热化区 (图 6.2.5)，它阻碍了输入的粒子直接入射向衬底。一旦粒子的凝聚速度超过其溅射速度，热化区就会消散。热化区消散后，薄膜的长大只能依靠等离子体发射的粒子流，这时粒子动能已降到 10eV，薄膜的凝聚和薄膜中缺陷形成平行发展，直到输入原子的能量小于缺陷形成的阈值为止。如果等离子体密度低或寿命短，则只能形成热化区，这时薄膜的生长只能靠能量较低的粒子，因此薄膜的生长速度较小，甚至可能得不到薄膜。

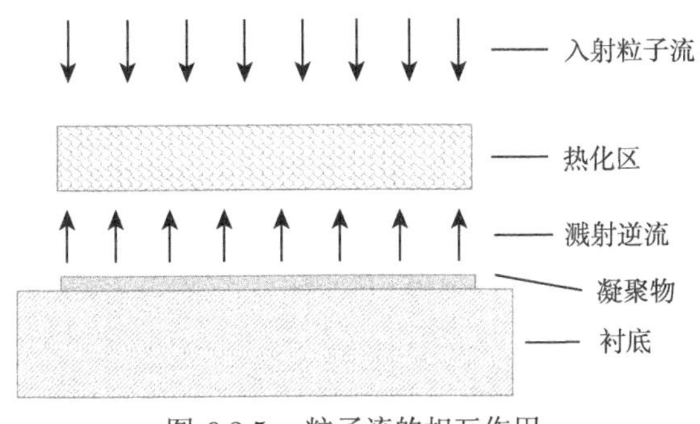

图 6.2.5　粒子流的相互作用

6.3　影响薄膜质量的因素

PLD 和 LMBE 均是采用激光作为激发源的薄膜制备方法，入射激光的波长、能量密度等密切影响着其薄膜质量。同时，薄膜的质量也受到靶距、基片温度等工艺参数的影响，通过合理控制输运到基片表面的蒸气密度和温度、靶面的粒子发射率、粒子能量、气压等可制备出优质薄膜。在靶材成分正确的情况下，靶距 (D)、气压 (P)、靶面上激光能量密度 (E)、重复频率 (υ) 及衬底温度 (T) 等参数的选取对薄膜的质量起决定性作用 [14,15]。在这些参数中，D、P 和 E 这三个参数是紧密关联的，经过大量实验得到了制备薄膜的最佳沉积条件经验公式:

$$(E-E_{\text{th}})D^{-3}P^{-1}=8.78(E-E_{\text{t}})D^{-3}P^{-1}=8.78\times10^{-5}(\text{J}/(\text{cm}^5\cdot\text{Pa}))\quad(6.3.1)$$

式中，E_{th} 是激光能量阈值密度。由式 (6.3.1) 可以看出，D 越大，P 越高，E 就要求越高。

此外，靶材和基片的晶格是否匹配、基片表面是否抛光及基片表面清洁程度都对膜和基片之间结合力的强弱和薄膜表面的光滑度有影响。可以通过采用合适的激光能量密度和靶基距、使基片旋转和采用能过滤慢速大质量粒子的斩波器等方式来实现光滑表面。实际上，LMBE 技术、PLD 技术的最终目的就是通过对实验工艺的研究，寻找这些实验参数的最佳数值和它们之间的最佳匹配，从而实现高性能、高质量薄膜的制备。

除工艺优化以外，通过计算机仿真方法来优化实验参数也是激光沉积薄膜的研究热点之一，主要的方法有数值分析法和蒙特卡罗模拟方法等。其中，蒙特卡罗模拟方法最先使用于计算单一气体松弛问题，以适当数目的模拟分子代替真实气体分子，然后通过计算机模拟由气体分子运动碰撞引起的动量和能量的输运、交换、产生的气动力和气动热的宏观物理过程 [16]。

6.3.1 偏轴、靶基距的影响

为提高沉积粒子与衬底材料的浸润性，通常会选择垂直入射的方式，此处的垂直入射是指靶材与衬底平行放置，激光与靶材相互作用形成的羽辉沿着靶材中心法线方向垂直沉积于衬底表面。对于浸润性好、在衬底表面扩散速率大的原子，容易出现脱附现象，因此可通过偏轴的方式延长其在衬底上的停留时间，提高吸附率。靶基距是指靶材和基片之间的垂直距离，其通过影响出射粒子流的角分布和羽辉传输的动力学过程而影响薄膜的生长质量。等离子体的膨胀速率呈现各向异性，这决定了薄膜的最终成分。衬底位置不同，会出现外观显著不同的颗粒，低真空度时，靶距大，粒子间结合更容易发生。一般在制备薄膜过程中会通入一定的氧气、氮气等反应气体，脉冲激光作用后，形成的等离子体羽辉会压缩气体，在距离靶材表面 $1\sim2\mathrm{cm}$ 处形成强激波，如图 6.3.1 强激波的示意图所示。激波前沿与烧蚀物之间增加了一个区域，厚度约为生长气氛中一个气体分子平均自由程数量级。在此区域内，密度、温度和压强发生突变。激波形成后可在气体气氛中独立传播。

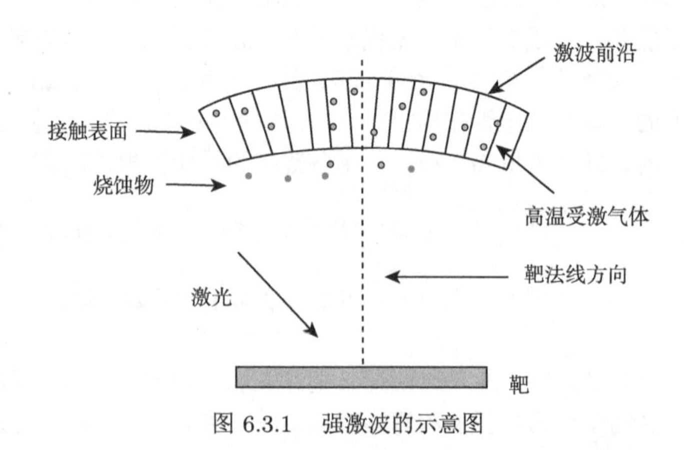

图 6.3.1 强激波的示意图

实际传输过程中，激波薄层中的温度极高，此时激波薄层中的分子将会被激发、离解甚至电离。以氧气为例，激发后以氧原子、氧离子形式存在。此时靶材表面溅射出烧蚀物中的金属原子易和氧气发生气相化学反应，反应一般在激波形成后约 5mm 的范围内发生。激波会不断衰减成声波，此时烧烛物基本上失去了定向运动的速度，最后反应也停止。总之，靶基距与激波的传输有关，激波的传输过程是影响氧化物薄膜中氧空位、反应性沉积的关键因素，对制备含变价元素的薄膜有重要意义。

6.3.2　激光参数的影响

激光参数的选择，如能量、频率、光斑面积的大小直接影响激光能量密度，进一步影响薄膜的沉积速率。激光能量密度与产生的等离子体特性密切相关，只有其超过一定的阈值时才能使靶材烧蚀，这是因为激光与靶材的作用本质上区别于蒸发过程。在临界能量密度之下，颗粒密度随着能量密度的增加而急剧增加，如果进一步增加能量密度，颗粒密度增加的速率开始减小，并趋于饱和。

提高激光能量或者频率，都能够增加激光的能量密度，薄膜的生长速度会增加。当脉冲能量提高时，靶体表面吸收了更多的能量、剥离加深，使等离子体密度、到达衬底表面的原子密度增大，形核速率增大，进而提高了薄膜的生长速度。但在实际的薄膜制备过程中，激光能量和频率的选择也不宜过大，一方面，等离子体飞行速度太高，会使高能粒子与衬底的碰撞加剧，产生的逆粒子流太强，容易在衬底表面形成缺陷；另一方面，激光能量太高，会使靶材升温加剧，温差过大，导致表面爆炸力增大，大颗粒增多，从而降低薄膜质量。

光斑面积的影响与能量相反，在恒定激光功率的前提下，颗粒密度通常随着光斑尺寸减少而增加，沉积速率也会相应增加。因此，在制备薄膜时要选择合适的激光参数，以便获得厚度均匀、成分稳定的薄膜。

6.3.3　衬底材料的影响

为了得到单晶膜，衬底材料一般选取单晶基片，这是因为基片的结晶性使生长单晶变得更加容易。基片的结晶性是指原子周期排列有序，有确定的晶面取向。相反，采用多晶或非晶基片制备单晶薄膜是相对困难的。对于单晶基片来说，往往选择它的特定取向，如 Si(110)、Si(111)、Al_2O_3(0001)、$SrTiO_3$(100) 等进行外延生长，即晶体和基片保持一定的晶体取向。

外延生长时，薄膜和基片过渡处的晶格点阵排列影响着薄膜的质量和性质。对于同质外延，薄膜和衬底材料相同，晶格完全匹配，不存在晶格畸变。对于异质外延，衬底和薄膜存在点阵类型的变化和晶格常数的差异，界面处往往会出现晶格畸变使过渡不连续。按照薄膜和衬底两侧点阵常数的匹配程度，界面分为共格、半共格、完全不共格三种关系。共格是指界面两侧的原子排列相同或相近，并保持一定的位向关系，此时外延生长的界面和同质外延类似，薄膜和衬底的晶格常数十分接近。此外，界面处伴随点阵畸变，由于薄膜的厚度远小于衬底的厚度，所以畸变一般发生在薄膜一侧。半共格是指沿相界面每隔一段距离产生一个与界面相平行的刃型位错，除刃型位错线上的原子外，相界上其他原子都是共格的。当界面两侧点阵常数差别较大时，要完成点阵间的连续过渡单靠晶格畸变无法弥补，所以还需要引入刃型位错来降低界面的能量。第三种是完全不共格，薄膜和衬底的原子排列相差较大，原子没有一条线上是共格的，即完全不共格。

为了研究薄膜与衬底之间的对应关系，采用点阵常数的失配度来判断薄膜外延生长关系 (式 (1.5.2))，一般认为，$f < 5\%$时，薄膜在衬底上以完全共格的形式生长；$5\%<f<15\%$时，薄膜和衬底之间则是以半共格的方式连接；$f>15\%$时，薄膜与衬底完全不共格，外延生长难以实现。从应力的角度来看，当衬底的晶格常数大于薄膜的晶格常数时，薄膜在外延生长过程中会受到来自衬底的面内拉应变；当衬底晶格常数小于薄膜的晶格常数时，薄膜会受到来自衬底的面内压应变。

总的来说，选择何种材料作为衬底及衬底的结构共同影响着外延薄膜的晶体结构。因此，研究衬底结构对外延膜晶体结构的影响规律，对高质量的薄膜制备和实际应用具有重要意义。

6.3.4 衬底温度的影响

在制备薄膜时，往往将衬底加热到一定温度后再沉积薄膜，这个温度通常可以加到靶材熔点的一半。衬底温度的作用可归结为以下四点。

一是提供化学吸附的热激活能。原子到达衬底表面发生吸附作用，这种吸附最初是物理吸附，由于能量势垒的存在无法变成化学吸附，此时加热衬底能够提供这部分能量使其转化为化学吸附。能量势垒就是化学吸附的热激活能。

二是为吸附原子的扩散创造条件。原子吸附在衬底表面后活动能力会大大减弱，不利于扩散。扩散是一种热运动，因此通过对衬底加热改变固体表面原子的活动能力是极其方便简单的方法，活动能力与平均扩散距离 $\bar{x}$ 有关，详细可见式 (1.2.4)。

三是增加衬底表面的缺陷数目，提高初期形核密度。从蒙特卡罗方法模拟薄膜生长的动力学过程中可以发现，当提高衬底温度后表面点缺陷会增加，从而使得岛的数目和岛上平均粒子数目增加，这说明薄膜的生长率在提高。也有研究表明，衬底温度的升高对提高薄膜的结晶程度有利。

四是为薄膜的外延生长提供温度条件和反应热。早期的研究结果表明，只有衬底温度大于一定值时才能够通过外延生长获得单晶薄膜。一般结晶会放出热量，而实际上在制备薄膜时发现，随着沉积的进行往往会出现衬底温度缓慢降低的现象。出现这一现象的具体原因目前尚未有明确的解释，推断可能是在结晶过程中原子跨过势垒所需的能量增多。

6.3.5 沉积气氛及压强的影响

PLD 和 LMBE 在工作时腔体中都维持着高真空度，特别是 LMBE 的生长室真空度极高，因此装置在运行时，机械泵和分子泵保持工作状态。在镀膜时，羽辉中的部分轻粒子由于受到真空泵抽气的影响，会发生散射，偏离靶材法线方向，从而造成该粒子的损失，此时制备的薄膜成分不均匀。为了消除这些影响，通常在薄膜制备时会向腔体中通入一定量的气体，对于氧化物薄膜，常使用的是氧气。因此，氧压会影响激光和靶材的相互作用，氧压高会使激光到达靶材表面的能量减少，一般氧压在 0.1 ~ 10Pa 量级的影响不明显。其次，氧压会影响羽辉的形状、大小及传播速率，氧压较小时，羽辉的发散角大，粒子传播速率和平均自由程都增大，最终形成的薄膜厚度均匀。当氧压高于 10Pa 量级时，羽辉成分和能量相对集中，呈椭球状。最后，氧压影响氧化物薄膜的氧含量，进一步会影响材料的电学性质。在氧化物薄膜制备过程中，氧压的大小起着举足轻重的作用。

6.3.6 清洗工艺的影响

在制备薄膜时往往要求衬底表面平整有序，具有一定的清洁度，因此在制备薄膜前，需要对衬底进行一定的处理。

1. *硅基片的处理方法*

以下介绍几种硅衬底的清洁方法。原位清洁的高质量 Si 表面可以在超高真空中长时间放置而不影响外延膜的质量。

1) 溅射清洁处理

离子溅射是表面清洁的常用方法之一，通过离子溅射可以获得原子级光滑表面。以 Si 衬底为例，可以先通过高能束轰击硅表面，进一步经过高温退火使硅表面发生重构。为增加溅射效率，在溅射期间，本底真空环境 (Ar 环境气氛) 应保持在 10^{-4}Pa 左右，样品表面与离子束维持 60° 左右倾角。通常情况下，离子束轰击 5~10min 之后，就会剥离掉 10~20nm 厚的表面层。在溅射停止后应在真空中 927℃ 左右退火几分钟来恢复晶格损伤 (溅射损伤)。如有必要，可以重复清洗几次，且在最后清洗时应适当减小离子束电压。这种清洁方法是一个物理过程，能够有效去除各种表面层。但也存在晶格残余损失不易恢复、难以获得原子级平整的表面等缺点。

2) 热处理

真空条件下的高温退火处理可以获得清洁平整的硅表面。退火前先对硅片进行预处理，以此来降低退火过程的温度。对已清洗的硅片在 97℃ 下用 HCl、H_2O_2、H_2O 按质量比 3:1:1 配置而成的溶液进行钝化处理，可得到厚度为 0.5~0.8nm

的氧化硅层，再在真空中 847℃ 退火即可去除氧化层。钝化的目的是在硅表面形成一种在低温下易去除的氧化物，从而避免处理好的硅同空气中的碳反应。值得注意的是，对于不同的硅晶面，热处理的温度略有差异。此外，温度更低、效果更好的臭氧表面处理，旋转腐蚀等清洁处理方法也得到了发展和应用。

3) 光学清洁处理

使用红宝石脉冲激光反复辐射硅基片可达到清洁效果。脉冲激光将辐照束转化为热能，将硅衬底表面的吸附物和薄氧化层蒸发掉。微弱的低能电子衍射 (low-energy electron diffraction, LEED) 图样显示经激光辐照后的硅表面处于原子级清洁。

2. 氧化物衬底的处理方法

氧化物衬底可以用湿化学法预处理，其步骤主要包括清洁、腐蚀和退火。在外延生长半导体氧化物薄膜常用的衬底材料有 $SrTiO_3$(STO)、$LaAlO_3$(LAO) 等，接下来以这两种材料为例，介绍湿化学法和退火相结合的衬底处理方法。

目前，最为常见的处理 (001)LAO 基片的工艺为酸刻蚀，具体步骤如下：首先采用丙酮、甲醇超声清洗衬底去除表面灰尘颗粒，其次采用 pH 约为 4.5 的稀释 HCl 溶液进行湿法刻蚀 30s，最后进行一个在 2.5h、1000℃ 的退火处理。其中 HCl 溶液可以选择性刻蚀镧相关的氧化物，留下单一的 AlO_2 终止面，而热退火产生了原子级平整表面。

目前，(001)STO 衬底的预处理也是采用湿化学法，其工艺已经非常成熟。湿化学法预处理的具体流程：将衬底置于无水乙醇中，超声清洗，去除衬底表面可能存在的灰尘和有机污染物；然后用去离子水超声处理，这一操作主要是对衬底表面进行活化，使得衬底表面 SrO 反应生成 $SrCO_3$ 和 $Sr(OH)_2$ 等化合物，而这些化合物很容易被酸清除。通常选用氟化氨 (NH_4F) 缓冲的氢氟酸 (HF) 作为腐蚀液 (BHF)，对衬底表面的 Sr 和 Ti 有更好的选择性，优先除掉衬底表面的 Sr 化合物，得到 Ti 单一终结的表面。最后需要对腐蚀后的基片进行退火处理，从而消除由腐蚀在衬底表面形成的缺陷，得到表面原子排列整齐的衬底。研究结果表明，BHF 腐蚀液的配比、腐蚀时间、退火温度及退火时间等对 STO 预处理表面形貌的影响较大。例如，BHF 腐蚀液中 HF 含量较少时，会使得腐蚀液腐蚀能力不足，腐蚀不完全，导致在 STO 表面留有大量 Sr 残留物；当腐蚀时间过长时，会导致 STO 表面的 TiO_2 也被腐蚀掉，在衬底表面形成孔洞；退火温度及退火时间对衬底表面原子运动影响较大，因此退火温度过低不利于台阶形成，并且当退火时间过长时，会导致 Sr 原子从内部迁移到表面，并在台阶边缘聚集。因此，必须选用适中的工艺参数才能得到平整光滑、台阶均匀的 TiO_2 终止面的 STO 衬底。经过大量工艺摸索和实验，作者团队得到了最佳预处理工艺。在这里，BHF

腐蚀液配比 $n_{\mathrm{NH_4F}} : n_{\mathrm{HF}} = 10:1$ (其中 n 为物质的量)，超声腐蚀 41s 后，在高温 970℃ 退火 120min，出现了明显的台阶结构，如图 6.3.2 所示。图中，台阶清晰且光滑平整、宽度均匀，台阶高度是 0.39nm。

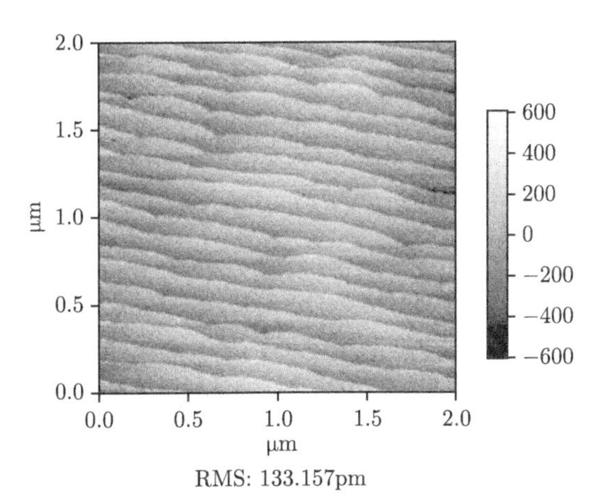

图 6.3.2　采用原子力显微镜得到的预处理后 (001)STO 衬底的表面形貌

6.3.7　表面活性剂的影响

表面活性剂常用于化工生产中提高化学反应活性，在固体薄膜外延生长中也能起到类似的作用。不同的是，表面活性剂的外来原子在衬底表面有序地排列，增大了表面张力。在表面沉积时，薄膜原子与表面活性剂的原子发生置换过程，使得薄膜原子生长得十分有序，也可以使薄膜二维逐层生长，提高薄膜表面的平整度。表面活性剂的引入实际上是一种杂质，它的成分与薄膜材料、衬底材料都不相同。表面活性剂在薄膜生长过程中并没有对过程起催化作用，只是参与了薄膜的生长，使薄膜生长朝着二维层状模式发展，它既不固溶于衬底材料，也不会与薄膜材料反应，薄膜生长结束后通过蒸发的方式可轻易去除。概括地说，表面活性剂的作用就是诱导薄膜层状生长。

为了进一步揭示表面活性剂促使薄膜层状生长的原理，研究者从热力学和动力学两个角度进行了解释：热力学认为，表面活性剂使得体系的自由能发生改变，让层状生长成为系统的平衡态。在薄膜外延生长中，设衬底表面自由能为 σ_{s}，薄膜 (外延层) 表面自由能为 σ_{f}，界面自由能为 σ_{i}。若 $\sigma_{\mathrm{s}} > \sigma_{\mathrm{f}} + \sigma_{\mathrm{i}}$，那么薄膜生长朝层状模式进行；相反，$\sigma_{\mathrm{s}} < \sigma_{\mathrm{f}} + \sigma_{\mathrm{i}}$ 时，薄膜生长按岛状模式进行。通过计算得出，表面活性剂的介入提高了衬底表面自由能 σ_{s}，最终导致薄膜生长向层状模式进行。动力学则认为，薄膜的生长实质上是一种非平衡过程，表面活性剂的引入改变了系统中的原子运动规律，进一步改变薄膜的生长模式。当要沉积的薄膜原子在衬底上的扩散速度大于其在表面活性剂表面上的扩散速度时，表面活性剂的

介入使沉积原子的扩散范围减小，进而导致生长初期的形核密度增加，促使生长向层状模式进行。

6.3.8 PLD 镀膜实例

本小节将以硅基片上生长 $La_{1.3}Sr_{1.7}Mn_2O_7$(LSMO) 薄膜为例 [17]，简单介绍脉冲激光沉积法制备薄膜的一些基本工艺过程，仅供读者参考，具体的实验参数等仍需要根据实验材料和要求的不同进行相关的调整和改进。

1. $La_{1.3}Sr_{1.7}Mn_2O_7$ 靶材的制备

$La_{1.3}Sr_{1.7}Mn_2O_7$ 靶材是通过固相反应制成的，制备流程如下所述。

(1) 原料配比：所用原料为分析纯的 La_2O_3、$SrCO_3$ 和 MnO_2，样品 LSMO 中各元素物质的量比 $n_{La}:n_{Sr}:n_{Mn} = 1.3:1.7:2$，将此比例转换成相应氧化物的质量比，然后进行称取。利用电子天平对材料进行称量，其称量精度可以达到 0.1mg。根据靶材所需的尺寸，考虑制备过程中的损耗，称取并计算的量为 0.06mol。

(2) 混合研磨：将称取好的原料在玛瑙研钵中进行混合，并仔细研磨，在此过程中加入少许无水乙醇使原料混合成糊状，以提高研磨质量和效率，研磨时间约为 6h，研磨至颗粒足够的精细均匀。

(3) 烧结：将研磨后的原料放在高温炉中，在 1250℃ 烧 15h，等温度自然降到室温后取出。

(4) 再次研磨：再次研磨 6h，在 1350℃ 下烧结 35h，自然降至室温。

(5) 压片：将适量无水乙醇加入经过多次研磨煅烧的粉体中，将这些粉体调制成密实块，装入模具中，用压片机对其进行压片，在 240MPa 的压强下将其压成直径为 40mm 的圆片。

(6) 再次烧结：在 1400℃ 的空气中烧结 40h，待自然降至室温，取出样品，即可得到单相多晶的双层钙钛矿锰氧化物 (LSMO)。

为了了解所制备靶材的晶体结构，以此来判断是否获得高质量的靶材，是否满足实验的要求，可以对靶材进行 X 射线衍射分析。

2. 薄膜样品的制备

1) 衬底的清洗

在制备薄膜材料时，对衬底表面进行平整度和清洁度处理十分重要。薄膜的生长情况、附着性和质量都与衬底有着密切的关系，任何一点细微的附着物对薄膜的物理性能和表面光滑度都有很大影响。通过基片清洗可以除掉表面的物理附着和化学附着污染物。对本实验所用的基片进行以下处理：

(1) 将单晶的 n 型 Si 基片浸在盛有甲苯溶液烧杯中，超声清洗 15min；

(2) 将甲苯溶液倒掉并加入丙酮，超声清洗 10min；

(3) 将丙酮溶液倒掉并加入去离子水，超声清洗 10min；

(4) 使用氮气干燥处理，以防大气中的水分或者氧气使基片表面钝化；

(5) 再把 Si 基片放入一定浓度的 HF 溶液中浸泡 20s 左右，目的是去掉表面的氧化层；

(6) 再将 Si 基片放入无水乙醇中清洗 15min；

(7) 将乙醇溶液倒掉，加入去离子水，超声清洗 10min，最后在 N_2 气氛中，用 N_2 将衬底基片吹干。

为了避免大气中的水分和氧气对衬底基片的影响，需将清洗完毕的衬底基片立刻放入真空室。在镀膜之前，还需对 Si 基片进行进一步处理：在真空 (真空度约 10^{-5}Pa) 镀膜腔体中 800℃ 退火 1h，目的是分离出 Si 表面可能存在的氧原子。

2) 薄膜的制备

选用 KrF 准分子激光器作为光源，其波长是 248nm。首先将制备好的靶材固定在可旋转的靶材架上，利用掩模技术，将 Si 基片遮掩一半，装在基片架上，关闭镀膜腔体，调整靶材和基片之间的距离至所需要的距离。打开循环水泵、机械泵，抽真空至 10Pa 以下后打开角抽阀、分子泵阀，抽真空至 10^{-5}Pa 以下，与此同时将基片加热至预定温度。预热激光器，并调整激光光路，调整聚焦透镜，使入射激光刚好聚焦在靶材上，并且溅射出来的羽辉中心正对着衬底基片。先将温度升至 800℃，在真空状态下沉积薄膜 10min，预先镀上初始薄膜层，以防止通入氧气后 Si 衬底表面再次被氧化，预镀之后再通入氧气，沉积薄膜的时间是 50min。镀膜结束后，关闭激光器。接着，将制备好的样品进行原位退火，即在 300Pa 氧气气氛中 800℃ 退火 1h，以提高样品的质量，减少晶体缺陷。

6.4　激光镀膜技术的发展与应用前景

LMBE 是在 PLD 技术的基础上发展而来的，由于 PLD 技术制备的薄膜存在表面均匀性差、颗粒不均匀等缺点，人们对成膜机理和实验手段进行了大量的研究和改进，最终发现对实验参数的优化和采用新型超短皮秒或飞秒激光器能显著改善以上问题。

6.3 节已经详细地介绍了实验参数的影响，在实验过程中要把握好各个参数的综合影响，这样才能确保获得高质量的薄膜。另外，为了能获得大面积的均匀薄膜，可采用 Keyi-Caiyomh 激光圆形扫描和激光复合扫描沉积薄膜的方式，使激光束按一定的轨迹旋转，旋转的激光束聚焦到靶材上，产生的等离子体溅射到以一定角速度旋转的基片上成膜。研究表明，此方法可制备直径大于 5cm 的薄膜，且薄膜的均匀性较好。

6.4.1 激光镀膜技术的发展

1. 超快脉冲激光沉积技术

随着激光技术的发展，皮秒激光、飞秒激光先后被用于制备薄膜。利用飞秒激光作为光源可减少薄膜表面颗粒的产生。飞秒激光是一种以脉冲形式发射的激光，持续时间只有几飞秒 (一飞秒 = 千万亿分之一秒)。飞秒激光与靶材相互作用的瞬间，光子能量在传递给晶格之前就全部转移给靶材料中的电子，对熔蒸区周围几乎没有损害，从而避免了从靶材表面溅射出小颗粒。但是飞秒激光器的价格高昂，这也限制了它的使用。1997 年，澳大利亚 Gamaly 等最早提出并设计制成了飞秒脉冲激光沉积薄膜装置，该技术具有低脉冲能量和高重复频率的特点，其获得高质量薄膜的原因有两个：一是低能量脉冲激光蒸发出的粒子较少，同时由于激光脉宽短于 1ps，在脉冲作用时间内没有电子和离子间的能量交换，因此避免了大颗粒的产生；二是激光的重复频率可达几十兆赫兹，避免了脉冲能量低导致蒸发率低的问题，同时也能防止传统 PLD 技术沉积过程中由于靶材的不均匀性、激光束的波动性及其他的不规律性产生的大颗粒。因此，超快 PLD 技术能够克服传统 PLD 技术制备薄膜时存在的一些问题。

2. 脉冲激光真空弧技术

脉冲激光真空弧 (pulsed laser vacuum arc) 技术结合了脉冲激光沉积和真空弧沉积技术，其原理如图 6.4.1 所示。在高真空环境下，在靶材和电极之间施加一

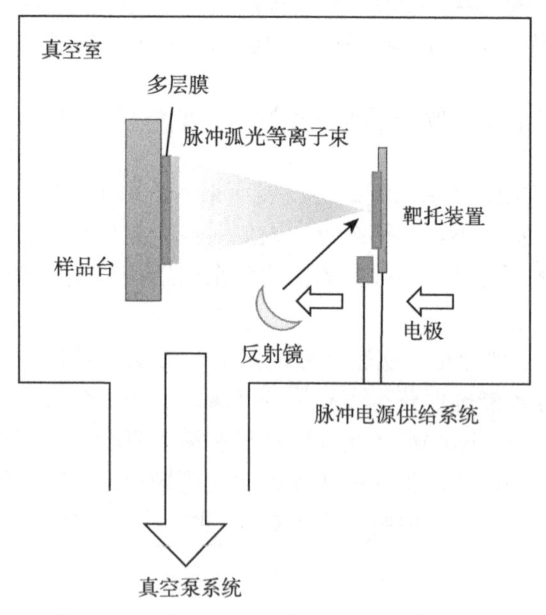

图 6.4.1　脉冲激光真空弧沉积装置原理图

个高电压，由外部引入脉冲激光并将激光聚焦到靶材表面使之蒸发，进一步在电极和靶材之间引发一个脉冲电弧。该电弧作为二次激发源使靶材再次激发，从而在基体表面形成所需的薄膜。在阴极的电弧燃烧点充分发展成随机运动之前，通过预先设计的脉冲电路切断电弧。电弧的寿命、阴极在燃烧点附近燃烧区域的大小取决于由外部电流供给形成的脉冲持续时间。通过移动靶材或激光束，可以实现激光在整个靶材表面扫描。由于具有很高的重复率和脉冲电流，该方法可以实现很高的沉积速率。

1990 年，德国 Siemroth 等首次利用该技术成功制备了类金刚石薄膜，之后又通过调节参数，制备了从类石墨到类玻璃态等不同类型的薄膜。脉冲激光真空弧技术已经在工业上，如钻头、切削刀具、柄式铣刀、粗切滚刀和球形环液流开关等方面得到了应用。该技术可控性强、效率高，可以制备一些结构复杂的高精度多层膜，在实验研究和应用中都表现出其独特的优势。

3. 双光束脉冲激光沉积技术

双光束脉冲激光沉积 (dualbeam pulsed laser deposition, DBPLD) 技术是采用两个激光器或对一束激光分光的方法获得两束激光，两束激光同时轰击两个不同的靶材，通过控制两束激光的聚焦功率密度，来制备厚度、化学组分可设计的理想梯度功能薄膜。该方法可以加快金属掺杂薄膜、复杂化合物薄膜等新材料的开发速度，其装置如图 6.4.2 所示。

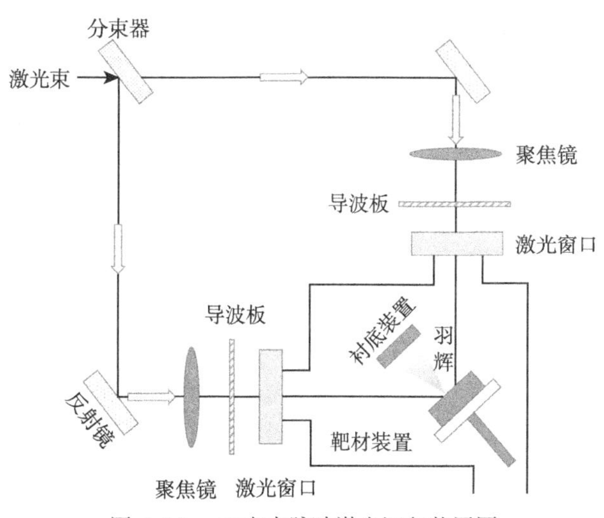

图 6.4.2　双光束脉冲激光沉积装置图

1987 年，日本最早采用 DBPLD 方法在玻璃上制备了组分渐变的 Bi-Te 薄膜，其将一束光分为两束，同时轰击 Bi 靶和 Te 靶，得到了组分分布 $n_{\mathrm{Bi}}:n_{\mathrm{Te}}=$

1∶1.1～1∶1.5 的薄膜。新加坡 Ong 等用 DBPLD 技术同时对 YBCO 靶和 Ag 靶作用，通过精确控制两束光的强度，实现了原位掺杂，同时在膜上观察到了柱状 Ag 结构。德国 Schenck 和 Kaiser 采用 DBPLD 技术以 $BaTiO_3$ 和 $SrTiO_3$ 为靶材制备了 BST 系列陶瓷薄膜。我国也开展了这方面的研究，通过控制各个光束的能量强度和作用时间制备出组分渐变的掺杂梯度薄膜。

4. LMBE 的研究进展

早期 LMBE 主要集中于成膜机理的研究，此外还用于制备和发展多层功能膜、无限层结构薄膜和超晶格及有机高分子非线性光学薄膜等新型薄膜材料。LMBE 的研究进展主要包括以下四个方面。

1) 成膜动态机理研究

薄膜生长将影响其性能，判断高质量外延薄膜通常综合考虑单相性、界面完整性和表面平滑性等三个因素，这三个因素与薄膜生长的动态过程紧密相关，极大程度上决定了外延薄膜的结构和性能。单相性和界面完整性保证了结构的稳定均匀。沉积薄膜表面的光滑性直接关系到能否实现原子层或原胞层沉积，对薄膜质量特别是多层膜和超晶格有重要的影响，因此在薄膜沉积时要考虑衬底的表面状态。衬底顶层的原子排列要整齐，避免出现过多缺陷，同时需考虑薄膜材料与衬底的晶格匹配程度，晶格失配度大则在薄膜中产生较大应力。

在制备薄膜的过程中可以采用多种手段进行原位监测，能够在原子尺度精确控制生长过程，所以有利于研究动态成膜机理。其中，薄膜的生长速率和厚度可通过测厚仪实现实时监控，沉积速率一般为 $0.05 \sim 0.2Å/s$。沉积速率过快难以获得好的表面和界面。精确的膜层生长过程由 RHEED 来控制，原位实时监控 RHEED 强度变化可以精确控制二维生长原子层和原胞层超薄膜。RHEED 强度振荡清晰且呈周期性，表明薄膜是二维层状生长的而不是三维堆积的，具体的振荡周期与晶格常数有关。

2) 高温超导电性的探索

迄今为止，人们相继发现并成功制备了不同种类的高温超导材料，如钇钡铜氧 (Y-Ba-Cu-O) 和铋锶钙铜氧 (Bi-Sr-Ca-Cu-O) 等，这些材料的临界温度在 77K 以上，其原子排列中存在层状结构，层与层之间会发生耦合。在 Cu-O 面内存在载流子的流动，Cu-O 面数目的增加也会导致超导转变温度的提高，其结构的准二维性使此类氧化物具有高温超导电性和很强的各向异性。因此，在制备铜氧化物薄膜时，研究其原子层、原胞层尺度的生长机理和动态过程对于解释高温超导电性具有重要意义。

3) 人工设计新型薄膜和超晶格

LMBE 除可以用来制备超薄薄膜外，对于新的膜系结构和人工剪裁超晶格的开发提供了可靠的方法。采用 LMBE 已生长出了人工超晶格，如 $Bi_2Sr_2Ca_{n-1}Cu_nO_{2n+4}$ ($n=1\sim8$) 和 Ba-Ca-Cu-O 超导薄膜等，以及若干氧化物超薄薄膜，如 $SrTiO_3$、$SrVO_3$、CeO_2，多层膜，如 $PrBa_2Cu_3O_7$、$YBa_2Cu_3O_7$、$PrBa_2Cu_3O_7$，超晶格 [$SrVO_3/SrTiO_3$]、[$SrCuO_2/BaCuO_2$]、[PBCO/YBCO] 等。原子层和原胞层超薄膜层的二维外延生长，不仅有利于研究成膜机理，也为薄膜基本物理性能的研究创造了条件。

4) 有机高分子非线性光学薄膜的研制

选择带有手性基因的硝基苯胺衍生物为薄膜材料，研制有机高分子非线性光学薄膜及有机超晶格量子阱，在光诱导下具有很大的二阶和三阶非线性效应，并且易于获得固体靶材。先研制单层膜，利用激光分子束外延对原子尺度膜层精准实时控制，再研制多层有机膜或有机超晶格材料，对各种有机膜的成膜质量进行物理、化学分析与光学性质的检测。

6.4.2　激光镀膜技术的应用前景

由于 LMBE 拥有很多优点，人们不断研究和拓展 LMBE 法可沉积的薄膜材料种类。目前，以 LMBE 为基础衍生出来的薄膜制备方法几乎能够沉积现有的各种薄膜材料。该技术在功能薄膜材料方面的应用主要集中在四个方面：高 T_c 的超导薄膜，金刚石和类金刚石薄膜，庞磁电阻 (colossal magnetoresistance, CMR) 薄膜和铁电、压电、光电薄膜等。在所制备的薄膜中，各元素的组分对薄膜的性能产生很大的影响，而 LMBE 技术在保持膜靶成分一致方面的特点使其备受人们的重视。

金刚石 (或类金刚石) 薄膜作为保护薄膜和电子材料，应用广且潜力极大。这类材料在热学、力学、光学及电子学方面具有优良的特性，采用 LMBE 法能够使其在较低的基片温度下获得高致密度、高导热率的薄膜。对于金刚石薄膜来说，LMBE 比化学气相沉积等其他制备技术更具有优势。

自 1993 年在钙钛矿结构的 La-Ca-Mn-O 材料中发现 CMR 效应以来，对此材料的研究引发了国际上众多学者的强烈兴趣。CMR 薄膜材料在磁头、光功率计、光探测器和光开关等方面有着良好的发展前景，但传统的制备方法 (如磁控溅射法等) 使得 CMR 薄膜材料的结晶度差。LMBE 技术沉积生长薄膜的基片温度较低，可避免高温生长对基片材料的热损伤，人们用此法已能够制备出高质量的 CMR 薄膜材料。

近十几年来，LMBE 法已在成膜动力学过程研究、物性探索、人工设计新型膜系、人工合成超晶格及发展薄膜器件等诸多方面充分发挥了潜力。LMBE 法对材料的选择与 PLD 一样具有普适性，除各类氧化物以外，还适用于有机高分子薄膜的外延生长，极具发展潜力。利用 LMBE 法探索新型膜系、新结构，特别是人工合成超晶格，必将产生许多物理内涵丰富的新现象，LMBE 的发展可覆盖非线性光学、声学、电学、磁学、超导和生物学等诸多方面，甚至学科间的交叉，能够开拓新的重要前沿领域，带动高新技术产业的发展。

6.5 本章小结

本章以 MBE 和 PLD 技术为切入点，进一步探讨了 LMBE 技术的相关内容。

6.1 节从分子束外延技术的热激发讲到脉冲激光的引入，准分子激光器的使用为薄膜制备技术提供了更优越的手段，LMBE 应运而生。LMBE 由激光系统、真空沉积系统、原位实时监测系统及计算机数据采集与处理系统四部分构成，能够实现实时检测并获得单个或几个原胞厚度的薄膜。读者在学习本节后应能清楚地区分三种技术之间存在的关联与差异。三种装置在结构和原理上的不同，使它们对材料的适用性也不同，因此呈现出不同的特点。

6.2 节介绍了沉积过程及原理。PLD 及 LMBE 的沉积都涉及三个过程：首先激光与靶材相互作用形成等离子体，此过程涉及较为复杂的物理过程；其次等离子体经过绝热膨胀和等温膨胀从靶材位置移动到衬底；最后等离子体在衬底表面沉积成膜。实际上，在整个薄膜制备过程中涉及更为复杂的物理现象和效应，本节在某种程度上仍然是简化后的结果。

6.3 节和 6.4 节探讨了在薄膜制备时可能影响薄膜质量的一些因素，薄膜质量与入射激光的波长、能量密度等有密不可分的关系。此外，靶距、基片温度等工艺参数的选取也影响薄膜的质量，制备优质薄膜的关键是合理控制输运到基片表面的蒸气密度和温度、靶面的粒子发射率、粒子能量、气压等。同时，靶材和基片晶格是否匹配，基片表面是否抛光，基片表面清洁程度均影响薄膜和基片之间结合力的强弱和薄膜表面的粗糙度。在实际的工艺过程中，需要寻求这些参数之间的平衡，综合考量其影响。在此基础上，进一步列举了一个采用 PLD 制备薄膜的实例供读者参考。最后，通过回顾激光沉积技术的发展过程及目前的研究进展，展望了其前景，表明 LMBE 技术在薄膜制备领域仍具有极大的应用价值。

习 题

6.1 请简要论述脉冲激光沉积技术和激光分子束外延技术的相同和不同之处。

6.2 请简述 LMBE 的特点。

6.3 脉冲激光相比于热激发有何优异之处？

6.4 采用 LMBE 制备薄膜时，有哪些因素会影响薄膜质量，如何影响？

6.5 请简要论述 LMBE 的沉积过程。

6.6 激光和靶材是如何作用的，涉及哪些过程？

6.7 等离子体羽辉是如何从靶材侧移动到衬底侧的？

6.8 什么是准分子激光器？

6.9 衬底材料的处理方法有哪些？

6.10 衬底材料的选择对薄膜的影响尤为重要，衬底材料和薄膜材料晶格常数相近或相差较大分别对薄膜的研究有何影响？

6.11 镀膜过程中往往需要通入气氛气体，其作用是什么？其如何影响薄膜质量？

6.12 LMBE 有哪些应用前景？

参考文献

[1] 田民波. 薄膜技术与薄膜材料 [M]. 北京: 清华大学出版社, 2006.

[2] 高国棉, 陈长乐, 陈钊, 等. 脉冲激光沉积 (PLD) 的研究动态与新发展 [J]. 材料导报, 2005(2): 69-71.

[3] 高国棉, 陈长乐, 王永仓, 等. 脉冲激光沉积 (PLD) 技术及其应用研究 [J]. 空军工程大学学报 (自然科学版), 2005(3): 77-81.

[4] 徐东然, 马葆基, 肖效光, 等. 激光分子束外延制备薄膜技术 [J]. 聊城大学学报 (自然科学版), 2006(3): 36-39.

[5] 高国棉. 脉冲激光沉积法制备 CMR 薄膜及其特性研究 [D]. 西安: 西北工业大学, 2005.

[6] 张端明, 李智华, 李小刚, 等. 脉冲激光沉积动力学原理 [M]. 北京: 科学出版社, 2011.

[7] 李莉. 脉冲激光烧蚀及靶材光学性质研究 [D]. 武汉: 华中科技大学, 2007.

[8] HOHIG R H, WOOLSTON J R. Laser-induced emission of electrons, ions and neutral atoms from solid surfaces[J]. Applied Physics Letters, 1963, 2(7): 138-139.

[9] SMITH H M, TURNER A F. Vacuum deposition thin film using a ruby laser[J]. Applied Optics, 1965, 4(1): 147-148.

[10] 张端明, 关丽, 李智华, 等. 脉冲激光制膜过程中等离子体演化规律研究 [J]. 物理学报, 2003, 52(1): 242-247.

[11] DIJKKAMP D, VENKATEASAN T, WU X D. Preparation of Y-Ba-Cu oxide superconductor thin films using pulsed laser evaporation from high T_c bulk material[J]. Applied Physics Letters, 1987, 51(8): 619-621.

[12] 王恩哥. 薄膜生长中的表面动力学 (I)[J]. 物理学进展, 2003, 23(1): 1-61.

[13] VENKATESAN T, WU X D, INAM A, et al. Observation of two distinct components during pulsed laser deposition of high T_c superconducting films[J]. Applied Physics Letters, 1988, 52(14): 1193-1195.

[14] 陈正豪. 薄膜物理及其应用讲座第八讲激光分子束外延——一种研制薄膜的先进方法 [J]. 物理, 1995, 24(12): 719-723.

[15] 卢亚锋, 周廉. 激光分子束外延 [J]. 稀有金属快报, 2005(1): 4-11.

[16] 吕惠宾, 杨国桢, 陈凡, 等. 激光分子束外延氧化物薄膜机理研究 [J]. 中国科学 (A 辑), 2000(10): 935-939.

[17] 张强. 层状钙钛矿锰氧化物异质结的光电磁特性研究 [D]. 西安: 西北工业大学, 2016.